汽车发动机检修

主　编　张　宁　宗明建　王爱兵
副主编　郝金魁　董彦晓　李　民
　　　　程　嫣　董盼盼　李富松
　　　　孙　璐　师荣艳
参　编　李　灿　田运峰
主　审　张玉泉　赵海宾

北京理工大学出版社
BEIJING INSTITUTE OF TECHNOLOGY PRESS

内 容 提 要

本书主要介绍发动机各系统的作用和工作原理，并对主要零部件及总成的常见故障进行检修。本书共包括发动机的结构认知、曲柄连杆机构的检修、配气机构的检修、冷却系统的检修、润滑系统的检修、空气供给系统的检修、汽油机燃油供给系统的检修、点火控制系统的检修和排放控制系统的检修九个学习项目 31 个学习任务。每个学习任务包括五部分：任务引入、学习目标、知识链接、任务实施和任务评价。本书通过理论与实践一体化教学，以小组合作或独立工作的形式，使用通用工具、检测专用工具、设备和发动机维修技术资料等，按照标准规范对各系统进行正确的检修。

本书可作为汽车维修技术各专业的教材使用，也可作为汽车行业岗位培训自学用书，同时还可供汽车维修技术人员阅读参考。

图书在版编目（CIP）数据

汽车发动机检修 / 张宁，宗明建，王爱兵主编 . --
北京：北京理工大学出版社，2024.1
　ISBN 978-7-5763-3553-8

　Ⅰ . ①汽⋯　Ⅱ . ①张⋯ ②宗⋯ ③王⋯　Ⅲ . ①汽车－
发动机－检修－高等职业教育－教材　Ⅳ . ① U472.43

　中国国家版本馆 CIP 数据核字（2024）第 045353 号

责任编辑：高雪梅	**文案编辑**：高雪梅
责任校对：周瑞红	**责任印制**：李志强

出版发行 / 北京理工大学出版社有限责任公司
社　　址 / 北京市丰台区四合庄路 6 号
邮　　编 / 100070
电　　话 /（010）68914026（教材售后服务热线）
　　　　　（010）68944437（课件资源服务热线）
网　　址 / http://www.bitpress.com.cn
版 印 次 / 2024 年 1 月第 1 版第 1 次印刷
印　　刷 / 河北鑫彩博图印刷有限公司
开　　本 / 787 mm×1092 mm　1/16
印　　张 / 17
字　　数 / 372 千字
定　　价 / 95.00 元

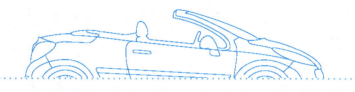

前 言
PREFACE

  本书依据国务院《关于大力推进职业教育改革与发展的决定》和《关于印发国家职业教育改革实施方案的通知》等文件精神，按照全国高校思想政治工作会议精神，挖掘梳理德育元素，把课程思政融入教材，融入党的二十大精神，体现立德树人根本目的，积极推进课程改革和教材建设，紧密结合目前汽车维修行业实际需求编写而成。

  "汽车发动机检修"是高职高专院校汽车类专业的一门主干课程，编者紧紧围绕高素质技能型人才的培养目标，根据高职汽车专业毕业生主要就业岗位的职业能力与素质要求，以及国家汽车修理工职业标准和1+X能力考核标准对汽车发动机维修技术人员的知识和能力要求，以能力为本位，以一般与典型相结合的方式，本着理论与实践并重的原则，阐述了汽车发动机系统的结构、原理、故障诊断与检修方法。

  本书从高等职业教育的要求出发，"基于当前经济社会对技能人才的需要，根据人才强国战略"，坚持以企业需求为依据，以培养学生能力为本位，以促进学生就业为导向，注重专业知识的前沿性和实用性，突出汽车发动机领域的新知识、新工艺和新方法。本书较系统地介绍了现代汽车发动机各系统主要元件及总成的检修方法、维护及常见故障的诊断与排除方法，内容上深入浅出，语言通俗易懂，理论联系实际，部分视频、动画、拓展内容等转化为二维码，图文并茂，有利于学生的学习与理解。本书的编者均来自教学一线和企业一线，编写人员有着丰富的经验和扎实的专业理论知识及专业实践技能。本书完全按照"国家优质校"的建设要求，以典型工作项目来进行编写，为教师与学生分别厘清了教学和学习的思路，同时突出了学生知识能力、方法能力的培养，满足了高职学生的人才培养要求。

  本书由河北交通职业技术学院张宁、宗明建和王爱兵担任主编，并负责全书统稿工作；由河北交通职业技术学院郝金魁、董彦晓、李民、程嫣、董盼盼、李富松、牡丹江大学孙璐、石家庄理工职业学院师荣艳担任副主编；长城汽车股份有限公司李灿和田运峰参与本书的编写工作。具体编写分工为：张宁编写项目6和项目7，宗明建编写项目1、项目2、项目3，王爱兵编写项目4，郝金魁、董彦晓、李民、程嫣、董盼盼、李富松、孙璐和师荣艳共同编写了项目 5 和项目 8，李灿和田运峰共同编写项目 9。全书由河北交通职业技术学院张玉泉博士和赵海宾主审。

　　本书在编写的过程中，参考了大量的书籍、论文等文献资料，在此，谨向原作者表示感谢。由于编者水平有限，书中疏漏之处在所难免，敬请广大读者批评指正。

编　者

二维码索引

任务名称	二维码	页码	任务名称	二维码	页码
正时链的检测与更换		88	发动机机油压力过低的故障诊断		128
更换正时皮带		91	进气压力传感器的检测		135
气门室异响的故障诊断		94	热线式空气流量计的检测		140
节温器结构及冷却水的循环路线		103	电子节气门的检测		145
节温器的拆装与检测		110	汽油泵的检测		175
更换冷却液		113	喷油器的检测		176
发动机冷却液温度过高的故障诊断		113	凸轮轴位置传感器的检测		190
机油泵的结构		119	水温传感器的检测		195
机油泵的拆装与检测		123	汽油机电子控制点火系统的检测		239
发动机润滑油与机油滤清器		126	曲轴箱通风		249
发动机机油与机滤的更换		128			

目 录
CONTENTS

项目 1
发动机的结构认知

 项目描述

　　发动机是汽车的动力源，也是汽车的重要组成部分。为了能够对发动机的故障进行诊断排除，对发动机的性能进行正确评价，对发动机进行拆装检测，必须了解发动机的基本知识及各种常用的工具与量具。所以，在本任务的学习中必须掌握发动机的总体结构、工作原理、性能评价指标及发动机特性，学会各种工具与量具的正确使用方法及使用注意事项。

任务 1
发动机总体结构与工作原理的认知

 任务引入

　　发动机的作用是为汽车提供动力，其是汽车的心脏，决定着汽车的动力性、经济性、稳定性和环保性，那么发动机是如何将汽油燃烧的能量转化为机械能的呢？人们通常所说的发动机的排量又是指什么呢？作为车辆维修技术人员，这些知识是必备的，下面一起学习相关内容。

 学习目标

知识目标
1. 了解发动机的总体构成。
2. 掌握发动机的工作原理。

能力目标

1．能够在车辆上准确查找发动机的相关信息。

2．能够通过与用户交流、查阅相关维修技术资料等方式获取车辆信息。

素质目标

1．具备严谨、细致、认真工作的态度和高度的责任心。

2．具备团队协作的意识和集体意识。

1.1.1 发动机总体结构

发动机是一种能够将其他形式的能转化为机械能的机器，包括内燃机、外燃机（蒸汽机等）。内燃机是燃料在机器内部燃烧，先将化学能转化为热能，然后将热能转化为机械能的发动机。目前，汽车上应用最广泛的是往复活塞式内燃机。

发动机的分类方法有多种，按燃烧燃料的不同可分为汽油机、柴油机、燃气发动机；按冷却方式可分为水冷式和风冷式；按气缸的布置形式可分为对置式、直列式和V形布置式；按工作循环可分为两行程发动机和四行程发动机。

汽油机和柴油机总体结构略有区别。汽油机一般由两大机构和五大系统组成，即曲柄连杆机构、配气机构、燃料供给系统、润滑系统、冷却系统、点火系统和启动系统；而柴油机则没有点火系统；发动机总体结构如图1-1所示。

（1）曲柄连杆机构。曲柄连杆机构（图1-2）由机体组、活塞连杆组和曲轴飞轮组构成。机体组由气缸体、曲轴箱、气缸盖、气缸套、气缸垫和油底壳等组成；活塞连杆组主要由活塞、活塞环、活塞销和连杆等组成；曲轴飞轮组由曲轴、飞轮、扭转减震器等组成。

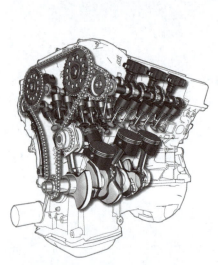

图1-1　发动机总体结构

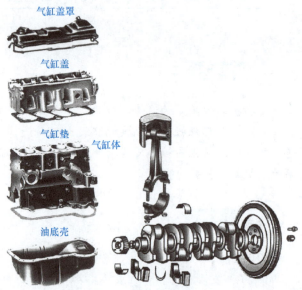

图1-2　曲柄连杆机构

（2）配气机构。配气机构（图1-3）由气门组和气门传动组两部分构成，每组的零件组成与气门的位置、凸轮轴的位置和气门驱动形式有关。气门组主要包括气门、气门导管、气门弹簧、气门弹簧座和气门锁环等；气门传动组主要包括凸轮轴正时齿轮、凸轮轴、挺柱、推杆、摇臂和摇臂轴等。

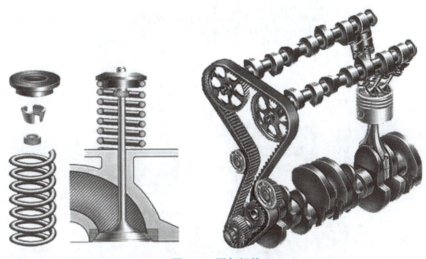

图1-3　配气机构

（3）冷却系统。冷却系统（图1-4）由散热器、水泵、风扇、冷却水套和温度调节装置等组成。

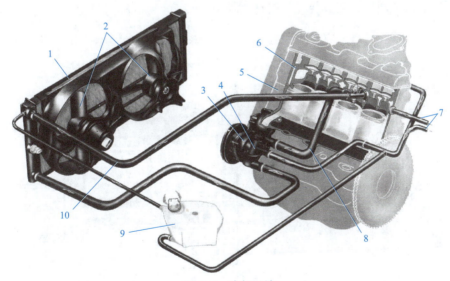

图1-4　冷却系统

1—散热器；2—风扇；3—水泵；4—节温器；5—缸体水套；6—缸盖水套；
7—通热交换器水管；8—小循环出水管；9—膨胀水箱；10—大循环出水管

（4）润滑系统。润滑系统（图1-5）由油底壳、机油泵、机油滤清器、限压阀（过压阀）、旁通阀、油道、机油压力表及机油散热器等组成。

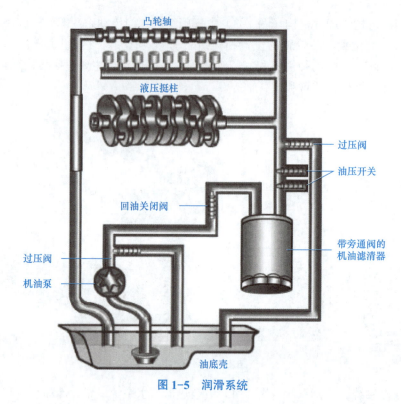

图1-5 润滑系统

（5）燃料供给系统。电子控制汽油机燃料供给系统（图1-6）由燃油箱、燃油泵、燃油缓冲器、燃油压力调节器、燃油滤清器等组成。

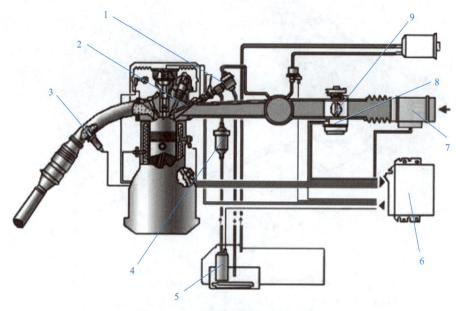

图1-6 电子控制汽油机燃料供给系统

1—燃油压力调节器；2—喷油器；3—氧传感器；4—燃油滤清器；5—电压燃油泵；
6—电子控制单元；7—空气流量计；8—怠速辅助空气阀；9—节气门位置传感器

电子控制柴油机燃料供给系统（图 1-7）由燃油箱、粗滤器、细滤器、输油泵、高压油泵、共轨、喷油器、传感器、执行器等组成。

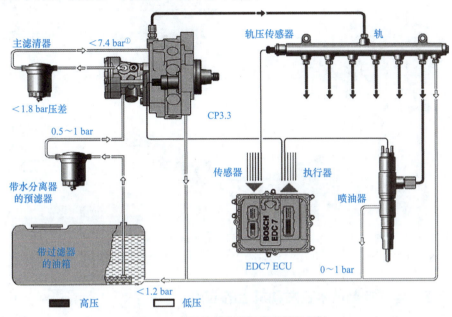

图 1-7　电子控制柴油机燃料供给系统

（6）点火系统。点火系统（图 1-8）由电源（蓄电池和发电机）、发动机控制模块、点火器、点火线圈、火花塞等组成。

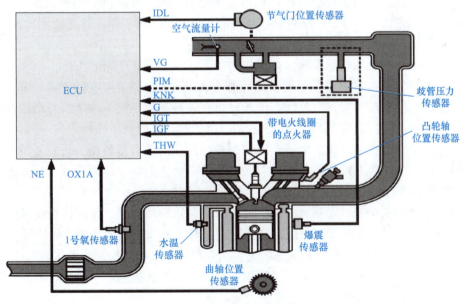

图 1-8　汽油机点火系统

（7）启动系统。启动系统（图 1-9）由蓄电池、点火开关、启动继电器、启动机等组成。

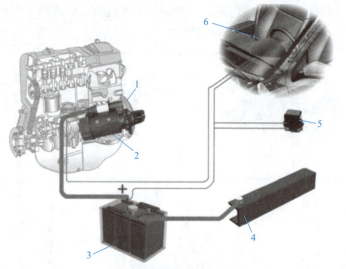

视频：发动机
总体结构认知

视频：发动机
电控系统组成
认知

图 1-9　汽油机点火系统

1—飞轮；2—启动机；3—蓄电池；4—搭铁；5—启动继电器；6—点火开关

1.1.2　电子控制技术在发动机上的应用

汽车电子控制技术得益于电子技术、计算机技术和信息技术的迅猛发展，而推动汽车电子控制技术发展的动力因素是改善汽车的性能，解决降低能耗、减少污染、提高安全和舒适等问题。目前，电子控制技术不仅渗透汽车的各个系统和总成，而且通过信息技术实现了各系统和总成的协调与集中控制。汽车发动机电子控制系统的主要功能是提高汽车的动力性、经济性和排放性能，通过对各种控制元件进行不同的组合，组成若干个子控制系统。

（1）电子控制燃油喷射系统。电子控制单元（Electrical Control Unit，ECU）主要根据进气量确定基本的喷油量，再根据其他传感器（如冷却液温度传感器、节气门位置传感器）信号对喷油量进行修正，使发动机在各种运行工况下均能获得最佳浓度的混合气。同时，还包括喷油正时控制、断油控制和燃油泵控制。

（2）电子点火控制系统。电子点火控制系统的功能是根据各相关传感器信号，判断发动机的运行工况和运行条件，选择最理想的点火提前角点燃混合气，从而改善发动机的燃烧过程。

（3）怠速控制系统。发动机在汽车行驶、空调压缩机工作、发动机负荷加大等不同怠速运转工况下，由 ECU 控制怠速控制元件，使发动机怠速始终处于最佳转速。

（4）排放控制系统。排放控制系统的功能是对发动机排放控制装置实行电子控制。排放控制的项目主要有废气再循环（EGR）控制、活性炭罐电磁阀控制、氧传感器和空燃比闭环控制、曲轴箱通风控制等。

（5）进气控制系统。进气控制系统根据发动机工况的变化，控制进气量和气流，提高充气效率和改善雾化条件，从而提高发动机的动力性。对装备涡轮增压器的发动机，进气控制系统通过控制增压强度，使进气管的压力适合发动机各种工况。

（6）电子控制冷却系统。在电子控制发动机冷却系统中，冷却液的温度调节、冷却液的循环（节温控制）、冷却风扇的工作均由发动机负荷决定，并由发动机电子控制单元控制，使之相对于装备传统冷却系统的发动机在部分负荷时具有更好的燃油经济性及较低的排放量。

（7）巡航控制系统。在巡航操作模式下，巡航控制系统根据设定的车速自动调整节气门开度，使车辆以设定的车速运行，从而提高了车辆的燃油经济性和驾乘的舒适性。

（8）自诊断与报警系统。当控制系统出现故障时，发动机控制单元将会点亮仪表板上的"检查发动机"（Check Engine）灯，提醒驾驶员注意发动机已经出现故障，并将故障信息储存到 ECU 中，通过一定的程序，可以将故障码调出，供修理人员参考。

（9）失效保护系统。在发动机电子控制系统中，当某传感器失效或线路断路时，失效保护系统会按预定的程序设定一个参考信号以使发动机继续运转，维持车辆行驶，同时，通过报警系统提示驾驶员及时维修。

1.1.3 发动机常用术语和基本工作原理

1. 发动机常用术语

发动机的常用术语示意如图 1-10 所示。

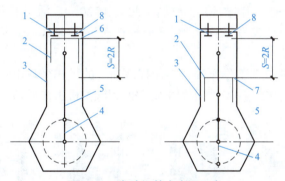

图 1-10　发动机基本术语示意

1—进气门；2—活塞；3—气缸；4—曲轴；5—连杆；6—上止点；7—下止点；8—排气门

（1）上止点、下止点。活塞离曲轴回转中心最远处为上止点。活塞顶部离曲轴回转中心的最近处为下止点。

（2）活塞行程（S）。活塞行程是指上、下两止点间的距离。活塞由一个止点移动到另一个止点运动一次的过程称为一个冲程（或一个行程）。

（3）曲柄半径（R）。曲柄半径是指与连杆大端相连接的曲柄销的中心线到曲轴回转中心线的距离（mm）。四冲程发动机的活塞每移动一个冲程，曲轴旋转半周，即 $S = 2R$。

（4）气缸工作容积（V_h）。气缸工作容积是指活塞从上止点到下止点所让出的空间的容积。其计算公式如下：

$$V_h = \frac{\pi D^2}{4 \times 10^6} S$$

式中　V_h——气缸工作容积（L）；

　　　D——气缸直径（mm）；

　　　S——活塞冲程（mm）。

（5）发动机工作容积（V_L）。发动机工作容积是指发动机所有气缸工作容积的总和，也称发动机排量。若发动机的气缸数为 i，则 $V_L = V_h \cdot i$。

（6）燃烧室容积（V_c）。燃烧室容积是指活塞在上止点时，活塞顶上面空间的容积，单位为 L。

（7）气缸总容积（V_a）。气缸总容积是指活塞在下止点时，活塞顶上面空间的容积（L），它等于气缸工作容积与燃烧室容积之和，即 $V_a = V_h + V_c$。

（8）压缩比（ε）。压缩比是指气缸总容积与燃烧室容积的比值，即

$$\varepsilon = V_a / V_c = (V_h + V_c)/V_c = 1 + V_h/V_c$$

ε 表示活塞从下止点运动到上止点时，气缸内气体被压缩的程度，也表示气缸内气体膨胀时体积变化的倍数。各种不同类型发动机对压缩比的要求各不相同，一般柴油机的压缩比高（$\varepsilon = 16 \sim 22$），汽油机则较低（$\varepsilon = 6 \sim 9$，轿车 $\varepsilon = 9 \sim 11$）。

2. 四冲程发动机的工作原理

发动机是一种能量转换机构，可将燃料燃烧产生的热能转化为机械能。要完成这个能量转换必须经过进气、压缩、做功、排气四个过程。这四个过程称为发动机的一个工作循环。完成一个工作循环，曲轴转动两圈（720°），活塞上下往复运动四次，称为四冲程发动机；而完成一个工作循环，曲轴转动一圈（360°），活塞上下往复运动两次，称为二冲程发动机。

（1）四冲程汽油机的工作原理。四冲程汽油机的工作循环由进气、压缩、做功和排气四个冲程组成。如图 1-11 所示为单缸四冲程汽油机工作循环示意图。

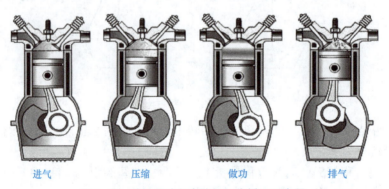

　　　　进气　　　　　　压缩　　　　　　做功　　　　　　排气

图 1-11　单缸四冲程汽油机工作循环示意图

①进气冲程。活塞由曲轴带动从上止点向下止点运动，此时排气门关闭，进气门开启。活塞在移动过程中，气缸内容积逐渐增大，形成一定真空度，于是经过滤清的空气与汽油混合成可燃混合气，通过进气门被吸入气缸。至活塞到达下止点时，进气门关闭，停止进气。

由于进气系统存在进气阻力，进气终了时气缸内气体的压力低于大气压力，为 0.075 ~ 0.09 MPa。由于气缸壁、活塞等高温件及上一循环留下的高温残余废气的加

热，气体温度升高到 370 ~ 440 K。

②压缩冲程。进气冲程结束时，活塞在曲轴的带动下，从下止点向上止点运动，气缸内容积逐渐减小，由于进气门、排气门均关闭，可燃混合气被压缩，至活塞到达上止点时，压缩结束。气缸内气体被压缩的程度称为压缩比。压缩比越大，则压缩终了时气缸内气体的压力和温度越高，燃烧速度也越快，因而，发动机发出的功率越大，经济性也越好。

在压缩冲程过程中，气体压力和温度同时升高，并使混合气进一步均匀混合，压缩终了时，气缸内的压力为 0.6 ~ 1.2 MPa，温度为 600 ~ 800 K。

③做功冲程。在压缩冲程末期，火花塞产生电火花点燃混合气，并迅速燃烧，使气体的温度、压力迅速升高而膨胀，从而推动活塞从上止点向下止点运动，通过连杆使曲轴旋转做功，至活塞到达下止点时，做功结束。

在做功冲程过程中，开始阶段气缸内气体压力、温度急剧上升，瞬间压力可达 3 ~ 5 MPa，瞬时温度可达 2 200 ~ 2 800 K。

④排气冲程。在做功冲程终了时，排气门打开，进气门关闭，曲轴通过连杆推动活塞从下止点向上止点运动，废气在自身剩余压力及活塞的推动下，被排出气缸，至活塞到达上止点时，排气门关闭，排气冲程结束。排气冲程终了时，由于燃烧室容积的存在，气缸内还存在少量废气，气体压力也因排气系统存在排气阻力而略高于大气压力。此时，压力为 0.105 ~ 0.115 MPa，温度为 900 ~ 1 200 K。

排气冲程结束时，排气门关闭，进气门开启，活塞继续向下运动，又开始了下一个工作循环。如此重复循环。

（2）四冲程柴油机的工作原理。四冲程柴油机和四冲程汽油机一样，每个工作循环也是由进气、压缩、做功和排气四个冲程组成。但由于所使用燃料的性质不同，可燃混合气的形成和着火方式与汽油机有很大区别。下面主要叙述柴油机与汽油机工作循环的不同之处。

①进气冲程。进气冲程不同于汽油机的是进入气缸的是纯空气。由冲程残留的废气温度比汽油机低，进气冲程终了的压力为 0.075 ~ 0.095 MPa，温度为 320 ~ 350 K。

②压缩冲程。压缩冲程不同于汽油机的是压缩纯空气，由于柴油的压缩比大（16 ~ 22），压缩终了的温度和压力都比汽油机高，压力可达 3 ~ 5 MPa，温度可达 800 ~ 1 000 K。

③做功冲程。做功冲程与汽油机有很大差异，压缩冲程末期，喷油泵将高压柴油经喷油器呈雾状喷入气缸内的高温、高压空气中，被迅速汽化并与空气形成混合气，由于此时气缸内的温度远高于柴油的自燃温度（约 500 K），柴油混合气便立即自行着火燃烧，且此后一段时间内边喷油边燃烧，气缸内压力和温度急剧升高，推动活塞下行做功。做功冲程中，瞬时压力可达 5 ~ 10 MPa，瞬时温度可达 1 800 ~ 2 200 K，做功冲程终了时压力约为 0.125 MPa，温度为 800 ~ 1 000 K。

④排气冲程。此冲程与汽油机基本相同。排气冲程终了时的气缸压力为 0.105 ~ 0.125 MPa，温度为 800 ~ 1 000 K。

1.1.4 发动机主要性能指标和工作特性

1. 发动机的主要性能指标

发动机的性能指标用来表征发动机的性能特点，并作为评价各类发动机性能优劣的依据。发动机的性能指标主要有动力性指标、经济性指标、环境指标、可靠性指标和耐久性指标。

（1）动力性指标。动力性指标是表征发动机做功能力大小的指标，一般用发动机的有效转矩、有效功率等作为评价指标。

① 有效转矩 M_e。有效转矩是指发动机运转时由曲轴输出给传动系的有效旋转力矩。

② 有效功率 P_e。有效功率是指发动机运转时由曲轴输出的功率。其值可由发动机测功机实际测得。

M_e 和 P_e 是有效动力性指标，用来衡量发动机动力性大小。M_e 和 P_e 之间有以下关系：

$$M_e = \frac{60 \times 1\,000 P_e}{2\pi n} = \frac{9\,550 P_e}{n} \text{（N·cm）}$$

式中　n——发动机转速（r/min）；

　　　P_e——有效动率（kW）。

（2）经济性指标。发动机经济性指标一般用有效燃油消耗率 g_e 表示。发动机每输出 1 kW·h 的有效功所消耗的燃油量（以 g 为单位）称为有效燃油消耗率。

$$g_e = \frac{1\,000 G_T}{P_e} \text{ [g/（kW·h）]}$$

式中　G_T——发动机工作每小时耗油量（kg/h）。

（3）环境指标。环境指标主要是指发动机排气品质和噪声水平。由于它关系到人类的健康及其赖以生存的环境，因此各国政府都制定出严格的控制法规，以期削减发动机排气和噪声对环境的污染。

① 排放指标。排放指标主要是指从发动机油箱、曲轴箱排出的气体和从气缸排出的废气中所含的有害排放物的量。对汽油机来说主要是废气中的一氧化碳（CO）和碳氢化合物（HC）含量；对柴油机来说主要是废气中的氮氧化物（NO_x）和颗粒（PM）含量。

② 噪声。发动机的噪声主要来源于燃烧噪声、机械噪声和空气动力噪声。由于汽车是城市中的主要噪声源之一，而发动机又是汽车的主要噪声源，因此控制发动机的噪声就显得十分重要。例如，《汽车加速行驶车外噪声限值及测量方法》（GB 1495—2002）中规定，轿车的噪声不得大于 74 dB（A）。

（4）可靠性指标和耐久性指标。可靠性指标是表征发动机在规定的使用条件下，在规定的时间内，正常持续工作能力的指标。可靠性有多种评价方法，如首次故障行驶里程、平均故障间隔里程等。耐久性指标是指发动机主要零件磨损到不能继续正常工作的极限时间。

2. 发动机的工作特性

发动机有效性能指标随工况变化而变化的关系称为发动机特性，通常用曲线表示它们之间的关系，这条曲线称为特性曲线。其中，与发动机有关的性能特性主要有发动机速度特性、负荷特性及万有特性等。

（1）速度特性。在节气门开度（或喷油泵供油拉杆位置）一定的条件下，发动机的有效功率 P_e、有效转矩 M_e、有效耗油率 g_e 随发动机转速变化的规律，称为发动机速度特性。节气门开度最大时（或喷油泵供油拉杆在标定功率的循环供油量位置时）测得的速度特性称为外特性；部分开度时（或喷油泵供油拉杆所处位置供油量小于标定功率的循环供油量位置时）测得的速度特性称为部分特性。

如图 1-12 所示为某发动机的外特性曲线图。由图分析可知，当发动机转速 $n = 2\,000$ r/min 时，发动机发出扭矩最大；当 $n < 2\,000$ r/min 或 $n > 2\,000$ r/min 时，发动机扭矩将减少；当 $n = 3\,500$ r/min 时，发动机发出功率最大；当 $n < 3\,500$ r/min 或 $n > 3\,500$ r/min 时，发动机功率将减小；当 $n = 2\,000$ r/min 时，发动机有效耗油率最小；当 $n < 2\,000$ r/min 或 $n > 2\,000$ r/min 时，发动机有效耗油率将增大。

（2）负荷特性。发动机转速一定，逐渐改变节气门开度（或改变喷油泵供油拉杆位置），发动机每小时耗油量 G_T、有效耗油率 g_e 随有效功率 P_e（或有效扭矩 M_e）变化而变化的关系，称为发动机负荷特性。负荷特性可用来评定不同转速及不同负荷下发动机的经济性。

如图 1-13 所示为汽油发动机负荷特性曲线图。由图分析可知，随节气门开度增大，有效功率 P_e 由小增大，发动机每小时耗油量 G_T 随之上升，当节气门开度达到全开的 80% 时，加浓混合气，G_T 上升速度加快，曲线变陡。

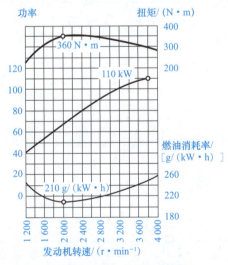

图 1-12　发动机的外特性曲线图

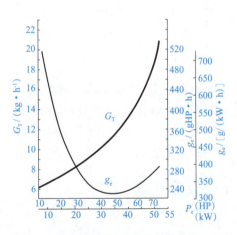

图 1-13　汽油发动机负荷特性曲线图

当发动机在怠速状态运转时，输出有效功率 $P_e = 0$，故有效耗油率 g_e 曲线趋向无穷大，随节气门开度增大，P_e 由小变大，g_e 迅速下降，直至降到最低值，随 P_e 继续加大，节气门开度增大到全开 80% 时，混合气开始加浓，g_e 又有所上升。

（3）万有特性。为了能在一张图上全面表示内燃机的性能，经常应用多参数特性，即万有特性。万有特性通常以速度为横坐标，平均有效压力（或扭矩）为纵坐标，绘制一系列等能耗油率和等功率曲线，从而可以判断发动机在各种工况下的经济性。

发动机总体结构的认识

1. 准备工作

（1）设备：实训车辆、台架发动机、工作台。

（2）发动机维修手册。

（3）耗材、工单及其他：清洁用棉布、手套、车辆三件套等。

2. 工作过程

（1）车辆挂P挡（自动挡）或空挡（手动挡），拉上手刹，放上车轮挡块。

（2）打开前机盖，铺上翼子板布与前格栅布。

（3）找到车辆铭牌，记录车辆信息。车辆识别代号：＿＿＿＿＿＿＿＿＿＿；发动机型号：＿＿＿＿＿＿＿＿＿；发动机的最大功率：＿＿＿＿＿＿＿＿＿；发动机的最大扭矩：＿＿＿＿＿＿＿＿＿；发动机的排量：＿＿＿＿＿＿＿＿＿。

（4）观察发动机，讨论发动机的总体结构，指出外围各元件并记录。

两大机构及各元件：

①＿＿。

②＿＿。

五大系统及各元件：

①＿＿。

②＿＿。

③＿＿。

④＿＿。

⑤＿＿。

（5）工作完成后，恢复车辆状态。

3. 5S工作

（1）清洁工作台，整理工单与维修手册。

（2）清洁实训车辆，耗材按使用情况整理归位或丢入垃圾筒。

任务评价

评价项目	评价指标	分值	自评（20%）	互评（20%）	师评（60%）	合计
知识目标	准确指出发动机的性能参数	5				
	准确指出发动机外围元件的名称	10				
	准确叙述发动机的工作原理	10				
能力目标	能够分析发动机的性能参数	5				
	能够掌握发动机的总结构	10				
	能够了解发动机各机构和系统的组成	20				
	能够分析发动机的特性	10				

评价项目	评价指标	分值	自评（20%）	互评（20%）	师评（60%）	合计
素质目标	具备严谨、细致的工作态度	10				
	具备 5S 素质要求	10				
	具备责任意识和风险意识	10				

任务 2

常用工具与量具的使用

任务引入

　　一辆 2009 款 1.6 L 北京现代伊兰特汽车，行驶里程为 24 250 km，据用户反映车辆发动机在运转过程中异响严重，有很大的噪声，发动机抖动，车辆驾乘体验感较差，经过维修技术人员检测分析后，初步判断为车辆维护保养不及时，造成发动机曲轴磨损严重，需要大修发动机。作为维修技术人员，在大修发动机的过程中，会用到哪些工具、量具和设备？这些工具、量具和设备又是如何选择使用的？

学习目标

知识目标

1. 了解发动机检修的常用工具、量具名称。
2. 掌握常用工具、量具的正确使用方法与使用的注意事项。

能力目标

1. 能够准确地找到所需的维修工具、量具。
2. 能够正确使用维修工具、量具。

素质目标

1. 具备严谨、细致、认真工作的态度和高度的责任心。
2. 具备团队协作的意识和集体意识。

知识链接

1.2.1　常用工具的使用

1. 螺钉旋具

（1）种类和用途。

①一字螺钉旋具。一字螺钉旋具主要用于拆装一字槽口的螺钉。一字螺钉旋具的型

项目 **1**　发动机的结构认知

号表示为刀头宽度 × 刀杆，如 3.2×75 mm，则表示刀头宽度为 3.2 mm，杆长为 75 mm（非全长）。常用的杆长规格有 50 mm、75 mm、125 mm、150 mm 等，如图 1-14（a）所示。

②十字螺钉旋具。十字螺钉旋具专门用于拆装十字槽口的螺钉。十字螺钉旋具规格型号表示为刀头大小 × 刀杆。例如，2#×75 mm，表示刀头 2 号，金属杆长为 75 mm（非全长）。机械设备常用十字螺钉旋具刀头型号为 0#、1#、2#、3#、4#，适用的螺钉直径为 3 mm、5 mm、6 mm、8 mm、10 mm。部分厂家以数字前加 PH 表示，如 PH2 即 2#，如图 1-14（b）所示。

(a)　　　　　　　　　　(b)

图 1-14　螺钉旋具
（a）一字螺钉旋具；（b）十字螺钉旋具

（2）使用注意事项。

①螺钉旋具有木柄和塑料柄之分，塑料螺钉旋具有一定的绝缘性，适宜电工使用。

②使用前应先擦净螺钉旋具刀柄和槽口、刀口的油污，以免工作时滑脱而发生意外。

③螺钉旋具刀口应与螺钉（栓）槽口的形状和大小适合，刀口端太薄易折断，螺钉太厚不能完全嵌入槽口内，而易使螺钉旋具刀口和螺钉（栓）槽口损坏。

④使用时，不允许将工件拿在手上用螺钉旋具拆装螺钉（栓），以免螺钉旋具从槽口中滑出伤手。

⑤使用时，不可使用螺钉旋具当撬棒和錾子，除穿心加力螺钉旋具外，不允许用锤子敲击螺钉旋具刀柄，不允许使用扳手或钳子扳转螺钉旋具刀口端的方法来增大扭力，以免使螺钉旋具发生弯曲或扭曲变形。穿心加力螺钉旋具如图 1-15 所示。

⑥正确的握持方法 [图 1-16（a）] 应以右手握持螺钉旋具，手心抵住螺钉旋具柄端，让螺钉旋具刀口端与螺栓（钉）槽口处于垂直吻合状态。当开始拧松或最后拧紧时，应用力将螺钉旋具压紧后再用手腕力按需要的力矩扭转螺钉旋具。当螺栓（钉）松动后，即可使手心轻压住螺钉旋具刀柄，用拇指、中指和食指快速扭转。使用较长的螺钉旋具时，可用右手压紧和转动螺钉旋具刀柄，左手握在螺钉旋具刀柄中部，防止螺钉旋具滑脱，以保证安全工作。应避免错误使用 [图 1-16（b）]，以免损坏螺钉旋具。

(a)　　　　　　　　(b)

图 1-15　穿心加力螺钉旋具实物图
（a）穿心加力螺钉旋具；（b）穿心加力螺钉旋具的加力部

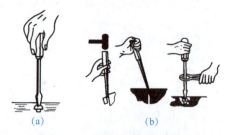

(a)　　　　　　(b)

图 1-16　螺钉旋具的使用
（a）正确使用；（b）错误使用

2. 钳子

（1）种类和用途。汽车维修作业中常用的钳子有鲤鱼钳、钢丝钳、尖嘴钳和弯嘴钳、卡簧钳等。钳子的规格以钳长来表示。

①鲤鱼钳（图1-17）。鲤鱼钳可用来切割金属丝、弯扭小型金属棒料、夹持扁或圆柱形小工件。鲤鱼钳的常用规格有6″（约160 mm）、8″（约200 mm）、10″（约240 mm）三种。

图1-17　鲤鱼钳

②钢丝钳（图1-18）。钢丝钳上带有旁刃口，除能夹持工件外，还能折断金属薄板及切断直径较小的金属线。钳柄上套有橡胶绝缘套的钢丝钳多在带电场合使用。钢丝钳的型号规格一般有6″（约150 mm）、7″（约180 mm）、8″（约200 mm）三种。

图1-18　钢丝钳

③尖嘴钳和弯嘴钳（图1-19）。尖嘴钳［图1-19（a）］和弯嘴钳［图1-19（b）］能在较狭小的工件空间操作，不带刃口的只能夹捏工件，带刃口的能切剪细小零件，是修理仪表及电器材料的常用工具。尖嘴钳和弯嘴钳一般有5″（约150 mm）、6″（约160 mm）、8″（约200 mm）三种。

（a）　　　　　　　　　　　（b）

图1-19　尖嘴钳和弯嘴钳
（a）尖嘴钳；（b）弯嘴钳

④卡簧钳（图1-20）。卡簧钳也称挡圈钳，专门用于拆装带拆装孔的弹性挡圈。按用途可分为轴用（外卡簧）、孔用（内卡簧）两种，按钳头可分为直头和弯头两种。型号规格一般有5″（约125 mm）、7″（约175 mm）、9″（约225 mm）、13″（约325 mm）四种。内外卡簧钳的使用方法如图1-21所示。

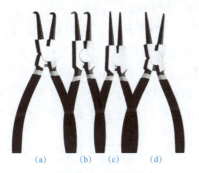

（a）　（b）　（c）　　（d）

图1-20　卡簧钳
（a）弯嘴内卡簧钳；（b）弯嘴外卡簧钳；
（c）直嘴外卡簧钳；（d）直嘴内卡簧钳

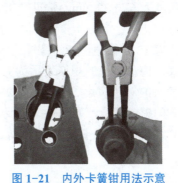

图1-21　内外卡簧钳用法示意

（2）使用注意事项。

①钳子的规格应与工件规格相适应，以免钳子受力过大而损坏。

项目 1　发动机的结构认知

②使用前应先擦净钳子柄上的油污，以免工作时滑脱而导致事故。

③使用完应保持清洁，及时擦净。

④严禁用钳子代替扳手拧紧或拧松螺栓、螺母等带棱角的工件［图1-22（a）］，以免损坏螺栓、螺母等工件的棱角。

⑤使用时，不允许用钳子切割过硬的金属丝［图1-22（b）］，以免造成刃口损坏或钳体损坏。

⑥不可用钳子柄当撬棒撬动物体［图1-22（c）］，以免弯曲、折断或损坏钳子，也不可用钳子代替手锤敲击零件。

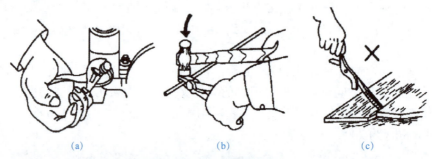

（a）　　　　　　　　　　（b）　　　　　　　　　　（c）

图1-22　钳子的不正确使用
（a）用钳子代替扳手；（b）用钳子切割过硬的金属丝；（c）用钳子柄当撬棒

3. 扳手

（1）种类和用途。扳手主要有开口扳手、梅花扳手、活动扳手、套筒扳手、扭力扳手和专用扳手等。

①开口扳手（图1-23）。开口扳手主要用于拆装一般标准规格的螺栓或螺母。有单头、双头两种。端部开口方向与本体有15°、45°等角度。

图1-23　双头开口扳手

使用方便，可上下套入或直接插入螺栓头部或螺母。公制开口扳手的规格为其开口宽度，尺寸为6～32 mm，常见套组为8件、11件、14件等。

②梅花扳手（图1-24）。梅花扳手的用途与开口扳手相似，两端为套筒式圆环状，圆环内有12个棱角，能将螺栓或螺母的六角部分全部围住，工作时不易滑脱，更为安全可靠。梅花扳手的规格表示为对边宽度×对边宽度，如8×12，则表示扳手一头适应六角头的对边宽度S（图1-25）为8 mm的螺栓螺母，另一头可用于对边宽度S为12 mm的螺栓螺母，如图1-25所示。常见的梅花扳手的对边宽度范围为5.5～27 mm，常见套组为6件、8件、11件套等。

图1-24　双头梅花扳手

S

图1-25　螺栓螺母六角头对边宽度S

③套筒扳手（图1-26）。套筒扳手适合拆装部位狭小的螺栓或螺母。套筒扳手是一种组合型工具，由多种规格的套筒和多种用途的手柄组合而成。其套筒与梅花扳手的端头相似，工作时根据需要选用不同规格的套筒和各种手柄进行组合，还可配合扭力扳手显示拧紧力矩，具有功能多、使用方便、安全可靠的特点。

④活动扳手（图1-27）。活动扳手开口端可以根据需要在一定范围内进行调节。其主要用于拆装不规则的带有棱角的螺栓或螺母。活动扳手的规格以全长来表示，常用的规格有 6″（150 mm）、8″（200 mm）、10″（250 mm）、12″（300 mm）等。

图1-26　套筒扳手

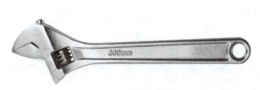

图1-27　活动扳手

⑤扭力扳手。在维修作业中，凡是有拧紧力矩要求的螺栓或螺母，均需要扭力扳手与套筒配合使用，将螺栓或螺母拧到规定力矩。常用的手动扭力扳手有定值型和直读型两种（图1-28）。前者在施加的扭矩到达规定值后，会发出声响信号；后者在拧转螺栓或螺母时，能显示出所施加的扭矩。扭力扳手的规格为其测量扭矩的范围，如 $1 \sim 5\,N \cdot m$、$5 \sim 25\,N \cdot m$、$20 \sim 100\,N \cdot m$、$40 \sim 200\,N \cdot m$、$68 \sim 340\,N \cdot m$ 等。

（a）　　　　　　　　　　　　（b）

图1-28　扭力扳手

（a）定值型；（b）直读型

⑥内六角扳手（图1-29）。内六角扳手用于扭转内六角头部的螺栓。内六角扳手长端的尾部设计成球形，有利于内六角扳手从不同角度操作，便于在狭小角度空间使用。内六角扳手规格为六方的对边宽度，常用的规格有2、2.5、3、4、5、6、7、8、10、12、14等。

图1-29　内六角扳手套组

（2）使用注意事项。

①拆装操作时，应按照"先套筒扳手，后梅花扳手，再开口扳手，最后活动扳手"的选用原则进行选取。

②必须选择与螺栓（螺母）相同规格的扳手，以免损坏螺栓（螺母）的棱角（图1-30）。

③施力时最好将扳手柄向操作者方向拉，而不要往外推；当使用推力拆装时，应用手掌力来推动，不能采用握推的方式，以免碰伤手指（图1-31）。

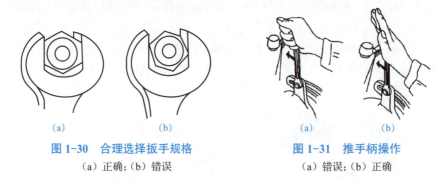

图1-30　合理选择扳手规格
（a）正确；（b）错误

图1-31　推手柄操作
（a）错误；（b）正确

④不能采用两个扳手对接或用套筒套接等方式来加长扳手（图1-32），以免损坏扳手或发生事故。

图1-32　禁止加长扳手

⑤严禁使用带有裂纹和内孔已严重磨损的扳手。

⑥使用活扳手时，要使可调钳口受推力，固定钳口受拉力，否则会使压力作用在调节螺杆上，在施力时促使钳口变大，将损坏螺栓、螺母的棱角和扳手本身（图1-33）。

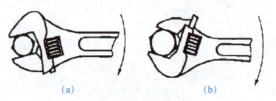

图1-33　活扳手的使用
（a）正确；（b）错误

4. 锤子

（1）种类和用途。锤子又称榔头，用于锤击工件，可分为铜锤、木槌、铁锤、橡胶锤等。使用时，用手握紧手柄后端，眼睛注视被锤击工件，锤面与工件锤击面平行。

①钢制圆头锤和横头锤（图1-34）。钢制圆头锤和横头锤的规格是以锤头的质量单位规定的。常用的规格有0.25 kg、0.5 kg、0.75 kg、1 kg、1.25 kg、1.5 kg六种。

图1-34　常用钢制手锤
（a）圆头锤；（b）横头锤

②软面锤。软面锤常用的有塑料锤、橡胶锤（图1-35）和黄铜锤。软面锤一般用于过盈配合的组合件的拆装，当敲开或压紧组合件时，使用软面锤不会损坏零件。

图1-35　橡胶锤

（2）使用注意事项。

①使用前，必须检查锤柄是否安装牢固，如松动应重新安装，以防止在使用时由于锤头脱出而发生伤人或损物事故；清洁锤头工作面上的油污，以免锤击时发生滑脱而敲偏，损坏工件或发生意外。

②使用时，应将手上和锤柄上的汗水和油污擦干净，以防止锤子从手中滑脱而伤人或损坏物件。

③使用时，手要握住锤柄后端，握柄时手的握持力要大小适度，这样才能保证锤击时灵活自如。锤击时要靠手腕的运动，眼应注视工件，锤头工作面和工作锤击面应平行（图1-36），才能使锤面平整地打在工件上。

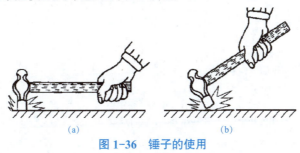

(a)　　　　　　　　(b)

图 1-36　锤子的使用

（a）正确；（b）错误

④在锤击铸铁等脆性工件和截面较薄的零件或悬空未垫实的工件时，不能用力太猛，以免损坏工件。

⑤使用完毕，应将锤子擦拭干净。

1.2.2　常用量具的使用

1. 塞尺

（1）用途。塞尺是一种由多片厚薄不同的标准钢片组成的测量工具。钢片上刻有数字，表明钢片的厚度，单位为 mm，如图 1-37 所示。塞尺主要用于测量两个接合面之间的间隙值。使用时，可以用一片进行测量，也可以多片组合在一起进行测量。

（2）使用方法。

①用干净布将塞尺片擦拭干净，塞尺片沾有油污会影响测量结果的准确性。

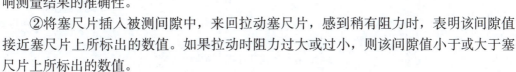

图 1-37　塞尺

②将塞尺片插入被测间隙中，来回拉动塞尺片，感到稍有阻力时，表明该间隙值接近塞尺片上所标出的数值。如果拉动时阻力过大或过小，则该间隙值小于或大于塞尺片上所标出的数值。

③在测量过程中，不允许剧烈弯折塞尺片，或用较大的力使劲将塞尺片插入被检测间隙中，否则会损坏塞尺片。

④测量后，应将塞尺片擦拭干净，并涂上一层薄润滑油或工业凡士林，然后将塞尺片收回夹框内，以防止锈蚀、弯曲或变形。

2. 游标卡尺

（1）用途。游标卡尺是一种能直接测量工件内外直径、宽度、长度或深度的量具（图1-38）。常用的有 0～150 mm、0～200 mm、0～300 mm 三种量程。

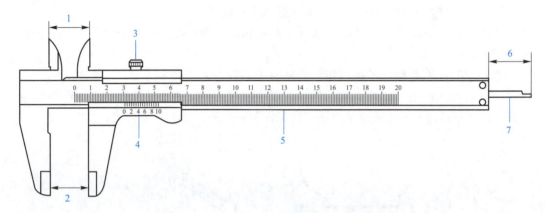

图1-38　游标卡尺

1—测量内径；2—测量外径；3—锁紧螺母；4—游标尺；5—主尺；6—测量深度；7—深度尺

（2）使用方法。

①使用前，先将工件被测表面和量爪接触表面擦拭干净。

②测量工件外径时，先将可移动外测量爪向外移动，使两量爪间距大于工件外径；慢慢移动游标卡尺，使两量爪与工件接触，如图1-39（a）所示。

③测量工件内径时，先将可移动内量爪向内移动，使两量爪间距小于工件内径，然后缓慢向外移动游标卡尺，使两量爪与工件接触，如图1-39（b）所示。

④测量时，应使游标卡尺与工件垂直，量爪与工件接触后固定锁紧螺钉。测量外径时，找到尺寸最小处再读数；测量内径时，找到尺寸最大处再读数。

⑤测量深度时，将主尺与工件被测表面平整接触，缓慢移动游标尺，使深度针与工件接触，如图1-39（c）所示。

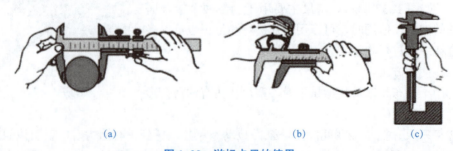

（a）　　　　　　　　　　　（b）　　　　　　　　　　　（c）

图1-39　游标卡尺的使用

（a）测量外径；（b）测量内径；（c）测量深度

⑥使用完成后，将游标卡尺各元件擦拭干净，并涂上一层薄润滑油或工业凡士林放入盒内存放。切忌重压。

（3）读数方法。

①读出游标卡尺零刻线所指示主尺上左边刻线的毫米数。

②观察游标卡尺上零刻线右边第几条刻线与主尺某一刻线对准，将精确度乘以游标上的格数，即为毫米小数值。

③将主尺上整数和游标卡尺上的小数值相加即得被测工件的尺寸。其计算公式如下：

工件尺寸＝主尺整数＋游标格数 × 精确度

如图 1-40 所示，若游标卡尺的精确度为 0.02 mm，则读数值：33 mm ＋ 16×0.02 ＝ 33.32 mm。

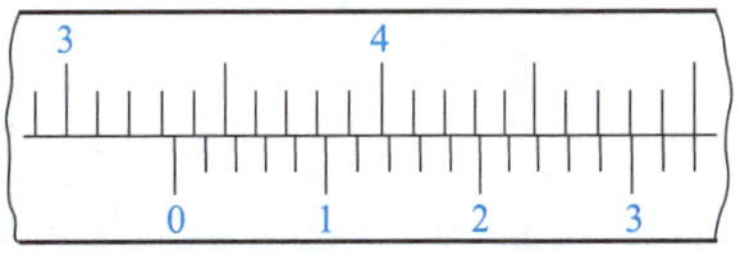

图 1-40　游标卡尺读数范例

3. 千分尺

（1）用途。千分尺是一种用于测量加工精度要求较高的精密量具（图 1-41），测量精度可达到 0.01 mm。按量程有 0 ～ 25 mm、25 ～ 50 mm、50 ～ 75 mm、75 ～ 100 mm、100 ～ 125 mm 等多种规格。

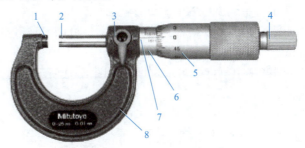

图 1-41　千分尺结构

1—测砧；2—测杆；3—锁紧装置；4—棘轮；5—活动套筒；6—固定套筒；7—基线；8—尺架

（2）误差检查（校零）。

①把千分尺测砧、测杆端表面擦拭干净。

②旋转活动套筒，使两个砧端靠拢，再旋转棘轮，直到听见 2～3 声"咔咔"轻响，检视指示值。

③活动套筒的前端应与固定套筒的 0 刻度线对齐。

④活动套筒的 0 刻度线与固定套筒的基线对齐。

⑤若两者中有一个 0 刻度线不能对齐，则该千分尺有误差，应予检调后才能测量。

（3）使用方法。

①将工件被测表面擦拭干净，并置于千分尺两砧端之间，使千分尺螺杆轴线与工件中心线垂直或平行。

②先旋转活动套筒，使砧端与工件测量表面接近，再旋转棘轮，直到听见 2～3 声"咔咔"轻响，这时的指示数值就是所测量得到的工件尺寸。

③测量完毕，倒转活动套筒，取下千分尺。

④将千分尺擦拭干净，两砧端不得接触，涂抹一层薄润滑油或工业凡士林后放入盒内存放。

（4）读数方法。

①先读固定刻度，如图 1-42 所示，固定刻度应为 55 mm。

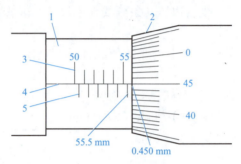

图 1-42　千分尺的读数

1—固定套筒；2—活动套筒；3—整毫米刻度线；4—基线；5—半毫米刻度线

②再读半刻度，若半刻度线已露出，记作 0.5 mm；若半刻度线未露出，记作 0.0 mm，如图 1-42 所示，半刻度应为 0.5 mm。

③最后读可动刻度（估读小数点后三位）：格数×0.01 mm，如图 1-42 所示，可动刻度应为 0.450 mm。

④测量值＝固定刻度＋半刻度＋可动刻度。如图 1-42 所示，测量值＝55＋0.5＋0.450＝55.950（mm）。

4. 百分表

（1）用途。百分表是一种比较性测量仪器。其不能直接测得工件的量度尺寸，主要用于测定工件的偏差值、零件平面度、直线度、跳动量、气缸圆度、圆柱度误差及配合间隙等，如图 1-43 所示。

（2）使用方法。

①先将百分表固定在表座（支架）上，将百分表测量杆端的触头垂直地调整到略低于被测工件表面，然后使触头与被测工件表面接触，再转动大刻度盘使 0 刻度线与大指针对正。

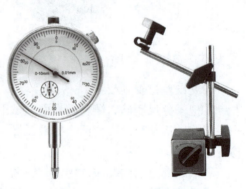

图 1-43　百分表及磁性表座

②移动被测工件（或百分表），观察指针的偏转量，该偏转盘即被视工件的偏差尺寸或间隙值。

③使用完成后，将百分表擦拭干净，水平地放置于盒内，严禁重压。

（3）读数方法。大刻度盘圆周刻有 100 等分格，测量杆每移动 0.01 mm，大指针就偏转 1 格（表示 0.01 mm）；当大指针偏转 1 周时，小指针偏转 1 格（表示 1 mm）。指针的偏转量即被测工件的实际偏差或间隙值。

5. 量缸表

（1）用途。量缸表（图1-44）用来测量发动机气缸的圆度误差、圆柱度误差和磨损情况。

图1-44　量缸表

（2）使用方法。

①根据所测孔径尺寸，装上该量程的接杆并使用标定过的外径千分尺校对标准尺寸。

②使用时，一只手拿住绝热套，另一只手尽量托住表杆下部，轻轻地摆动表杆，使活动测杆与内孔轴线垂直，可通过观察百分表的指针摆动情况来判断，当指针指示到最小数值时，即表示活动测杆垂直于内孔轴线。

（3）读数方法。

①如果百分表的大指针正好指示在"0"处，表明被测工件的孔径与标准尺寸相同。

②如果百分表的大指针顺时针方向转离"0"处，则表明工件尺寸小于标准尺寸；反之，则表明工件尺寸大于标准尺寸。

③通过对不同测量点的测量，即可得到内孔的圆度、圆柱度误差或工件磨损情况。

1.2.3　常用检测设备的使用

1. 数字式万用表

（1）用途。数字式万用表主要用来测量电阻、电压、电流等参数，以此判断电路的通断和电控元件的工作状况。常用数字式万用表具有测量精度高、测量范围广、输入阻抗高、抗干扰能力强、容易读数等优点。

汽车专用万用表如图1-45所示。它是一种高阻抗（≥10 MΩ）数字多用表，其外形、结构和工作原理与数字式万用表相同。它承袭了数字式万用表的一切优点，还具有一些汽车专用测试功能。汽车万用表除可用来测量电控元件和电路的电阻、电压、电流外，还能测量转速、频率、温度、电容、闭合角、占空比等，并具有自动断电、自动变换量程、数据锁定、波形显示等功能。

图1-45　汽车专用万用表

（2）使用注意事项。

①测量前，先检查红、黑表笔连接的位置是否正确。注意不能接反，否则在测量时有可能导致表头元件损坏。

②在表笔连接被测电路之前，一定要查看所选择的挡位与测量对象是否相符，否则，误用挡位和量程，不仅得不到测量结果，还会损坏万用表。

③测量时，手指不要触及表笔的金属部分和被测元件。

④在测试过程中，不得转换功能开关，如需换挡或换量程，须在表笔脱离电路之后进行。

⑤测量电容前，必须保证电容器没有储存电能，若存储电能则应予放电。否则将会损坏表内电路。

⑥在实际测量中，经常要测量多种电量，每次测量前要注意根据每次测量任务把选择开关转换到相应的挡位和量程。

⑦每次使用完成后，要及时关闭电源开关。当打开电源开关后，若显示屏上电池符号闪烁时，表示机内电池电压已不足，应予更换新电池。

⑧当长期不用数字表时，应将机内电池取出，妥善保存。

2. 汽车专用示波器

（1）用途。汽车专用示波器（图1-46）主要用来显示控制系统中输入、输出信号的电压波形，它显示的电信号准确、形象，具有瞬时捕捉波形的能力，可用来检测汽车电子控制系统的电路及各种传感器、执行器的信号电压波形。可以通过波形的变化来分析判断故障。

图1-46　汽车专用示波器

（2）基本功能。汽车专用示波器基本功能就是对汽车电子控制系统中的模拟与数字信号进行波形显示。

①测试电子控制系统中主要传感器与执行器的信号波形，如进气压力传感器、空气流量计、节气门位置传感器、氧传感器、凸轮轴与曲轴传感器、爆震传感器、喷油器、碳罐电磁阀、EGR电磁阀和点火系统的初级与次级信号电压等波形。

②多通道显示。示波器含有多通道接口，能够同时显示出多组波形，便于对比分析与判断。

③信号波形的锁定与存储功能。通过功能键操作对波形进行锁定并存储，以便仔细对波形进行分析判断，同样可以通过功能键的操作对存储的波形进行重新查看和删除。

④设定功能。通过设定信号电压的大小，改变扫描时间的长短，可以确定所测波形的形状大小与屏幕坐标相配，便于观测与分析。

⑤波形资料库。波形资料库收集了汽车各系统电子元件的标准波形，可以通过实测波形与标准波形的对比，使波形分析变得方便、明了。

3. 汽车故障诊断仪

（1）用途。汽车故障诊断仪又称为汽车计算机解码器（图1-47），是能与汽车计算机直接进行信息交流的故障诊断仪器。根据带有的数据流形式可分为通用型和原厂专用型两大类。

①通用型解码器是适应诊断检测多种车型而设计制造的，它的软件储存有不同牌号和车型的汽车计算机及控制系统的检测程序和数据资料，并配备多种专用检测接头，这是一种多用途、多功能兼容的计算机解码器，对汽车各系统的计算机和控制元件都能进行数据分析。

②原T专用型解码器是汽车制造厂家为自己车型设计的计算机解码器，一般只在特约维修站配备，以便提供良好的售后服务，充分发挥故障诊断仪的功能。

图1-47 汽车故障诊断仪

（2）主要功能。

①读取车辆计算机型号。此项功能可以读取被测试系统的计算机信息，包括版本号、编码号、服务站代码及相关信息等。一般更换车辆控制单元时，需要读出原控制单元信息并记录，以作为购买新控制单元的参考，对新的控制单元进行编码时，需要原控制单元信息。

②读取故障码。解码器可将存储在车用计算机中的故障码和含义显示在屏幕上，以便于阅读。

③消除故障码。车辆的故障被排除后，必须清除存储在电子控制单元中的故障码。使用解码器可以方便、快捷地清除掉存储在电子控制单元中的故障码。

④数据流测试。利用解码器可对传感器和执行器的动态参数进行实时监测，如发动机转速、水温、节气门开度、进气压力（或进气量）、喷油脉冲宽度、氧传感器信号、点火提前角等。

⑤执行元件测试。利用解码器可通过车用计算机向执行元件发出指令，并执行相应动作，以观察该元件是否正常工作，如喷油器喷油、节气门打开、散热器风扇运转等。

⑥系统匹配。利用解码器可以对汽车电子控制系统进行基本调整和设置，如发动机的怠速设定、节气门开度的初始化、匹配钥匙等。

⑦控制单元的编码。如果控制单元编码没有显示或更换控制单元之后，必须对控制单元进行编码。如果发动机计算机编码错误将导致油耗增大，变速箱寿命缩短，直至发动机无法启动。

⑧其他功能。某些解码器具有万用表、示波器、汽车维修资料库、打印输出和网络升级等功能。型号不同，解码器的功能及使用方法也有所不同，使用前应详细阅读使用说明书。按照说明书的要求，安全、正确操作。

（3）使用注意事项。

①汽车故障诊断仪为精密电子仪器，勿摔碰。

②要保证仪器和诊断座连接良好，以免信号中断影响测试。如发现不能正常连接，应拔下接头重新插一次，不要在使用过程中剧烈摇动接头。

③使用连接线和接头时要使用螺钉紧固，避免移动时断开和损坏接口。拔接头时

应握住接头前端，切忌拉扯后端连接线。

④发动机点火瞬间显示屏可能发生闪烁，属于正常现象。若显示屏闪烁后，程序中断或花屏，应关掉电源，重新开机测试。

⑤在发动机舱内使用仪器，所有电源线缆、表笔和工具应远离皮带和其他运动元件。

⑥操作汽车故障诊断仪要有一定的汽车检测维修基础，对被测汽车电控系统要有一定认识。

视频：工具与
量具的使用

工具与量具的使用

1. 准备工作

（1）设备：实训车辆、气门、工作台。

（2）工具与量具：轮胎扳手、扭力扳手、游标卡尺、千分尺、成套工具等。

（3）发动机维修手册。

（4）耗材、工单及其他：清洁用棉布、手套、车辆三件套等。

2. 合理选择工具、使用工具的工作过程

（1）查维修手册，确定实训车辆轮胎螺栓的拧紧力矩大小为_____N·m。

（2）合理选择拧松与拧紧轮胎螺栓的工具。

（3）使用轮胎扳手拧松轮胎螺栓：

①轮胎螺栓拧松的顺序：_____。

②用正确的姿势和施力方向拧松轮胎螺栓。

③在拧松轮胎螺栓的过程中，用手握住轮胎扳手的不同位置，拧松轮胎螺栓，感受拧松相同力矩的螺栓所用力的大小。确定握扳手的位置应该在_____位置。

（4）用扭力扳手拧紧轮胎螺栓：按正确的顺序，使用正确的姿势和施力方向拧紧轮胎螺栓。

3. 正确使用游标卡尺的工作过程

通过用游标卡尺测量气门杆长度，学会游标卡尺的使用与读数。

（1）查维修手册，确定气门杆长度的标准尺寸为_____mm。

（2）清洁被测气门杆和游标卡尺。

（3）游标卡尺的精确度是_____mm。

（4）校正游标卡尺。

（5）使用_____（内、外）测量爪进行测量。

（6）读数并记录：_____mm；通过与标准值进行比较，确定气门_____。

（7）清洁游标卡尺，妥善收纳。

4. 正确使用千分尺的工作过程

通过使用游标卡尺测量气门杆长度，学会游标卡尺的使用与读数。

（1）查维修手册，确定气门杆直径的标准尺寸为_____mm。

（2）清洁被测气门杆和千分尺；

（3）选用量程为_____mm 的千分尺，千分尺有精确度是_____mm；

（4）校正千分尺；

（5）正确测量、读数并记录：_____mm；通过与标准值进行比较，确定气门_____。

（6）清洁千分尺，妥善收纳。

5. 5S 工作

（1）工具、量具清洁、收纳、归位。

（2）零件清洁、归位。

（3）维修手册归位。

（4）清洁实训车辆，耗材按使用情况整理归位或丢入垃圾筒。

（5）清洁工作台。

任务评价

评价项目	评价指标	分值	自评（20%）	互评（20%）	师评（60%）	合计
知识目标	准确指出各工具的名称	5				
	准确指出各量具的名称与测量范围	10				
	准确指出各检测设备的名称与用途	10				
能力目标	能够正确选择各工具与量具	5				
	能够按照操作规范正确使用各工具	10				
	能够按照操作规范正确使用各量具	20				
	能够按照操作规范正确使用各检测设备	10				
素质目标	具备严谨、细致的工作态度	10				
	具备 5S 素质要求	10				
	具备责任意识和风险意识	10				

习 题

一、判断题

1. 四行程发动机的活塞在气缸内移动一个行程，曲轴旋转 $180°$。 （ ）

2. 气缸工作容积也称发动机排量。 （ ）

3. 各种不同类型发动机对压缩比的要求各不相同，一般汽油机的压缩比高，柴油机则较低。 （ ）

4. 柴油机进气冲程进入气缸的是柴油与空气形成的可燃混合气。 （ ）

5. 发动机的环境指标主要是指发动机排气品质和噪声水平。（　　）

6. 汽油机的组成有点火系统，而柴油机没有点火系统。（　　）

7. 使用量具测量时，不可施加过大的作用力。（　　）

8. 塞尺可以用一片进行测量，也可以多片组合在一起进行测量。（　　）

9. 千分尺是一种测量精度比较高的量具，不能测量毛坯件及未加工的表面。（　　）

10. 在维修工作中选择扳手时，应优先选择套筒扳手，其次梅花扳手，再次开口扳手。（　　）

11. 千分尺在使用前要进行校零操作。（　　）

12. 百分表可以直接测得工件的量度尺寸。（　　）

13. 量缸表用来测量发动机气缸的圆度误差、圆柱度误差和磨损情况。（　　）

14. 数字万用表在测试过程中要随时按需要换挡或换量程，无须表笔脱离电路。（　　）

二、选择题

1. 曲柄连杆机构一般由（　　）构成。
  A. 活塞、连杆、曲轴飞轮组
  B. 机体组、活塞连杆组、曲轴飞轮组
  C. 曲柄机构、连杆机构、曲轴飞轮机构
  D. 机体组、曲柄机构、飞轮机构

2. 下列零元件不属于气门传动组的是（　　）。
  A. 凸轮轴　　　　　　　　　　B. 气门导管
  C. 挺柱　　　　　　　　　　　D. 摇臂

3. 气门组不包括（　　）。
  A. 气门杆　　　　　　　　　　B. 气门弹簧
  C. 气门弹簧座　　　　　　　　D. 摇臂

4. 压缩比是（　　）之比。
  A. 气缸总容积与燃烧室容积　　B. 气缸工作容积与燃烧室容积
  C. 气缸总容积与工作容积　　　D. 压缩后与压缩前气体容积

5. 下列使用螺钉旋具的方法，错误的是（　　）。
  A. 塑料螺钉旋具有一定的绝缘性，适宜电工使用
  B. 可用螺钉旋具当撬棒和錾子
  C. 不允许用锤子敲击穿心加力螺钉旋具的刀柄
  D. 不允许用扳手或钳子扳转螺钉旋具刀口端的方法来增大扭力

6. 下列使用钳子的方法，错误的是（　　）。
  A. 可用钳子代替扳手拧紧或拧松螺栓、螺母
  B. 钳子的规格应与工件规格相适应
  C. 不允许用钳子切割过硬的金属丝
  D. 不可用钳子柄当撬棒撬动物体

7. 梅花扳手的规格表示为（ ）。

    A．开口宽度　　　　　　　　　　　　B．全长

    C．扭矩　　　　　　　　　　　　　　D．对边宽度 × 对边宽度

8. 用量具测量读数时，目光应（ ）量具的刻度。

    A．垂直于　　　　B．倾斜于　　　　C．平行于　　　　D．任意

9. 测量直径为 $\phi27\pm0.015$ 的轴颈，应选用的量具是（ ）。

    A．游标卡尺　　　B．百分表　　　　C．千分尺　　　　D．量缸表

10. 关于万用表的使用方法，错误的是（ ）。

    A．测量前，先检查红、黑表笔连接的位置是否正确

    B．测量时，手指可以触及表笔的金属部分和被测元件

    C．测量电容前，必须保证电容器没有储存电能

    D．在表笔连接被测电路之前，要查看所选择的挡位与测量对象是否相符

项目 2
曲柄连杆机构的检修

 **项目描述**

曲柄连杆机构是汽车发动机能量转换至关重要的元件，是发动机各系统主要零件的装配基体。在掌握了曲柄连杆机构主要元件的布置与结构的基础上，掌握机体组、活塞连杆组、曲轴飞轮组各主要元件的作用与类型、结构与原理、拆装与检修方法，只有这样才能深入地掌握曲柄连杆机构的结构与工作原理，才能根据发动机的故障现象分析原因并排除故障。同时，也要求维修技术人员在检修过程中养成严谨细致、团结合作、勤俭节约的良好作风。

🎛 任务 1
机体组的检修

 **任务引入**

一辆 2009 款 1.6 L 大众朗逸汽车，车辆运行一段时间后发动机舱冒白烟，怠速运转时，打开水箱看到水箱冒气泡，用缸压表测量气缸压力比正常值低，经诊断为机体组元件有故障。如果遇到这种故障，应该怎样解决？

🗒 **学习目标**

知识目标
1. 了解机体组的结构和组成。
2. 了解机体组各部分的作用。

能力目标
1. 能够准确说出机体组各部分零件的名称和作用。

2．能够正确使用维修工具检修机体组。

素质目标

1．具备严谨、细致、认真工作的态度，高度的责任心和团队合作精神。

2．具备环保意识和节约意识。

 知识链接

2.1.1　曲柄连杆机构概述

曲柄连杆机构的功能是把燃气作用在活塞顶上的力转变为曲轴的转矩，以向工作机械输出机械能。

视频：机体组
的结构

2.1.2　气缸体

1．气缸体的结构

发动机的气缸体和曲轴箱常铸成一体，称为气缸体 – 曲轴箱，简称为气缸体。气缸体上半部有若干个为活塞在其中运动导向的圆柱形空腔，称为气缸。下半部为支承曲轴的曲轴箱，其内腔为曲轴运动的空间。

气缸体是发动机各个机构和系统的装配基体，与高温、高压的燃气直接接触并承受高温、高压气体作用力，且有活塞在其中做高速往复运动，因而要求气缸体应具有足够的刚度、强度、耐高温、耐磨损、耐腐蚀。

为了使发动机能在高温下正常工作，必须对气缸体和气缸盖加以冷却。按冷却介质的不同，可分为水冷和风冷两种冷却方式。汽车发动机上采用较多的是水冷却。

发动机用水冷却时，气缸周围和气缸盖中均有用以充水的空腔，称为水套，如图 2-1 所示。气缸体和气缸盖上的水套相互连通，利用水套中的冷却水流过高温零件的周围而将热量带走。

发动机用空气冷却时，在气缸体和气缸盖外表面铸有许多散热片，以增加散热面积，保证散热充分，如图 2-2 所示。

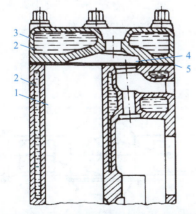

图 2-1　水冷发动机的气缸体和气缸盖
1—气缸；2—水套；3—气缸盖；4—燃烧室；5—气缸垫

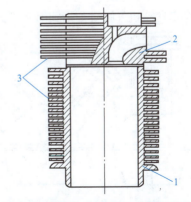

图 2-2　风冷发动机的气缸体和气缸盖
1—气缸体；2—气缸盖；3—散热片

2. 气缸体的类型

根据曲轴箱的具体结构形式，气缸体可分为平分式、龙门式和隧道式三种，如图 2-3 所示。

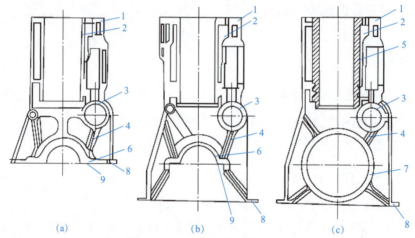

图 2-3 气缸体的基本结构形式

（a）平分式；（b）龙门式；（c）隧道式

1—气缸体；2—水套；3—凸轮轴孔座；4—加强筋；5—湿缸套；6—主轴承座；

7—主轴承座孔；8—安装油底壳的加工面；9—安装主轴承盖的加工面

（1）平分式。若发动机的曲轴轴线与曲轴箱分开面在同一平面上的为平分式 [图 2-3（a）]，这种结构便于机械加工，但刚度较差，曲轴前后端的密封性较差，多用于中小型发动机。

（2）龙门式。若发动机的曲轴轴线高于曲轴箱分开面的称为龙门式 [图 2-3（b）]。这种结构的刚度和强度较好，密封简单可靠，维修方便，但工艺性较差。

（3）隧道式。隧道式曲轴箱的主轴承承孔不分开 [图 2-3（c）]，这种结构特点是其结构刚度比龙门式的更高，主轴承的同轴度易保证，但拆装比较麻烦，用于主轴承采用滚动轴承的组合式曲轴，现已很少采用。

3. 气缸与气缸套

汽车发动机气缸排列形式有单列式（直列式）、V 形和对置式三种（图 2-4）。

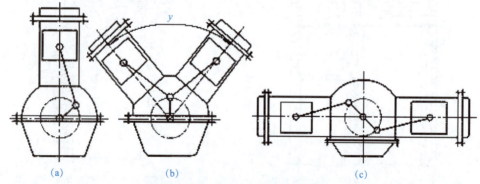

图 2-4 多缸发动机气缸排列形式

（a）单列式（直列式）；（b）V 形式；（c）对置式

（1）单列式发动机的各个气缸排列成为一列，一般是垂直布置的［图2-4（a）］。但为了降低发动机的高度，有时也把气缸布置成倾斜的，甚至是水平的。这种排列形式的气缸体结构简单，加工容易，但长度和高度较大。一般六缸以下发动机多用单列式。

（2）V形发动机将气缸排成两列［图2-4（b）］，其气缸中心线的夹角$\gamma < 180°$。其特点是缩短了发动机的长度，降低了发动机高度，增加了气缸体的刚度，质量也有所减轻，但加大了发动机的宽度，且形状复杂，加工困难，一般多用于缸数多的大功率发动机上。现在六缸及六缸以上的发动机多采用V形布置。

（3）对置式发动机［图2-4（c）］的高度比其他形式的低得多，在某些情况下，使汽车（特别是轿车和大型客车）的总布置更为方便。

气缸体的材料一般采用优质灰铸铁、球墨铸铁或铝合金，为了提高气缸的耐磨性，有时在铸件中加入少量合金元素如镍、钼、铬、磷等。现代汽车发动机广泛在气缸体内镶入气缸套，形成气缸工作表面。因此，气缸套可用耐磨性较好的合金铸铁或合金钢制造，以延长使用寿命，而气缸体则可使用价格较低的普通铸铁或铝合金等材料制造。采用铝合金气缸体时，由于铝合金耐磨性不好，必须镶用气缸套。

气缸套有整体式、湿式和干式三种结构，如图2-5所示。

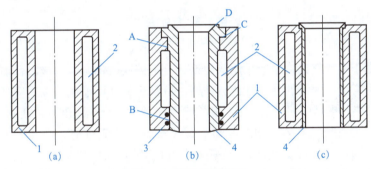

图2-5　气缸套的形式
（a）整体式；（b）湿式气缸套；（c）干式气缸套
1—气缸壁；2—冷却水套；3—阻水圈；4—气缸套
A—上支承定位带；B—下支承密封带；C—定位凸缘；D—缸套上平面

①整体式气缸套［图2-5（a）］的气缸和缸体铸成一个整体。在气缸体内部镀铬，以减轻磨损。现在很多发动机采用钢质气缸套，与铝合金缸体铸成一体，形成整体式气缸，缸套不能拆卸。整体式气缸套刚度大、工艺性好。

②湿式气缸套［图2-5（b）］则与冷却水直接接触，壁厚一般为5～9 mm。气缸套的外表面有两个保证径向定位凸出的圆环带A和B，分别称为上支承定位带和下支承密封带。气缸套的轴向定位是利用上端的凸缘C。为了密封气体和冷却水，有的气缸套凸缘C下面还有紫铜垫片。湿式气缸套装入座孔后，通常，气缸套顶面D略高出气缸体上平面0.05～0.15 mm。这样，当紧固气缸盖螺栓时，可将气缸盖衬垫压得更紧，以保证气缸的密封性，防止冷却水和气缸内的高压气体窜漏。湿式气缸套的优点是铸造方便，容易拆卸更换，冷却效果较好；其缺点是气缸体的刚度差，易于漏气、漏水。

③干式气缸套［图2-5（c）］不直接与冷却水接触，壁厚一般为1～3 mm。干式

气缸套的外圆表面和气缸套座孔表面均须精加式，一般采用过盈配合以保证配合精度。干式气缸套强度和刚度都较好，但加工比较复杂，散热性能较差，温度分布不均匀，容易发生局部变形，拆装也不方便。

2.1.3 气缸盖

1. 气缸盖的结构

气缸盖（图2-6）的主要功能是封闭气缸上部，并与活塞顶部和气缸壁一起形成燃烧室。

气门安装孔　　　回油孔　气缸盖螺栓孔　排气座孔

液压挺柱安装孔　　　冷却液管　进气座孔　水道孔

（a）　　　　　　　　　　（b）

图 2-6　气缸盖
（a）俯视图；（b）底视图

气缸盖由于形状复杂，一般采用灰铸铁、合金铸铁或铝合金铸成。目前，铝合金铸造的缸盖应用广泛。因铝的导热性比铸铁好，有利于提高压缩比，以适应高速、高负荷强化汽油机散热及提高压缩比的需要。铝合金气缸盖的缺点是刚度低，使用中容易变形。

气缸盖内部有与气缸体相通的冷却水套（图2-6），应有进、排气门座及气门导管孔和进、排气通道，有燃烧室、火花塞座孔（汽油机）或喷油器座孔（柴油机），上置凸轮轴式发动机的气缸盖上还有用以安装凸轮轴的轴承座。

2. 燃烧室

活塞位于上止点时，活塞顶面以上与气缸盖底面以下所形成的空间称为燃烧室。汽油发动机的燃烧室主要有半球形燃烧室、楔形燃烧室、浴盆形燃烧室、多球形燃烧室和篷形燃烧室等类型，如图2-7所示。

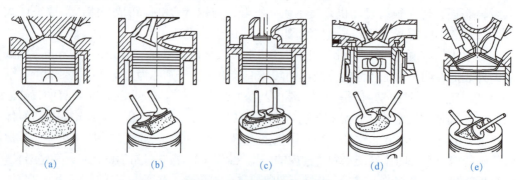

（a）　　　　　（b）　　　　　（c）　　　　　（d）　　　　　（e）

图 2-7　汽油机的燃烧室形状
（a）半球形；（b）楔形；（c）浴盆形；（d）多球形；（e）篷形

2.1.4 气缸垫

1. 气缸垫的结构

气缸垫的主要功能是保证气缸体与气缸盖结合面间的密封，防止漏气、漏水、漏油。气缸垫应满足以下主要要求：

（1）在高温、高压燃气作用下有足够的强度，不易损坏。

（2）耐热和耐腐蚀，即在高温、高压燃气或有压力的机油和冷却液的作用下不烧损或变质。

（3）具有一定弹性，能补偿接合面的不平度，以保证密封。

（4）拆装方便，能重复使用，寿命长。

目前，汽车发动机采用的气缸垫大致有以下结构：

①应用较多的是金属–石棉气缸垫，如图2-8（a）、（b）所示。石棉中间夹有金属丝或金属屑，且外覆铜皮或钢皮。水孔和燃烧室周围另用镶边增强，以防止被高温燃气烧坏。这种衬垫压紧厚度为1.2～2mm，有很好的弹性和耐热性，能重复使用，但厚度和质量的均一性较差。

②有的发动机在石棉中心采用编织的钢丝网［图2-8（c）］或有孔钢板（冲有带毛刺小孔的钢板）［图2-8（d）］为骨架，两面采用石棉及橡胶粘结剂压成的气缸垫。近年来，国内有的汽油机上采用膨胀石墨作为衬垫的材料。

③很多强化的汽车发动机采用实心的金属片作为气缸垫。例如，红旗轿车的发动机即采用图2-8（e）所示的钢板衬垫。这种衬垫在需要密封的气缸孔和水

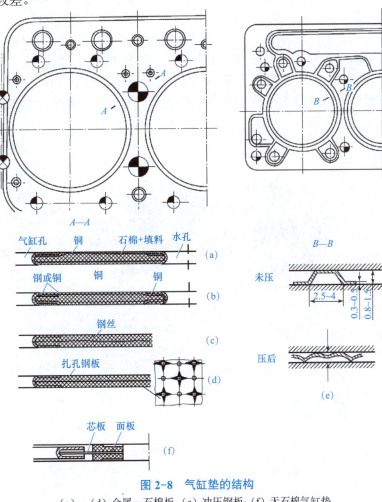

图 2-8 气缸垫的结构

（a）～（d）金属—石棉板；（e）冲压钢板；（f）无石棉气缸垫

孔、油孔周围冲压出一定高度的凸纹，利用凸纹的弹性变形实现密封。

④有的发动机采用了较先进的加强型无石棉气缸垫结构［图2-8（f）］，在气缸口密封部位采用五层薄钢板，并设计成正圆形，没有石棉夹层，从而消除了气囊的产生，在油孔和水孔处均包有钢护圈以提高密封性。

2. 气缸垫安装注意

安装气缸垫时，应注意安装方向。一般是衬垫卷边的一面朝向易修整的接触面或硬平面。如气缸盖和气缸体同为铸铁时，卷边应朝向气缸盖（易修整）；而气缸盖为铝合金，气缸体为铸铁时，卷边应朝向气缸体。也可根据标记或文字要求进行安装，如衬垫上的文字标记"TOP""OPEN"表示朝上，"FRONT"表示朝前。

2.1.5 油底壳

油底壳的主要功能是储存机油并封闭曲轴箱。

为了保证在发动机纵向倾斜时机油泵能经常吸到机油，油底壳后部一般做得较深。油底壳内还设有挡油板［图2-9（a）］，防止汽车振动时油面波动过大。油底壳底部装有放油塞。有的放油塞是磁性的，能吸集机油中的金属屑，以减少发动机运动零件的磨损。

油底壳受力很小，一般采用薄钢板冲压而成［图2-9（a）］。油底壳的形状决定于发动机的总体布置和机油的容量。在有些发动机上，为了加强油底壳内机油的散热，采用了铝合金铸造的油底壳，在壳的底部还铸有相应的散热肋片。也有的发动机采用了组合式油底壳［图2-9（b）］，1号油底壳为铝合金材料，2号油底壳采用薄钢板材料。

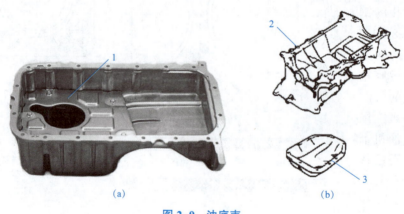

（a）　　　　　　　　　　（b）

图2-9　油底壳
（a）薄钢板油底壳；（b）组合式油底壳
1—挡油板；2—1号油底壳；3—2号油底壳

气缸体的检修

1. 准备工作

（1）设备：台架发动机、工作台。

视频：气缸的测量

（2）工具与量具：成套工具盒、游标卡尺、千分尺、千分尺支架、量缸表、刀口尺、厚薄规、橡胶锤等。

（3）发动机维修手册。

（4）耗材、工单及其他：记号笔、机油壶、清洁用棉布、手套等。

2. 气缸磨损检修的工作过程

（1）外观检查。用清洁棉布擦拭气缸内表面，检查气缸内表面有无机械损伤、表面质量和化学腐蚀程度等，如有应进行维修或更换。

（2）气缸直径、圆度和圆柱检测。

①首先查阅维修手册，该发动机型号是_____，气缸的标准直径是_____，圆度误差是_____，圆柱度误差是_____，维修标准是_____。

②用游标卡尺测量气缸直径，获得标准尺寸。

③在量缸表上安装百分表，使百分表指针有 0.5 ～ 1 mm 移动量，百分表表面与测量杆垂直。

④选择与缸径适合的测量杆；校准测量杆（或调整垫圈），使量缸表测量端总长比缸径大 1 mm 左右即可。

⑤量缸表的零校准：清洁千分尺，将千分尺安装到支座上并进行校零（安装时应在千分尺与支座间垫上棉布）。

将千分尺设置到由游标卡尺测得的标准尺寸，并用锁销锁紧。在千分尺上以量缸表的测量杆为支点移动量缸表，找到指针最收缩位置。在此位置，转动表盘将量缸表设定到零点。

⑥气缸缸径测量：如图 2-10 所示，慢慢推导向板将量缸表仔细放入气缸内规定位置（注意：避免调整杆头部在缸壁滑动），来回轻轻摆动表架，观察百分表的长针顺时针摆动到极限位置的读数并记录。

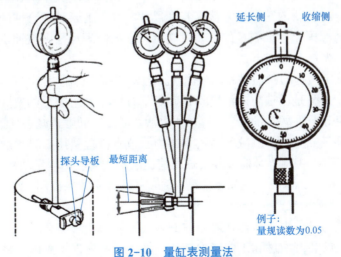

图 2-10 量缸表测量法

⑦测量位置：要求根据维修手册规定的测量位置进行测量，记录测量数据。一般

取上、中、下3个横截面，每个截面测量横向和纵向两个位置。上截面位于第一道活塞环上止点的位置，一般该位置磨损最大。丰田 5A\8A 发动机的测量部位如图 2-11 所示。

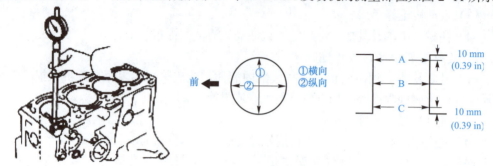

图 2-11　5A\8A 发动机气缸磨损的测量部位

⑧计算圆度误差和圆柱度误差：

a．圆度误差。圆度误差是指同一横截面上磨损的不均匀性。气缸圆度公差：一般汽油机为 0.05 mm，柴油机为 0.065 mm。

b．圆柱度误差。圆柱度误差是指沿气缸轴线的轴向截面上磨损的不均匀性。用不同横截面上任意方向测得的最大与最小直径差值的 1/2 作为圆柱度误差。气缸圆柱度公差：一般汽油机为 0.175 mm，柴油机为 0.25 mm。

气缸的圆度误差和圆柱度误差达到维修标准或气缸直径达到维修标准，应维修气缸体或更换活塞及活塞环。

（3）气缸磨损的修理。气缸磨损后，通常采用机械加工方法修复，即修理尺寸法。

修理尺寸法是指在零件结构、强度和强化层允许的条件下，将配合副中主要零件的磨损部位进行机械加工，达到规定的尺寸，恢复其正确的几何形状和精度，然后更换相应的配合件，使尺寸改变而配合性质不改变。显然，使用修理尺寸法修复后的尺寸已不同于零件的原基本尺寸，而是形成了一个对孔件是增大了的，对轴件是缩小了的新基本尺寸，这个新的基本尺寸就是修理尺寸。汽车上各种配合件的修理尺寸的等级和级差都是按照国家标准制定的，如发动机气缸的修理尺寸，汽油机最多四级，柴油机最多八级，级差为 0.25 mm。

在镗缸前确定气缸的修理尺寸，根据气缸的修理尺寸选配好相应修理尺寸的活塞。而在镗磨气缸中，又是以选配的活塞直径确定气缸镗削和珩磨后的实际尺寸的，气缸镗削后的直径应等于活塞裙部的最大直径加上活塞的配缸间隙再减去气缸的珩磨余量。

当发动机某气缸产生拉缸故障后，不能为了节省修理费用，只镗削加大该气缸而不镗削其他的气缸。否则势必造成各气缸压缩比的不均匀，影响发动机工作的平稳性，增加曲轴的疲劳应力。因此，镗削修理气缸时，各气缸必须保持同一级修理尺寸。

3. 气缸体上平面变形检修的工作过程

气缸体在使用过程中变形是普遍存在的。气缸体的变形破坏了零件的正确几何形状，影响发动机的装配质量和工作能力。如气缸体平面度误差逾限，将造成气缸密封不严，漏气、漏水，严重时将冲坏气缸垫。

气缸平面度的检验，大多采用刀口尺和厚薄规来进行。如图 2-12 所示，利用等于或略大于被测平面全长的刀口尺，沿气缸上平面的纵向、横向和对角线方向 6 处进行测量，而求得其平面度误差。气缸上平面度误差逾限则必须修整气缸上平面。

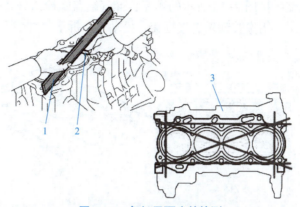

图 2-12 气缸平面度的检测
1—刀口尺；2—塞尺（厚薄规）；3—缸体上平面

气缸上平面的平面度可通过铲削或磨削加工进行修理。

几种国产车型气缸的平面度公差见表 2-1。

表 2-1 几种国产车型气缸的平面度公差　　　　mm

参数		品牌	现代 Terracan	东风本田 CR-V	日产 FUGA（Y50）	威驰 5A\8A
平面度公差	在全长上	出厂规定	0.05	0.07	0.1	0.05
		大修允许	0.05	0.07	0.1	0.05

4. 5S 工作

（1）工具量具清洁、收纳、归位。

（2）零件清洁、归位。

（3）维修手册归位。

（4）清洁工作台，耗材按使用情况整理归位或丢入垃圾筒。

（5）清洁实训用台架发动机。

（6）清扫实训场地并清空垃圾，关灯关门。

 任务实施

气缸盖的拆装与检测

1. 准备工作

（1）设备：台架发动机、工作台。

（2）工具与量具：成套工具盒、扭力扳手、套筒、橡胶锤、一字螺钉旋具、气枪、游标卡尺、磁力吸棒等。

（3）发动机维修手册。

视频：气缸盖的拆装与检测

（4）耗材、工单及其他：清洁用棉布、手套、木块等。

2．气缸盖的拆卸与检测的工作过程

（1）拆卸气缸盖：按图 2-13 所示的顺序拆卸气缸盖螺栓：分 2～3 次松开，用磁力吸棒吸出螺栓垫圈。用橡胶锤敲击气缸盖，松动后，拆下气缸盖。

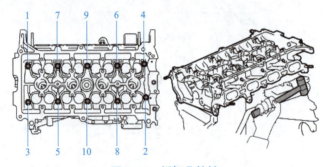

图 2-13　拆卸凸轮轴

1～10—气缸盖螺栓的拆卸顺序

（2）将上面铺有棉布的木块放在工作台上，将拆下的气缸盖正面朝下放在木块上。

（3）拆下气缸垫并清洁气缸盖下平面与进、排气歧管侧面。

（4）目测气缸垫有无裂痕，如有裂痕，应更换气缸盖。

（5）检查气缸盖塑性区螺栓，如图 2-14 所示，用游标卡尺在规定点测量。图 2-14 中 A 和 B 是使用游标卡尺测量螺栓压缩最大处的外形，并通过极限值来确定塑性区螺栓是否重新使用（如某一塑性区螺栓标准直径为 7.3～7.5 mm，最小直径为 7.3 mm。如果测量结果小于 7.3 mm，必须更换螺栓）。图 2-14 中 C 是使用游标卡尺测量螺栓的伸长度确定塑性区螺栓是否重新使用（如某一塑性区螺栓标准螺栓长度为 142.8～144.2 mm，最大螺栓长度为 147.1 mm。如果测量结果为 147.1 mm 以上，就需要更换螺栓）。

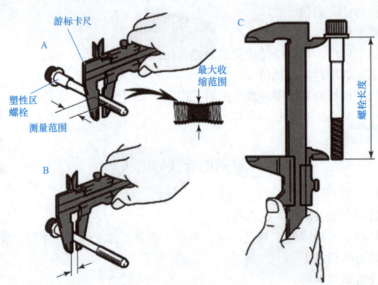

图 2-14　塑性区螺栓的检查

（6）检查气缸盖平面度（图2-15）。平面度超过维修标准，应维修或更换气缸盖。

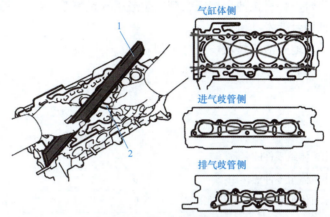

图2-15　检查气缸盖平面度

1—刀口尺；2—塞尺

3. 气缸盖安装的工作过程

（1）清洁气缸盖下表面。

（2）清洁气缸体上表面与螺栓孔，按正确方向安装气缸垫。

特别提示：安装螺栓时如果螺栓孔内仍有油污，气缸体可能由于液压力而受到损伤。如果气缸垫安装方向不正确，则气缸盖与气缸体相通的油孔和水套孔就可能被挡住，从而造成油路不通和水路不通或漏油或漏水。

（3）安装气缸盖与气缸盖螺栓垫（注意方向）。

（4）在缸盖螺栓上涂油，分几次按正确顺序拧紧螺栓（图2-16）。

（5）塑性区螺栓拧到规定力矩后，再拧规定的角度（图2-17）。

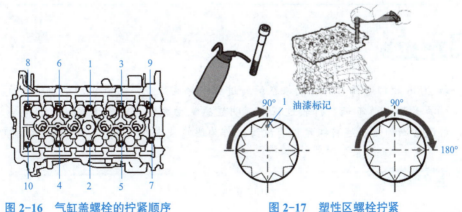

图2-16　气缸盖螺栓的拧紧顺序

1～10—气缸盖螺栓的安装顺序

图2-17　塑性区螺栓拧紧

4. 5S工作

（1）工具量具清洁、收纳、归位。

（2）零件清洁、归位。

（3）维修手册归位。

（4）清洁工作台，耗材按使用情况整理归位或丢入垃圾筒。

（5）清洁实训用台架发动机。

（6）清扫实训场地并清空垃圾，关灯关门。

 **任务评价**

评价项目	评价指标	分值	自评（20%）	互评（20%）	师评（60%）	合计
知识目标	准确指出机体组零件的名称	5				
	准确指出机体组零件的作用	10				
	准确指出机体组零件的检修标准	10				
能力目标	能够检测机体组零件的外观是否正常	5				
	能够按照标准拆卸机体组零件	10				
	能够按照工单对机体组零件进行检测	20				
	能够规范安装机体组零件	10				
素质目标	具备严谨、细致的工作态度	10				
	具备 5S 素质要求	10				
	具备责任意识和风险意识	10				

任务 2

活塞连杆组的检修

 **任务引入**

一辆 2006 款轩逸轿车，发动机在运转过程中异响严重，随着发动机运转速度的提升，异响声音增大，车辆在行驶过程中，明显感觉动力不足，怠速运转时，车辆经常熄火，经过诊断为活塞连杆组元件有故障。作为维修技术人员应该从哪里找出故障？

学习目标

知识目标

1. 了解活塞连杆组的结构和组成。

2. 了解活塞连杆组各部分的作用。

能力目标

1. 能够准确说出活塞连杆组各部分零件的名称和作用。

2．能够正确使用维修工具检修活塞连杆组。

素质目标

1．具备严谨、细致、认真工作的态度和高度的责任心。

2．具备环保意识和节约意识。

2.2.1 活塞

1．活塞的功能及材料

活塞的功能是与气缸盖共同构成燃烧室，承受气体压力，并将此力通过活塞销传递给连杆，以推动曲轴旋转。

活塞是在高温、高压、高速、润滑不良和散热困难的条件下工作的。活塞的工作条件要求活塞具有足够的刚度和强度，良好的导热性和耐磨性，质量要轻，以保持最小的惯性力，热膨胀系数小，活塞与缸壁之间较小的摩擦系数等。

汽车发动机目前广泛采用的活塞材料是铝合金。铝合金活塞具有质量轻（为同样结构的铸铁活塞的 50% ～ 70%）、导热性好（约为铸铁的 3 倍）的优点；其缺点是热膨胀系数较大，在温度升高时，强度和硬度下降较快。为了克服这些缺点，一般要在结构设计，机械加工或热处理上采取各种措施加以弥补。

2．活塞的结构

活塞的基本构造可分为顶部、头部和裙部三部分（图 2-18）。

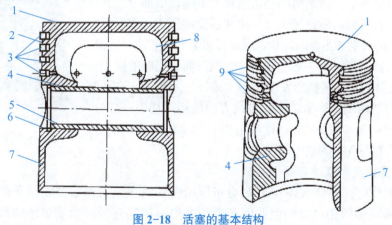

图 2-18　活塞的基本结构

（a）全剖；（b）部分剖

1—活塞顶部；2—活塞头；3—活塞环；4—活塞销座；5—活塞销；

6—活塞销锁环；7—活塞裙；8—加强筋；9—环槽

（1）活塞顶部。活塞顶部是燃烧室的组成部分，其形状与选用的燃烧室形式有关。汽油机活塞顶部较多采用平顶活塞 ［图2-19（a）］，其优点是吸热面积小，制造工艺简单。有些汽油机为了改善混合气形成和燃烧而采用凹顶活塞 ［图2-19（b）］。凹顶的大小还可以用来调节发动机的压缩比。二冲程汽油发动机通常采用凸顶活塞 ［图2-19（c）］。

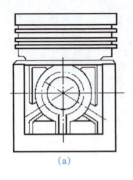 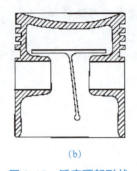 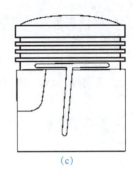

（a）　　　　　　　　（b）　　　　　　　　（c）

图 2-19　活塞顶部形状

（a）平顶；（b）凹顶；（c）凸顶

有的活塞顶部带有箭头"→"是装配记号，装配时箭头应指向前端（曲轴皮带轮端）。

（2）活塞头部。活塞头部是活塞环槽以上的部分。其主要作用是承受气体压力，并传递给连杆；与活塞环一起实现气缸的密封；将活塞顶所吸收的热量通过活塞环传导到气缸壁上。

头部切有若干道用以安装活塞环的环槽。汽油机一般有 2 ～ 3 道环槽，上面 1 ～ 2 道用以安装气环，下面一道用以安放油环。在油环槽底面上钻有许多径向小孔，使被油环从气缸壁上刮下来的多余机油，得以经过这些小孔流回油底壳。

活塞头部一般做得较厚，以便于热量从活塞顶经活塞环传递给气缸的冷却壁面上，从而防止活塞顶部的温度过高。

（3）活塞裙部。活塞裙部是指油环槽下端以下部分。其作用是为活塞在气缸内做往复运动导向和承受侧压力。因而，裙部要有一定的长度和足够的面积，以保证可靠导向和减轻磨损。

裙部的基本形状为一薄壁圆筒，若该圆筒为完整的称为全裙式（图 2-18）。许多高速发动机为了减轻活塞质量，在活塞不受作用力的两侧，即沿销座孔轴线方向的裙部切去一部分，形成拖板式裙部（图 2-20）。这种结构的活塞裙部弹性较好，可以减小活塞与气缸的装配间隙。

图 2-20　拖板式活塞

3. 活塞的变形及采取的相应措施

活塞工作时，燃烧气体压力 P 均布作用在活塞顶上，而活塞销给予的支反力则作用在活塞头部的销座处，由此而产生的变形是裙部直径沿活塞销座轴线方向增大 [图 2-21（a）]。侧压力 N 作用也使活塞裙部直径在同一方向上增大 [图 2-21（b）]。此外，活塞销座附近的金属堆积，受热后膨胀量大，致使裙部在受热变形时，在沿活塞销座轴线方向的直径增量大于其他方向。所以，活塞工作时产生的机械变形和热变形，使其裙部断面变成长轴在活塞销方向上的椭圆。

鉴于上述情况，为了使活塞在正常温度下与气缸壁间保持有比较均匀的间隙，以免在气缸内卡死或引起局部磨损，必须预先在冷态下把活塞加工成其裙部断面为长轴垂直于活塞销方向的椭圆形 [图 2-21（c）]。为了减少销座附近处的热变形量，有的活塞将销座附近的裙部外表面制成下陷 0.5 ～ 1.0 mm。

由于活塞沿轴线方向温度分布和质量分布都不均匀，因此各个断面的热膨胀量是上大下小。铝合金活塞的这种差异尤其显著。为了使铝合金活塞在工作状态（热态）下接近一个圆柱形，有的活塞将其头部的直径制成上小下大的阶梯形 ［图 2-22（a）］或截锥形 ［图 2-22（b）］，或将活塞裙部制成上小下大的截锥形。有的活塞为了更好地适应其热变形，使活塞裙部制成变椭圆，即在裙部的不同部位其椭圆度不同，椭圆度由下而上逐渐增大，即裙部横截面越往上越扁。

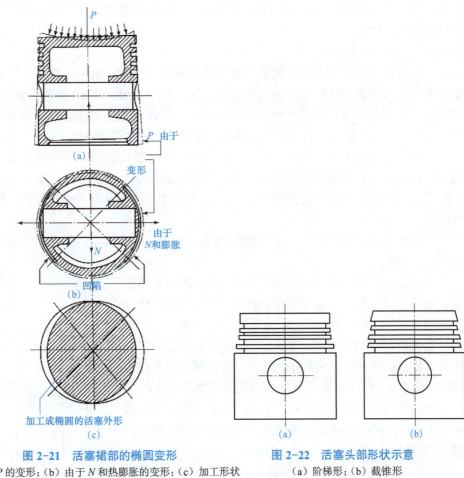

图 2-21　活塞裙部的椭圆变形
（a）由于 *P* 的变形；（b）由于 *N* 和热膨胀的变形；（c）加工形状

图 2-22　活塞头部形状示意
（a）阶梯形；（b）截锥形

2.2.2　活塞环

1. 活塞环的功能与工作条件

活塞环按其功能可分为气环和油环两类。

（1）气环：是保证活塞与气缸壁之间的密封，防止气缸中的高温、高压燃气大量漏入曲轴箱，同时，还将活塞顶部的大部分热量传导到气缸壁，再由冷却水或空气带走。一般发动机上每个活塞装有 2 ～ 3 道气环。

（2）油环：用来刮除气缸壁上多余的机油，并在气缸壁上布上一层均匀的油膜，这样既可以防止机油窜入气缸燃烧，又可以减小活塞、活塞环与气缸的磨损和摩擦阻力。此外，油环也起到封气的辅助作用。通常，发动机有 1～2 道油环。

活塞环是在高温、高压、高速及润滑困难的条件下工作的。它的运动情况很复杂，一方面，其与缸壁间有相对高速的滑动摩擦，以及由于环的胀缩而产生的环与环槽侧面相对的摩擦；另一方面，由于环对环槽侧面的上下撞击，高温使环的弹力下降，润滑变坏。尤以第一环工作条件最为恶劣。因此，活塞环是发动机所有零件中工作寿命最短的。当活塞环磨损、损坏或失效时，将出现发动机启动困难，功率不足，曲轴箱压力升高，通风系统严重冒烟，机油消耗增大，排气冒蓝烟，燃烧室、活塞等表面严重积碳等不良状况。

2. 活塞环的类型与结构

一般活塞环的材料采用灰铸铁、球墨铸铁或合金铸铁。目前，汽车上广泛应用的是合金铸铁（在优质灰铸铁中加入少量铜、铬、钼等合金元素）。随着发动机的强化，活塞环特别是第一环，承受着很大的冲击负荷，因此要求材料除有好的耐磨性、耐热性、磨合性、导热性外，还应有高的强度、冲击韧性和足够的弹性。

一些发动机的第一道气环，甚至所有气环，其外圆柱表面一般都镀上多孔性铬或喷钼，以减缓活塞环和气缸的磨损。多孔性铬层硬度高，并能储存少量机油，以改善润滑条件，使环的使用寿命提高 2～3 倍。其余气环还可镀锡或磷化处理，以改善磨合性能。

在高速强化的柴油机上，还可以采用钢片环来提高弹力和冲击韧性。

发动机工作时，活塞、活塞环等机件都会发生热膨胀。而活塞环在气缸、活塞环槽内的运动相对较为复杂，既要与活塞一起在气缸内做上下运动，径向胀缩，还要在环槽内做微量的圆周运动。同时，既要保证气缸的密封性，又要防止活塞环卡死在缸内或胀死于环槽中。因此安装时，活塞环应留有端隙、侧隙和背隙（图 2-23）。

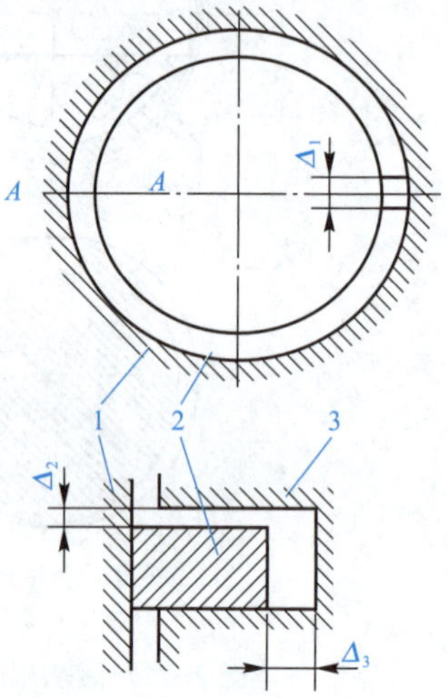

端隙 Δ_1 又称为开口间隙，是活塞环装入气缸后，该环在上止点时环的两端头的间隙或活塞环在标准环规内两端头的间隙，一般为 0.25～0.50 mm。

侧隙 Δ_2 又称为边隙，是指活塞环装入活塞后，其侧面与活塞环槽之间的间隙。第一环因工作温度高，一般为 0.04～0.10 mm；其他环一般为 0.03～0.07 mm。油环的侧隙较小，一般为 0.025～0.07 mm。

图 2-23　活塞环的间隙
1—气缸；2—活塞环；3—活塞
Δ_1—端隙；Δ_2—侧隙；Δ_3—背隙

背隙 Δ_3 是活塞及活塞环装入气缸后，活塞环内圆柱面与活塞环槽底部间的间隙，一般为 0.5～1 mm，油环的背隙较气环大，目的是增大存油间隙，以利于减压泄油。

气环的断面形状有多种（图 2-24）。

矩形断面 [图 2-24（a）] 结构简单、制造方便、散热性好，但矩形断面的气环随活塞做往复运动时，会把气缸壁上的机油不断送入气缸中。这种现象称为"气环的泵油作用"，其泵油原理如图 2-25 所示。活塞下行时，由于环与缸壁之间的摩擦阻力以及环本身的惯性，环将压靠着环槽的上端面。缸壁上的机油就被刮入下边隙与背隙内。当活塞上行时，环又压靠着环槽的下端面上，结果第一道环背隙里的油就进入气缸中，如此反复，结果就像油泵的作用一样，将缸壁的机油最后压入燃烧室。

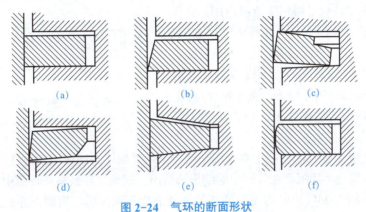

图 2-24　气环的断面形状
（a）矩形环；（b）锥面环；（c）正扭曲内切环；（d）反扭曲锥面环；（e）梯形环；（f）桶面环

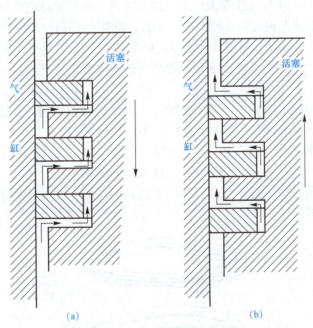

图 2-25　矩形断面环的泵油作用
（a）活塞下行；（b）活塞上行

　　为了消除或减少有害的泵油作用，广泛采用非矩形断面的扭曲环［图 2-24（c）、（d）］。扭曲环是在矩形的内圆上边缘或外圆下边缘切去一部分。将这种环随同活塞装入气缸时，由于环的弹性内力不对称作用产生明显的断面倾斜，其作用原理如图 2-26 所示。活塞环装入气缸后，其外侧拉伸应力的合力 F_1 与内侧压缩应力的合力 F_2 之间有一力臂 e，于是产生了扭曲力矩 M。它使环外圆周扭曲成上小下大的锥形，从而使环的边缘与环槽的上下端面接触，提高了表面接触应力，防止了活塞环在环槽内上下窜动而造成的泵油作用，同时增加了密封性。扭曲环还易于磨合，并有向下刮油的作用。

扭曲环在发动机上得到广泛的应用。它在安装时，必须注意扭曲环的断面形状和方向，应将其内圆切槽向上，外圆切槽向下，不能装反。

锥面环［图2-24（b）］可以改善环的磨合，这种环在气缸内，可向下刮油，而向上滑动时由于斜面的油楔作用，可在油膜上浮起，减少磨损。

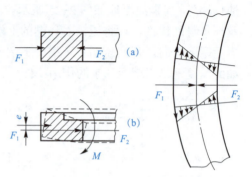

图 2-26　扭曲环作用原理图
（a）矩形断面环；（b）扭曲环

梯形环［图2-24（e）］的主要作用是使当活塞受侧压力的作用而改变位置时，环的侧隙相应发生变化，使沉积在环槽中的结焦被挤出，避免了环被粘在环槽中而引起折断。

桶面环［图2-24（f）］特点是活塞环的外圆面为凸圆弧形。当桶面环做上下运动时，均能与气缸壁形成楔形空间，使机油容易进入摩擦面，从而使磨损大为减少。桶面环与气缸是圆弧接触，故对气缸表面的适应性和对活塞偏摆的适应性均较好，有利于密封。它的缺点是凸圆弧表面加工较困难。目前已普遍地在强化柴油机中用作第一环。

油环可分为普通油环和组合油环两种，如图2-27所示。油环的刮油作用如图2-28所示。无论活塞下行还是上行，油环都能将气缸壁上多余的机油刮下来经活塞上的回油孔流回油底壳。

普通油环的结构［图2-27（a）］一般是用合金铸铁制造的。其外圆面的中间切有一道凹槽，在凹槽底部加工出很多穿通的排油小孔或狭缝。

组合油环［图2-27（b）］由上、下刮片和产生径向、轴向弹力作用的衬簧组成。这种油环的优点是片环很薄，对气缸壁的比压大，因而刮油作用强；刮油片是各自独立的，故对气缸的适应性好、质量轻、回油通路大。因此，组合油环在高速发动机上得到较广泛的应用。

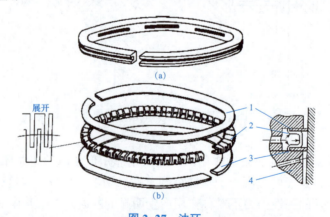

图 2-27　油环
（a）普通油环；（b）组合油环
1—上刮片；2—衬簧；3—下刮片；4—活塞

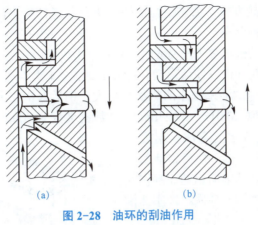

图 2-28　油环的刮油作用

（a）活塞下行；（b）活塞上行

2.2.3　活塞销

（1）活塞销的功能、工作条件及要求。活塞销的功能是连接活塞和连杆小头，将活塞承受的气体作用力传给连杆。

活塞销在高温下承受很大的周期性冲击荷载，润滑条件差，因而要求活塞销具有足够的刚度和强度，表面耐磨，质量尽可能轻。为此，活塞销通常做成空心圆柱体。

（2）活塞销结构及材料。活塞销的材料一般用低合金渗碳钢（15Cr 或 16MnCr5）。对高负荷发动机则采用渗氮钢（34CrAl6 或 32AlCrMo4）。先经表面渗碳或渗氮处理以提高表面硬度，并保证心部具有一定的冲击韧性，然后进行精磨和抛光。

活塞销根据形状可分为如下几种（图 2-29）。直通圆柱形孔和圆锥形孔的活塞销 [图 2-29（a）、(b)]，质量较轻；中间或单侧封闭的活塞销 [图 2-29（c）、(d)] 适用于二冲程发动机，此种结构可以避免扫气损失；内部有塑料芯的钢套销 [图 2-29（e)] 则用于要求不高的汽油机；成型销 [图 2-29（f)] 用于增压发动机。

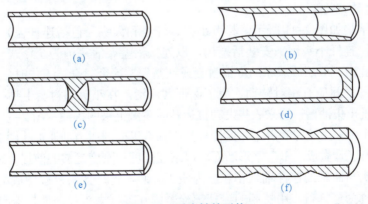

图 2-29　活塞销的形状

（a）圆柱形；（b）端部呈锥形扩展；（c）中间封闭式；

（d）单侧封闭式；（e）内有塑料芯的钢套销；（f）成型销

（3）活塞销的连接方式。活塞销与活塞销座孔和连杆小头衬套的连接方式，一般有全浮式和半浮式两种形式。

①全浮式：在发动机正常工作温度时，活塞销不仅可以在连杆小头衬套孔内，还可以在销座孔内缓慢地转动，以使活塞销各部分的磨损比较均匀［图 2-30（a）］，所以被广泛采用。由于铝合金的活塞销座的热膨胀量大于钢活塞销，为了保证发动机正常工作时有合适的工作间隙（0.01 ～ 0.02 mm），在冷态装配时活塞销与活塞销座孔为过渡配合。装配时，应先将铝活塞放在温度为70 ～ 90 ℃的水或油中加热，然后将活塞销装入。为了防止活塞销的轴向窜动而刮伤气缸壁，在活塞销座两端用卡环嵌在销座凹槽中加以轴向定位。

②半浮式：活塞销与座孔和连杆小头的两处连接，一处固定，一处浮动［图 2-30（b）］。其中大多数采用活塞销与连杆小头固定的方式。

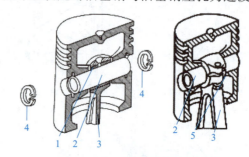

图 2-30　全浮式活塞销连接
（a）全浮式；（b）半浮式
1—衬套；2—活塞销；3—连杆；4—卡环；5—螺栓

2.2.4　连杆

1. 连杆的作用及材料

连杆是连接活塞和曲轴的杆件，作用是将活塞承受的力传递给曲轴，推动曲轴转动。

连杆工作时，承受活塞销传来的气体作用力、活塞连杆组往复运动时的惯性力和连杆大头绕曲轴旋转产生的旋转惯性力的作用。这些力的大小和方向都是周期性变化的。这就使连杆承受压缩、拉伸和弯曲等交变荷载。因此，要求连杆在质量尽可能轻的条件下有足够的刚度和强度。

视频：连杆的结构

连杆一般用中碳钢或合金钢经模锻或辊锻而成，还要经过机械加工、热处理和喷丸处理。

2. 连杆的结构

连杆的结构如图 2-31 所示，其由小头、杆身和大头（包括连杆盖）三部分组成。连杆小头用来安装活塞销，以连接活塞。活塞销为全浮式的连杆小头孔内一般压放减摩的青铜衬套或铁基粉末冶金衬套，工作时，活塞销和衬套之间应有相对转动。为了保证其润滑，在小头和衬套上钻出集油孔或铣出集油槽，用来收集发动机运转时飞溅上来的机油［图 2-31（a）］。有的发动机连杆小头采用压力润滑，在连杆杆身内钻有纵向的压力油通道［图 2-31（b）］。

视频：连杆的检测

连杆杆身通常做成"工"字形断面，以求在强度和刚度足够的前提下减轻质量。

连杆大头与曲轴的连杆轴颈相连，为便于安装，连杆大头一般做成剖分式的，被分开的部分称为连杆盖，用特制的连杆螺栓紧固在连杆大头上。连杆盖与连杆大头是组合镗孔的，为了防止装配时配对错误，在同一侧刻有配对记号。大头孔表面有很高的光洁度，以便与连杆轴瓦紧密贴合。连杆大头上还铣有连杆轴瓦的定位凹坑。有的连杆大头连同轴瓦还钻有直径为 1 ～ 1.5 mm 小油孔，从中喷出机油以加强配气凸轮与气缸壁的飞溅润滑。

连杆大头按剖分面的方向可分为平切口和斜切口两种。平切口连杆［图 2-31（a）］的剖分面垂直于连杆轴线。一般汽油机连杆大头尺寸小于气缸直径，可以采用平切口。柴油机的连杆由于受力较大，其大头的尺寸往往超过气缸直径。为使连杆大头能通过气缸，便于拆装，一般采用斜切口连杆［图 2-31（b）］。斜切口连杆的大头剖分面与连杆轴线呈 30°～ 60°（常用 45°）夹角。

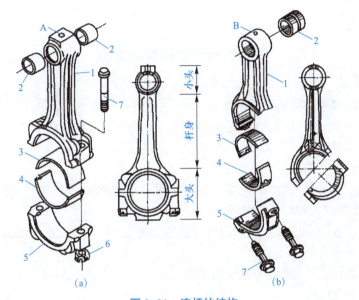

图 2-31 连杆的结构

（a）平切口连杆；（b）斜切口连杆

1—杆身；2—衬套；3、4—轴承；5—连杆盖；6—螺母；7—连杆螺栓；A—集油口；B—喷油口

平切口的连杆盖与连杆的定位，是利用连杆螺栓上精加工的圆柱凸台或光圆柱部分，与经过精加工的螺栓孔来保证的。

3. 连杆轴承

连杆轴承（图 2-32）也称为连杆轴瓦，安装在连杆大头内，用以保护连杆轴颈和连杆大头孔。其在工作时承受着较大的交变荷载、高速摩擦、低速大负荷时润滑困难等苛刻条件。为此，要求轴承具有足够的强度、良好的减摩性和耐腐蚀性。

现代发动机用连杆轴承是由钢背和减摩层组成的分开式薄壁轴承。钢背由厚度为 1 ～ 3 mm 的低碳钢制成，是轴承的基体，减摩层是由浇铸在钢背内圆上厚度为 0.3 ～ 0.7 mm 的薄层减摩合金制成。减摩合金具有保持油膜，减少摩擦阻力和易于磨合的作用。有的减摩层为三层，有的为五层。

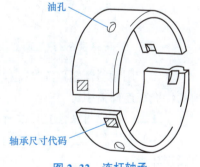

图 2-32 连杆轴承

在连杆轴承内表面上还加工有油槽，用以储油，保证可靠润滑。

连杆轴承的背面应有很高的光洁度。半个轴承在自由状态下并不是半圆形，当其装入连杆大头孔内时，又有过盈，故能均匀地紧贴在大头孔壁上，具有很好的承受荷载和导热的能力。这样可以提高其工作可靠性和延长使用寿命。当轴承使用中减摩性能变差，间隙过大时，应直接更换新轴承。

为了防止连杆轴承在工作中发生转动或轴向移动，在两个连杆轴承的剖分面上，分别冲压出高于钢背面的两个定位凸唇。装配时，这两个凸唇分别嵌入连杆大头和连杆盖上的相应凹槽中。

视频：活塞连杆组的拆装

活塞连杆组的拆装与检测

1. 准备工作

（1）设备：台架发动机、工作台。

（2）工具与量具：成套工具盒、橡胶锤、活塞环扩张器、活塞环压缩器、刷子、清洗盆、一字螺钉旋具、千分尺、游标卡尺、厚薄规等。

（3）发动机维修手册。

（4）耗材、工单及其他：记号笔、清洁用棉布、手套等。

2. 活塞连杆组拆卸的工作过程

（1）用缸口铰刀去掉汽缸顶部的所有积碳（图2-33），以便在取出活塞连杆组时，保护活塞和缸体不受损伤。

（2）拆卸连杆盖。检查连杆和连杆盖上的配合记号（图2-34），以保证正确地重新组装。卸下连杆盖螺母。

图2-33　清除汽缸顶部积碳

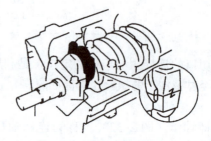

图2-34　连杆盖装配记号

（3）用塑料锤轻敲连杆螺栓并提起连杆盖，但应保持下轴瓦仍嵌在连杆盖中。

注意：不能用铁锤直接敲打连杆轴承盖。

（4）用短软管套在连杆螺栓上，以保护曲轴与气缸内壁不受损坏。

（5）推动活塞、连杆组件及上轴瓦，通过气缸体顶部将其取下，如图2-35所示。

注意：拆卸后应将轴瓦、连杆与连杆盖放在一起并按正确的顺序放置。

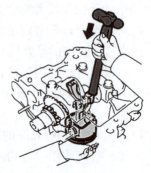

图2-35　取出活塞连杆组

3. 检查活塞和活塞销的配合情况的工作过程

检查活塞和活塞销的配合情况如图 2-36 所示。尝试使活塞在活塞销上前后移动，如果不能移动（全浮式），则更换一套活塞和活塞销。

图 2-36　活塞和活塞销配合情况的检查

4. 活塞环拆卸的工作过程

（1）检测活塞与活塞环是否磨损。

（2）用活塞环扩张器拆卸活塞第一、二道气环（图 2-37）。

（3）用手拆卸油环（图 2-38）。

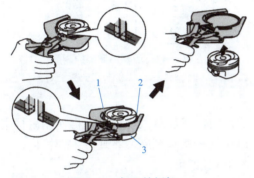

图 2-37　气环的拆卸

1—活塞环扩张器；2—活塞环；3—活塞

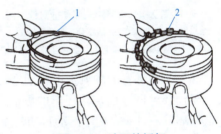

图 2-38　油环的拆卸

1—油环刮片；2—衬簧

5. 活塞与活塞环检测的工作过程

（1）清洁活塞。

①用衬垫刮刀去除活塞顶部的积炭。

②用环槽清洁工具或折断的活塞环清洁活塞环槽（图 2-39）。

③用刷子和溶剂彻底清洁活塞。

注意： 不能使用钢丝刷。

（2）目测检查活塞与活塞环：检查活塞与活塞环表面是否有破损、划痕或伤蚀现象。

（3）测量活塞直径：根据维修手册要求在规定范围内用外径千分尺测量活塞直径（图 2-40）。

视频：活塞与活塞环拆装与检测

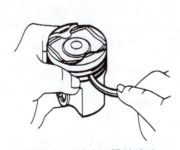

图 2-39　活塞环槽的清洁

外径千分尺

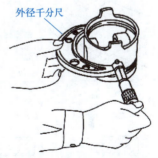

图 2-40　活塞直径的测量

（4）测量活塞环端隙：根据维修手册要求选好测量位置将活塞环放入缸筒、将活塞倒置用活塞头部把环压到测量位置，用厚薄规进行测量（图 2-41）。

（5）测量活塞环侧隙：将活塞环放入相应的环槽内，用厚薄规进行测量（图 2-42）。

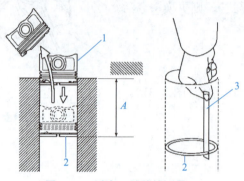 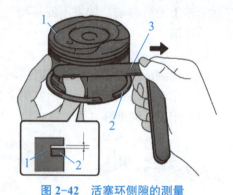

图 2-41　活塞环端隙的测量

1—活塞；2—活塞环；3—厚薄规

A—活塞环所处位置与气缸体上平面的距离

图 2-42　活塞环侧隙的测量

1—活塞；2—活塞环；3—厚薄规

（6）活塞环背隙的测量：将活塞环装入活塞内，将环落入环槽底，再使用游标卡尺测量出环外圆柱面沉入环岸的数值。也可以用经验法来判断，将环置入环槽内，环应低于环岸，且能在槽中滑动自如，无明显松动感觉即可。

6. 活塞环安装的工作过程

（1）用手安装油环。

（2）用 SST 安装第一、二道气环。安装气环时注意区分第一道环与第二道环，注意区分环的安装方向（图 2-43）。

（3）根据手册要求正确布置活塞环的开口方向。第一道环应布置在做功行程侧压力较小的一侧。其他环依次间隔 90°～180°。组合油环的上下刮片也要交错排列，间隔为 180°。各环的开口应避开活塞销座和膨胀槽位置。1ZR 发动机活塞环的开口方向如图 2-44 所示。

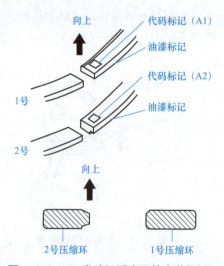 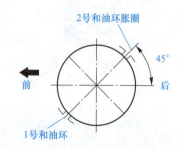

图 2-43　1ZR 发动机活塞环的安装标记

图 2-44　1ZR 发动机活塞环的开口方向

7. 活塞连杆组安装的工作过程

（1）定位气缸体并保持安装面竖直朝上（图2-45）。如果气缸体的定位发生偏差或倾斜，活塞的插入便可能造成连杆损坏气缸的内壁。

（2）如果连杆上有螺栓，在各螺栓上套一根塑料管（图2-46）。

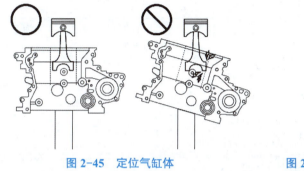

图 2-45　定位气缸体

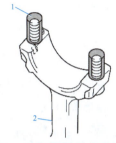

图 2-46　在连杆螺栓上套塑料管
1—塑料管；2—连杆

（3）在轴承盖和连杆上安装连杆轴承。在轴承表面涂上发动机机油。

注意：机油不能涂在轴承背面（图2-47）。因为轴承产生的热量会通过轴承背面散发到连杆中。如果在轴承背面涂发动机机油，会妨碍轴承与连杆的接触，造成散热效果变差。

（4）用活塞环压缩器收紧活塞环。不在活塞环压缩器内转动活塞。通过锤柄轻轻敲打将活塞从气缸顶部插入，其定位向前标记应当朝向发动机的前面（图2-48）。

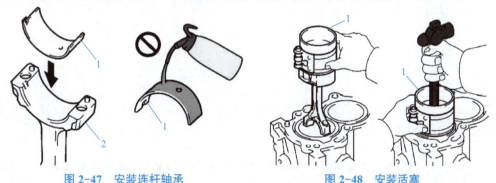

图 2-47　安装连杆轴承
1—连杆轴承；2—连杆

图 2-48　安装活塞
1—活塞环压缩器

（5）安装连杆盖：按号码将连杆盖与相应的连杆配合。安装连杆盖，使前端标记朝前。在连杆盖螺母下面涂上薄薄的一层发动机机油，安装时分几次交替拧紧锁紧螺母。

（6）每次装配一个活塞时，转动曲轴，确保其能够自由转动，然后装配其他活塞。

8. 5S工作

（1）工具量具清洁、收纳、归位。

（2）零件清洁、归位。

（3）维修手册归位。

项目 **2** 曲柄连杆机构的检修

（4）清洁工作台，耗材按使用情况整理归位或丢入垃圾筒。

（5）清洁实训用台架发动机。

（6）清扫实训场地并清空垃圾，关灯关门。

 任务评价

评价项目	评价指标	分值	自评（20%）	互评（20%）	师评（60%）	合计
知识目标	准确指出活塞连杆组零件的名称	5				
	准确指出活塞连杆组零件的作用	10				
	准确指出活塞连杆组零件的检修标准	10				
能力目标	能够检测活塞连杆组零件的外观是否正常	5				
	能够按照标准拆卸活塞连杆组零件	10				
	能够按照工单对活塞连杆组零件进行检测	20				
	能够规范安装活塞连杆组零件	10				
素质目标	具备严谨、细致的工作态度	10				
	具备5S素质要求	10				
	具备责任意识和风险意识	10				

任务 3

曲轴飞轮组的检修

 **任务引入**

一辆 2013 款 1.6 L 大众速腾汽车，行驶里程为 16 257 km，据用户反映车辆起步困难，发动机运转不平稳，发动机明显动力性能下降，排气管伴有"突、突"响声，经诊断是发动机曲轴飞轮组有故障。作为检测人员应该怎么去解决该问题？

 **学习目标**

知识目标

1. 了解曲轴飞轮组的结构和组成。

2. 了解曲轴飞轮组各部分的作用。

能力目标

1. 能够准确说出曲轴飞轮组各零件的名称和作用。

2. 能够正确使用维修工具检修曲轴飞轮组。

素质目标

1. 具备严谨、细致、认真工作的态度和高度的责任心。

2. 具备环保意识和节约意识。

 **知识链接**

2.3.1　曲轴

1. 曲轴的作用及材料

曲轴主要用于接受连杆传递来的力，并产生绕其本身轴线旋转的力矩，带动飞轮运转。另外，发动机中的配气机构和某些辅助装置（如发电机、空调压缩机、水泵、转向助力油泵等）也由曲轴来驱动。

曲轴工作时受到旋转质量的离心力、周期性变化的气体压力和往复惯性力的共同作用，使曲轴受到弯曲和扭转荷载。为了保证工作可靠，要求曲轴具有足够的刚度和强度，各工作表面要耐磨且润滑良好。因此，曲轴要求用强度、冲击韧性和耐磨性都比较高的材料制造。

曲轴一般采用优质中碳钢或中碳合金钢（如 45Mn2、40Cr 等）模锻而成。为了提高曲轴的耐磨性，其主轴颈和连杆轴颈表面上均需高频淬火或氮化处理。有的采用了高强度的稀土球墨铸铁铸造曲轴。

2. 曲轴的结构

曲轴的结构如图 2-49 所示。其由前端轴、主轴颈、连杆轴颈、曲柄、平衡重和后端凸缘组成。前端轴用来安装皮带轮（有的带有扭转减振器）、正时链轮、油封等；主轴颈用于支撑曲轴；连杆轴颈安装连杆；曲柄连接主轴颈和连杆轴颈；平衡重用来平衡曲轴工作中的受力；后端凸缘用于安装飞轮和油封。由一个连杆轴颈、两个曲柄和两个主轴颈构成一个曲拐。

视频：曲轴的
结构

图 2-49　曲轴的结构

1—前端轴；2—主轴颈；3—连杆轴颈；4—曲柄；5—平衡重；6—后端凸缘

平衡重用来平衡曲轴的离心力和离心力矩，有时还用来平衡一部分往复惯性力。对于 4 缸、6 缸等多缸发动机，由于曲柄对称布置，往复惯性力和离心力及其产生的力矩，从整体上看都能互相平衡，但曲轴的局部却受到弯曲的作用。图 2-50（a）中第一和第四连杆轴颈的离心力 F_1 和 F_4 与第二和第三连杆轴颈离心力 F_2 和 F_3 因大小相等、方向相反而互相平衡。F_1 和 F_2 形成的力偶矩 M_{1-2} 与 F_3 和 F_4 形成的力偶矩 M_{3-4} 也能互相平衡。但两个力偶矩都给曲轴造成了弯曲荷载。若曲轴刚度不够就会产生弯曲变形，引起曲轴颈和轴承偏磨。为了减轻主轴承负荷，改善其工作条件，在曲柄的相反方向设置平衡重，使其产生的力矩同 M_{1-2} 与 M_{3-4} 造成的弯矩相平衡，如图 2-50（b）所示。

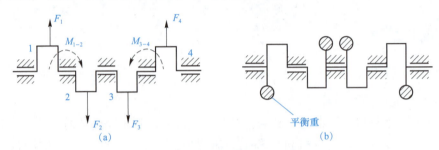

图 2-50　曲轴平衡重作用示意

（a）受力平衡；（b）力矩平衡

　　曲轴的前、后端均伸出曲轴箱，为了防止润滑油沿轴颈外漏，在曲轴的前、后端均装有油封以密封。

3. 曲轴轴承

　　曲轴轴承有主轴承和推力轴承两种。曲轴主轴承（图 2-51）与连杆轴承相似，是剖分为两半的滑动轴承，有上、下两片。主轴上瓦安装在机体的主轴承座孔内，下瓦则安装在主轴承盖内，机体主轴承座和主轴承盖通过螺栓固定。主轴承上瓦有机油孔和油槽，为轴承输送和储存一定的润滑油，保证轴承的良好润滑质量，而主轴承下瓦由于受到较高的荷载，通常不开油孔和油槽。

　　曲轴推力轴承用于曲轴的轴向定位，一般用翻边轴承（图 2-52）定位或推力片定位（图 2-53），定位装置通常安装在中部某道轴承座处。

图 2-51　曲轴主轴承　　　　图 2-52　翻边轴承　　　　图 2-53　推力片

4. 曲轴曲拐的布置

　　曲拐由主轴颈、连杆轴颈和曲柄组成。曲轴各曲拐的相对位置取决于缸数、气缸排列方式和做功顺序。多缸发动机的做功顺序，应使连续做功的两缸相距尽可能远，以减轻主轴承承受连续荷载，同时避免可能发生的进气重叠现象（即相邻两缸进气门同时开启）以免影响充气；做功间隔应力求均匀，也就是说，在发动机曲轴旋转两圈，即 720°，每个气缸都应点火做功一次，而且各缸做功的间隔时间（以曲轴转角表示，称为做功间隔角）应力求均匀，以保证发动机运转平稳。如四冲程发动机，缸数为 i，则做功间隔角为 $720°/i$。

常用的多缸发动机曲拐布置和做功顺序如下：

四冲程直列四缸发动机做功间隔角为 $720°/4 = 180°$。其曲拐布置如图 2-54 所示，4 个曲拐布置在同一平面内。其点火顺序有两种可能的排列，即 1-3-4-2 或 1-2-4-3，现代汽车发动机常用 1-3-4-2 的做功顺序。

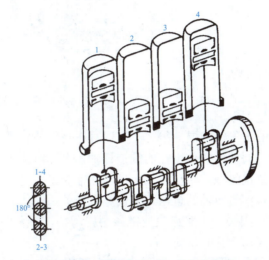

图 2-54　直列四缸发动机的曲拐布置

四冲程直列六缸发动机做功间隔角为 $720°/6 = 120°$。其曲拐布置如图 2-55 所示，6 个曲拐分别布置在 3 个平面内，各平面夹角为 $120°$。其点火顺序是 1-5-3-6-2-4。

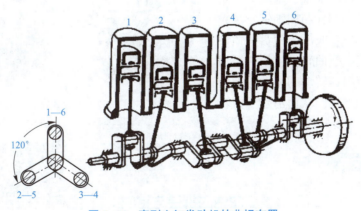

图 2-55　直列六缸发动机的曲拐布置

视频：飞轮与扭转减振器的结构

2.3.2　飞轮

飞轮（图 2-56）是一个转动惯量很大的圆盘，其主要功能是将在做功行程中输入曲轴的功的一部分储存起来，用以在其他行程中克服阻力，带动曲柄连杆机构越过上、下止点。保证曲轴的旋转角速度和输出扭矩尽可能均匀，并使发动机有可能克服短时间的超荷载。此外，飞轮又往往用作摩擦式离合器的驱动件。为了在保证有足够的转动惯量的前提下，尽可能减小飞轮的质量，应使飞轮的大部分质量都集中在轮缘上，因而轮缘通常做得宽而厚。

飞轮大多采用灰铸铁制造 [图2-56（a）]，当轮缘的圆周速度超过50 m/s时，要采用强度较高的球铁或铸钢制造 [图2-56（b）]。

飞轮外缘上压有一个齿圈，其作用是在发动机启动时，与起动机齿轮啮合，带动曲轴旋转。

图 2-56　飞轮
（a）铸铁飞轮；（b）钢制飞轮

2.3.3　扭转减振器

发动机运转时，由于飞轮的惯性很大，可以看作是等速转动。而各缸气体压力和往复运动件的惯性力是周期性的作用在曲轴连杆轴颈上，给曲轴一个周期性变化的扭转外力，使曲轴发生忽快忽慢的转动，从而形成曲轴对于飞轮的扭转摆动，即曲轴的扭转振动。当激振力频率与曲轴的自振频率或整数倍关系时，曲轴扭转振动便因共振而加剧，从而引起功率损失、正时齿轮或链条磨损增加，严重时甚至会将曲轴扭断。为了消减曲轴的扭转振动，有的发动机在曲轴前端装有扭转减振器。

常用的扭转减振器有橡胶式、摩擦式和硅油式等数种。

橡胶式扭转减振器（图2-57）是将减振器圆盘用螺栓与曲轴带轮及轮毂紧固在一起，橡胶层与圆盘及惯性盘硫化在一起。当曲轴发生扭转振动时，力图保持等速转动的惯性盘便使橡胶层发生内摩擦，从而消除了扭转振动的能量，避免扭振。

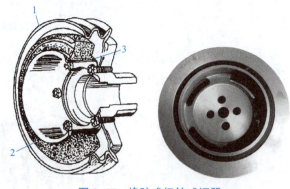

图 2-57　橡胶式扭转减振器
1—曲轴带轮；2—惯性环；3—橡胶环

曲轴的拆装与检测

视频：曲轴的检测　视频：曲轴飞轮组的拆装与检测

1．准备工作

（1）设备：发动机台架、工作台。

（2）工具与量具：成套工具盒、橡胶锤、检验平台、V形铁、外径千分尺、百分表、磁力表座、磁力探伤仪等。

（3）发动机维修手册。

（4）耗材、工单及其他：记号笔、清洁用棉布、手套等。

2．曲轴拆卸的工作过程

（1）拆卸气缸盖、油底壳、机油泵、活塞连杆组等机构。

（2）按照从外及内的顺序分几次均匀地拧松并卸下主轴承盖螺栓（图2-58）。

（3）拆下主轴承盖。如果主轴承盖不易拆卸，在螺栓孔上插入两只已拆下的螺栓，扭动螺栓，拆下主轴承盖（图2-59）。

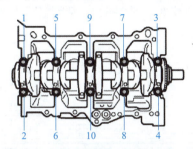

图2-58　曲轴主轴承盖螺栓拧松顺序

1～9—主轴承盖螺栓拧松顺序

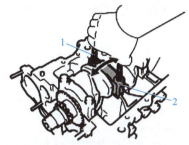

图2-59　轴承盖取下方法

1—轴承盖螺栓；2—轴承盖

（4）向上取出曲轴。

（5）拆下下主轴承和下止推垫片。把下主轴承、止推垫片与主轴承盖放在一起并按正确的顺序放置。清洗所有主轴颈和主轴承。

3．曲轴轴颈检测的工作过程

（1）将曲轴放在检验平台上的V形铁上，V形铁支撑曲轴的两端的主轴颈。

（2）清洁曲轴轴颈。

（3）选择合适的千分尺，清洁并校正。

（4）分别测量每个主轴颈和连杆轴颈的直径（图2-60）。每个轴颈分别检测两个截面，每个截面检测两个直径（垂直与水平），即每个轴颈要测量4个直径。

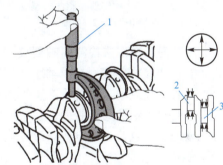

图2-60　曲轴轴颈的检测部位

1—千分尺；2—连杆轴颈；3—曲轴主轴径

（5）记录每个轴颈的检测数据，并计算每个轴颈的圆度和圆柱度。

（6）参考发动机维修手册，判断是否需要维修或更换。当曲轴轴颈的圆度与圆柱度大于技术要求时一般需要更换曲轴和轴承。

4．曲轴径向圆跳动检验的工作过程

（1）将曲轴放在检验平台上的V形铁上，V形铁支撑曲轴两端的主轴颈。

（2）清洁曲轴轴颈。

（3）将百分表正确固定在磁力表座上。

（4）将百分表的触杆顶在中间主轴颈弧面的最高位置上（注意避开轴颈油孔的位置）。使百分表有约1.00 mm的压缩量，百分表调零（图2-61）。

（5）缓慢转动曲轴一周，记录百分表指针摆动的数

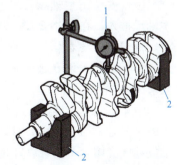

图2-61　曲轴颈向圆跳动检测

1—百分表；2—V形铁

值，即最大径向圆跳动值。

（6）参考发动机维修手册，判断是否需要维修或更换。

5．曲轴裂纹检验的工作过程

（1）磁力探伤法检测曲轴裂纹。将磁力探伤仪马蹄形电磁铁的两极放在轴颈两旁的曲柄上（图2-62），把细铁粉撒在轴颈与曲柄之间。当接通电流时，铁粉被磁化均匀分布在轴颈表面。如果有裂纹，铁粉会吸附在裂纹处（图2-63），从而显现出裂纹的位置与大小。

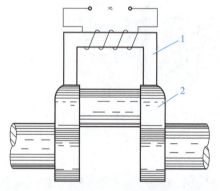

图 2-62　用磁力探伤仪检测曲轴裂纹

1—马蹄形电磁铁；2—曲轴

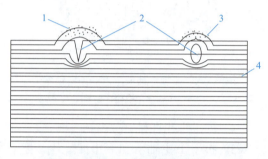

图 2-63　磁粉在轴颈上的分布

1、3—磁痕；2—缺陷；4—磁力线

（2）荧光探伤法检测曲轴裂纹。将溶有荧光染料的渗透剂喷洒在曲轴表面，渗透剂会渗入微小裂纹中，清洗后涂上吸附剂，使缺陷内的荧光油液渗出表面，在紫外线灯照射下显现黄绿色荧光斑点或条纹，从而发现裂纹（图2-64）。

（3）若曲轴存在裂纹，一般应更换。

6．曲轴轴向间隙检验的工作过程

（1）安装上主轴承。将上主轴承的凸起部分与气缸体上的凹槽对齐，将5个上主轴承推入。在主轴承表面涂上发动机机油。

图 2-64　荧光探伤法

（2）安装下主轴承。将下主轴承的凸起部分与主轴承盖上的凹槽对齐，将5个下主轴承推入。在主轴承表面涂上发动机机油。

注意：不要在轴承背面涂发动机机油。因为轴承产生的热量会通过轴承背面散发到气缸体中。如果在轴承背面涂发动机机油，会妨碍轴承与气缸体的接触，造成散热效果变差。

（3）安装上止推垫片和曲轴。将2个止推垫片安装在气缸体的3号轴颈位置下面，使油槽朝外，如图2-65所示。把曲轴放到气缸体上，注意放置时的方向。

（4）安装主轴承盖和下止推垫片。将2个止推垫片安装在3号主轴承盖上，使油槽朝外，如图2-66所示。

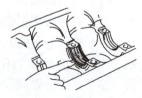

图 2-65　安装上止推垫片

（5）将 5 个主轴承盖安装到恰当位置上，使每个轴承盖的号码与前端标记对齐，如图 2-67 所示。

（6）在主轴承盖螺栓头下和螺纹处涂上一薄层发动机机油，按图 2-68 所示的顺序安装并分几次均匀地拧紧主轴承盖螺栓，拧到规定力矩。如果是塑性区螺栓，应按塑性区螺栓的拧紧方式拧紧。

图 2-66　安装下止推垫片

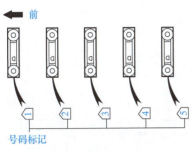

图 2-67　轴承盖的安装标记

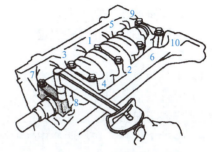

图 2-68　主轴承盖螺栓拧紧顺序

（7）把百分表固定在磁力表座上，固定磁力表座，使百分表触杆沿轴线方向顶触在曲轴的一端，并有 1.00 ～ 2.00 mm 的压缩量。用螺钉旋具来回撬动曲轴的同时，用百分表测量曲轴的轴向间隙，如图 2-69 所示（标准轴向间隙为 0.04 ～ 0.14 mm，最大为 0.18 mm。实际数值可参考各车型维修手册）。

（8）如果轴向间隙过大，则成套更换推力轴承。

7. 曲轴油膜间隙检测的工作过程

（1）拆下曲轴主轴承盖。

（2）将塑料间隙规摆放在各轴颈上。

（3）把主轴承盖安装到气缸体上并把主轴承盖螺栓拧到规定力矩。

（4）再次拆下主轴承盖，用规尺测量塑料间隙规并确定曲轴主轴颈的油膜间隙，如图 2-70 所示（油膜标准间隙为 0.016 ～ 0.039 mm，最大油膜间隙为 0.050 mm。实际数值可参考各车型维修手册）。

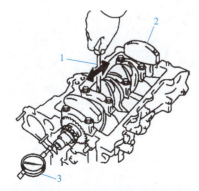

图 2-69　曲轴轴向间隙的检测

1—撬棒；2—曲轴轴承盖；3—百分表

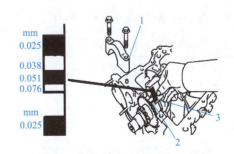

图 2-70　检测曲轴主轴颈油膜间隙

1—曲轴轴承盖；2—塑料间隙规；3—塑料间隙规规尺

（5）测量完成后要取下塑料间隙规，并将曲轴轴颈清洁干净。

（6）如果油膜间隙大于最大值，则更换曲轴主轴承。如有必要，则更换曲轴。

注意：从塑料间隙规摆放好，安装好主轴承盖，到拆下主轴承盖期间，不要转动曲轴。否则会把塑料间隙规挤碎。

8. 曲轴安装的工作过程

（1）安装曲轴轴承。

（2）将曲轴放在气缸体上。

（3）安装主轴承盖并拧到规定力矩。

9. 5S 工作

（1）工具与量具清洁、收纳、归位。

（2）零件清洁、归位。

（3）维修手册归位。

（4）清洁工作台，耗材按使用情况整理归位或丢入垃圾筒。

（5）清洁实训用台架发动机。

（6）清扫实训场地并清空垃圾，关灯关门。

任务评价

评价项目	评价指标	分值	自评（20%）	互评（20%）	师评（60%）	合计
知识目标	准确指出曲轴飞轮组零件的名称	5				
	准确指出曲轴飞轮组零件的作用	10				
	准确指出曲轴飞轮组零件的检修标准	10				
能力目标	能够检测曲轴飞轮组零件的外观是否正常	5				
	能够按照标准拆卸曲轴飞轮组零件	10				
	能够按照工单对曲轴飞轮组零件进行检测	20				
	能够规范安装曲轴飞轮组零件	10				
素质目标	具备严谨、细致的工作态度	10				
	具备 5S 素质要求	10				
	具备责任意识和风险意识	10				

任务 4

发动机气缸压缩压力的检测

任务引入

一辆 2009 款 1.6 L 丰田卡罗拉汽车，据用户反映车辆动力性不足，车辆从机油加注口处冒蓝烟，发动机存在烧机油现象，机油短时间内变质，经检测查明发动机气缸压缩压力过低。如果遇到这种故障的车辆，应该怎么排除？

学习目标

知识目标

1. 了解气缸压缩压力的正常范围。
2. 了解气缸压缩压力的检测方法。

能力目标

1. 能够准确说出气缸压力不正常的危害。
2. 能够正确使用气缸压力表检测气缸压力。

素质目标

1. 具备严谨、细致、认真工作的态度和高度的责任心。
2. 具备环保意识和节约意识。

知识链接

发动机气缸压缩压力是指气缸内混合气在不燃烧的状态下，活塞压缩到达上止点时气缸内的气体压力。

检测气缸内的压缩压力，可以了解气缸、活塞、活塞环、气门、气门座及气缸垫的损坏情况与各气缸之间的压力差，这是检查燃烧室密封状况和判断发动机工作性能非常重要的手段。

发动机气缸压缩压力的高低直接影响发动机的动力性和经济性。

当发动机气缸内零件磨损或损坏时，气缸压缩压力会下降，导致发动机功率下降，燃油消耗增加，机油进入燃烧室使机油消耗增加，排气污染增大。使发动机工作时不易启动、动力性差、怠速不稳、排气冒蓝烟等。

气缸压缩压力的检测一般使用气缸压力表（图 2-71）检测。

项目 2 曲柄连杆机构的检修

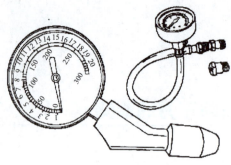

图 2-71　气缸压力表

任务实施

发动机气缸压缩压力检测的工作过程

视频：发动机
气缸压缩压力
的故障检修

1. 准备工作

（1）设备：汽车、工作台。

（2）工具与量具：火花塞套筒、扭力扳手、气缸压力表等。

（3）发动机维修手册。

（4）耗材、工单及其他：机油、清洁用棉布、工单、手套等。

2. 发动机气缸压缩压力检测的工作过程

（1）将发动机运转至正常工作温度（水温 80～90 ℃）。

（2）拆下空气滤清器。

（3）拆下全部火花塞（或柴油机喷油器）。

（4）对于汽油机在断开全部缸的喷油器连接器。

（5）将气缸压力表压紧（或拧紧）到火花塞孔（或柴油机喷油器孔）。

（6）将节气门全开（针对汽油机）。

（7）用起动机转动曲轴 3～5 s。

注意：使用充满电的蓄电池，以使发动机转速能达到 250 r/min 或更高。

（8）记录压力表读数。

（9）依次测量每个缸，每缸至少测 2 次，取平均值。

（10）如果测量的气缸压缩压力低于标准值，则拆下气缸压力表，向该缸注入 20～30 mL 机油，重复以上（5）～（8）步骤，重新测量气缸压缩压力。

3. 发动机气缸压缩压力结果分析的工作过程

（1）标准：查发动机维修手册，确定发动机气缸压缩压力的标准值。1ZR 发动机的标准压缩压力为 1 373 kPa，最小压力为 1 079 kPa。且各气缸之间的压力差低于 98 kPa。

（2）如果初次测量气缸压缩压力低于允许的最小压力，注入机油后测量的气缸压缩压力正常，则表明是活塞损坏，或活塞、活塞环与气缸磨损过多，配合间隙过大。

注入机油后，机油流到活塞与气缸的间隙中，填充了间隙，阻止了气体的泄漏，所以气缸压缩压力会上升。机油逐渐被气体带走后，气缸压缩压力又会下降。

（3）如果初次测量的气缸压缩压力与注入机油后的测量的气缸压缩压力均低于允许的最小压力，说明活塞与气缸的配合间隙对压缩压力无影响，由此表明气缸垫损坏漏气，或者气门关闭不严。

（4）如果测量的气缸压缩压力高于标准值，则表明燃烧室积炭过多，或气缸垫过薄。燃烧室积炭过多，或气缸垫过薄，会导致燃烧室空间减小，所以会引起气缸压缩压力过高。

4. 排除发动机气缸压缩压力异常故障的工作过程

如果发动机气缸压缩压力异常，根据测量结果的分析，解体发动机，检测相应的元件，进行维修或更换。发动机各机构的拆装与检测过程参考本单元相应的任务（气门关闭不严的拆装与检测过程参考项目 3 的任务 3）。

5. 5S 工作

（1）工具与量具清洁、收纳、归位。

（2）零件清洁、归位。

（3）维修手册归位。

（4）清洁工作台，耗材按使用情况整理归位或丢入垃圾筒。

（5）清洁实训用车辆。

（6）清扫实训场地并清空垃圾，关灯关门。

 任务评价

评价项目	评价指标	分值	自评（20%）	互评（20%）	师评（60%）	合计
知识目标	准确指出气缸压力的标准范围	5				
	准确说出气缸压力的测量方法	10				
	准确说出测量气缸压力过程中的注意事项	10				
能力目标	能够检查气缸压力表是否正常	5				
	能够规范安装气缸压力表	10				
	能够按照工单对气缸压力进行测量，并判断是否正常	20				
	能够分析引起气缸压力低的原因	10				
素质目标	具备严谨、细致的工作态度	10				
	具备 5S 素质要求	10				
	具备责任意识和风险意识	10				

习　题

一、判断题

1. 曲柄连杆机构所受的惯性力和离心力越大越好。　　　　　　　（　　）

2. 气缸体上平面变形易造成气缸密封不严。　　　　　　　　（　　）

3. 当发动机某气缸产生拉缸故障后，只镗削加大该气缸即可。（　　）

4. 若发动机的曲轴轴线高于曲轴箱分开面，这种气缸体称为龙门式。（　　）

5. 不直接与冷却水接触的缸套称为干式缸套，其壁厚为 5 ~ 9 mm。（　　）

6. 气缸垫没有安装方向。　　　　　　　　　　　　　　　　（　　）

7. 铝合金气缸盖的优点是刚度高，不容易变形。　　　　　　（　　）

8. 气缸盖的主要功能是封闭气缸上部，并与活塞顶部和气缸套一起形成燃烧室。　　　　　　　　　　　　　　　　　　　　　　　　　　（　　）

9. 将气缸盖用螺栓固定在气缸体上，螺栓应采取由中央对称地向四周扩展的顺序分几次拧紧。　　　　　　　　　　　　　　　　　　　　　　（　　）

10. 活塞的端隙是指其开口间隙。　　　　　　　　　　　　　（　　）

11. 活塞环包括气环和油环两种。　　　　　　　　　　　　　（　　）

12. 活塞的基本构造可分顶部、头部和裙部三部分。　　　　　（　　）

13. 活塞在沿活塞销的方向受力最大。　　　　　　　　　　　（　　）

14. 气环安装时，缺口要在同一位置。　　　　　　　　　　　（　　）

15. 组合式油环可用手拆下上下刮片和衬簧，不能用活塞环扩张器拆。（　　）

16. 活塞销与销座在常温下有微量的过盈，所以装配时一定要将活塞加热。　　　　　　　　　　　　　　　　　　　　　　　　　　　　　（　　）

17. 拆卸连杆盖时，应检测连杆与连杆盖上的配合记号，以保证正确的组装。　　　　　　　　　　　　　　　　　　　　　　　　　　　　（　　）

18. 活塞环端隙过小会造成拉缸事故。　　　　　　　　　　　（　　）

19. 连杆的连接螺栓必须按规定力矩一次拧紧。　　　　　　　（　　）

20. 连杆杆身采用工字形断面主要是为了减轻质量，以减小惯性力。（　　）

21. 曲轴前装有扭转减震器，其目的是消除飞轮的扭转振动。（　　）

22. 多缸发动机曲轴曲柄上均设置有平衡重块。　　　　　　　（　　）

23. 曲轴的油膜间隙应用百分表测量。　　　　　　　　　　　（　　）

24. 如果曲轴轴向间隙过大，则成套更换止推轴承。　　　　　（　　）

25. 安装主轴承时，应在轴承表面涂上发动机机油。　　　　　（　　）

26. 气缸垫过薄会导致气缸压缩压力过低。　　　　　　　　　（　　）

27. 在检测气缸压缩压力时依次测量每个缸，每缸至少测 2 次，取平均值。（　　）

28. 气缸压缩压力的检测一般用气缸压力表检测。　　　　　　（　　）

29. 在检测气缸压缩压力时用起动机转动曲轴 15 s，读取气压表数值。（　　）

30. 发动机气缸压缩压力的高低直接影响发动机的动力性和经济性。（　　）

二、选择题

1. （　　）是推动活塞向下运动的力，其大小从上止点至下止点随着缸内气体推动活塞下行而由大变小。

A. 做功行程的气体作用力　　　　　B. 做功行程的惯性力

C. 压缩行程的气体作用力　　　　　D. 做功行程的离心力

2. 同一横截面上磨损的不均匀性是指（   ）。

    A．圆度误差   B．圆柱度误差   C．径向跳动误差 D．弯曲

3. 机体组主要包括气缸体、曲轴箱、气缸盖、（   ）、气缸衬垫、油底壳等机件。

    A．活塞   B．曲轴   C．气缸套   D．飞轮

4. 气缸体（盖）平面变形检验标准要求之一是，每 $50 \times 50 \text{ mm}^2$ 范围内平面度误差不大于（   ）mm。

    A．0.5   B．0.10   C．0.05   D．0.01

5. 关于气缸垫的叙述，下列错误的是（   ）。

    A．耐高温高压   B．耐腐蚀有弹性

    C．安装时卷边朝向气缸盖   D．应拆装方便

6. 关于塑性区螺栓的叙述，下列错误的是（   ）。

    A．拧紧时产生了不可恢复的变形   B．应拧紧到超过屈服点

    C．塑性区螺栓是在弹性区内紧固的   D．头部一般都是 12 边形的

7. 关于活塞的清洁方法，下列说法错误的是（   ）。

    A．用衬片刮刀去除活塞顶部的积炭   B．用环槽清洁工具清洁活塞环槽

    C．用折断的活塞环清洁活塞环槽   D．用钢丝刷和溶剂彻底清洁活塞

8. 为了保证活塞能正常工作，冷态下常将其沿径向做成（   ）的椭圆形。

    A．长轴在活塞销方向   B．长轴垂直于活塞销方向

    C．A、B 均可   D．A、B 均不可

9. 活塞油环的主要作用是（   ）。

    A．密封   B．泵油   C．导热   D．刮油和布油

10. 活塞销的连接方式广泛用的是（   ）。

    A．固定式   B．半浮式   C．全浮式   D．螺纹式

11. 汽车发动机广泛采用的活塞材料是（   ）。

    A．铝合金   B．铸铁   C．铸钢   D．合金钢

12. 下列说法正确的是（   ）。

    A．活塞裙部对活塞在气缸内的往复运动可以起导向作用

    B．活塞裙部在做功时起密封作用

    C．活塞裙部在做功时起承受气体侧压力作用

    D．活塞裙部安装有 2～3 道活塞环

13. 下列说法正确的是（   ）。

    A．活塞顶的记号用来表示发动机功率

    B．活塞顶的记号用来表示发动机转速

    C．活塞顶的记号可以用来表示活塞及活塞销的安装和选配要求

    D．活塞顶的记号用来表示连杆螺钉拧紧力矩

14. 目前发动机上广泛采用的活塞环是（   ）。

    A．矩形环   B．扭曲环   C．锥面环   D．梯形环

15. 活塞气环开有切口，具有弹性，在自由状态下其外径与气缸直径（　　）。
  A. 相等　　　　　B. 小于气缸直径　C. 大于气缸直径　D. 不能确定
16. 活塞气环主要作用是（　　）。
  A. 密封　　　　　B. 布油　　　　　C. 导热　　　　　D. 刮油
17. 连杆大头做成分开式的目的是（　　）。
  A. 便于加工　　　B. 便于安装　　　C. 便于定位　　　D. 受力均匀
18. 四冲程直列四缸发动机做功间隔角为（　　）。
  A. 60°　　　　　B. 90°　　　　　C. 120°　　　　　D. 180°
19. 发动机曲轴轴颈磨损量检查可用（　　）进行。
  A. 千分尺　　　　B. 游标卡尺　　　C. 百分表　　　　D. 厚薄规
20. 曲轴上的平衡重一般设在（　　）。
  A. 曲轴前端　　　B. 曲轴后端　　　C. 曲柄上　　　　D. 飞轮上
21. 千分尺用于曲轴的（　　）。
  A. 裂纹检验　　　B. 弯曲检验　　　C. 扭曲检验　　　D. 轴颈磨损检验
22. 发动机曲轴现广泛采用（　　），可满足强度和刚度要求及较高的耐磨性。
  A. 合金钢　　　　B. 球墨铸铁　　　C. 灰口铸铁　　　D. 特殊合金钢
23. 若曲轴存在裂纹，一般应（　　）。
  A. 焊修　　　　　B. 粘接　　　　　C. 刷渡　　　　　D. 更换
24. 四缸发动机点火顺序为 1-3-4-2，第一缸做功时第二缸正在（　　）。
  A. 进气　　　　　B. 压缩　　　　　C. 做功　　　　　D. 排气
25. 主轴承盖的螺栓拧松的顺序是（　　）。
  A. 由内及外　　　B. 由外及内　　　C. 由左到右　　　D. 由右到左
26. 应用（　　）测量曲轴的油膜间隙。
  A. 塑料间隙规　　B. 百分表　　　　C. 千分尺　　　　D. 游标卡尺
27. 应用（　　）测量曲轴的轴向间隙。
  A. 游标卡尺　　　B. 百分表　　　　C. 千分尺　　　　D. 塑料间隙规
28. 下列选项不是飞轮功能的是（　　）。
  A. 储存曲轴的部分能量　　　　　　B. 保证曲轴输出的功率尽可能均匀
  C. 克服短时间的超荷载　　　　　　D. 作为摩擦离合器的驱动件
29. 如果测量的气缸压缩压力结果高于标准值，则原因是（　　）。
  A. 气缸过渡磨损　　　　　　　　　B. 活塞环有损坏
  C. 燃烧室积炭过多　　　　　　　　D. 气缸垫漏气
30. 发动机气缸内零件磨损或损坏时，气缸压缩压力会下降，不会导致（　　）。
  A. 功率下降　　　　　　　　　　　B. 燃油消耗下降
  C. 排气污染增大　　　　　　　　　D. 怠速不稳

项目 3
配气机构的检修

项目描述

　　配气机构是控制发动机进气和排气的装置，对发动机的工作性能与排放性能影响巨大。在掌握配气机构主要元件的布置与结构的基础上，掌握气门组与气门传动组等主要元件的作用与类型、结构与原理，同时，掌握气门组与气门传动组各元件的拆装与检测、维护与修理的方法，只有这样才能深入地掌握配气机构的结构与工作原理，才能够根据发动机的故障现象分析原因、排除故障。

任务 1
气门组的检修

任务引入

　　一辆捷达轿车，行驶里程为 100 000 km，发动机怠速运转时，缸盖上部有"啪啪"清脆金属敲击声，高速运转时声音杂乱，经诊断是气门组元件有故障。针对以上故障现象，应该怎样排除？

学习目标

知识目标

1. 了解气门组的结构和组成。
2. 了解气门组各部分的作用。

能力目标

1. 能够准确说出气门组各部分零件的名称和作用。

2．能够正确使用维修工具检修气门组。

素质目标

1．具备严谨、细致、认真工作的态度和高度的责任心。

2．具备爱国意识和民族自信心。

 知识链接

3.1.1　配气机构概述

1. 配气机构的作用与组成

配气机构是控制发动机进气和排气的装置。

配气机构由气门组和气门传动组两部分组成。现代汽车发动机均采用顶置气门，即进、排气门置于气缸盖内，倒挂在气缸顶上。

顶置式配气机构按凸轮轴的位置可分为凸轮轴下置式、凸轮轴中置式和凸轮轴上置式；按曲轴和凸轮轴的传动方式可分为齿轮传动式、链条传动式和同步齿形带传动式；按每缸气门的数量可分为双气门式和多气门式。

2. 配气正时（配气相位）

发动机工作时，进入气缸内的新鲜空气量越多，发动机的动力性越好。影响进气量的因素很多，而进、排气门开启和关闭的时刻便是其中之一。

以曲轴转角表示的进、排气门开闭时刻及其开启的持续时间称作配气正时（配气相位）。通常用曲轴转角的环形图来表示，这种图形称为配气相位图（图 3-1）。

四冲程发动机的每个工作行程，其曲轴要旋转 180°。由于现代发动机转速很高，因此一个行程经历的时间是很短的。如上海桑塔纳的四冲程

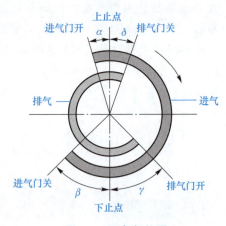

图 3-1　配气相位图

发动机，在最大功率时的转速达 5 600 r/min，一个行程的时间只有 0.005 4 s。这样，短时间的进气和排气过程往往会使发动机充气不足或排气不净，从而使发动机功率下降。因此，现代发动机大多采用延长进、排气时间，使气门早开晚关，以改善进、排气状况，提高发动机的动力性。

进气门在进气行程上止点之前开启称为早开。从进气门开始开启到上止点曲轴所转过的角度称作进气提前角，记作 α，α 一般为 10°～30°。进气门在进气行程下止点之后关闭称为晚关。从进气行程下止点到进气门关闭曲轴转过的角度称作进气迟后角，记作 β，β 一般为 40°～80°。整个进气过程持续的时间或进气持续角为 $\alpha + 180° + \beta$。

进气门早开的目的是在进气开始时进气门能有较大的开度或较大的进气通过断面，以减小进气阻力，使进气顺畅。进气门晚关则是为了充分利用气流的惯性，在进气迟后角内继续进气，以增加进气量。进气阻力减小不仅可以增加进气量，还可以减少进

气过程消耗的功率。

排气门在做功行程结束之前，即在做功行程下止点之前开启，称为排气门早开。从排气门开启到下止点曲轴转过的角度称作排气提前角，记作 γ，γ 一般为 $40° \sim 80°$。排气门在排气行程结束之后，即在排气行程上止点之后关闭，称为排气门晚关。从上止点到排气门关闭曲轴转过的角度称作排气迟后角，记作 δ，δ 一般为 $10° \sim 30°$。整个排气过程持续的时间或排气持续角为 $\gamma + 180° + \delta$。

排气门早开的目的是在排气门开启时气缸内有较高的压力，使废气能以很高的速度自由排出，并在极短的时间内排出大量废气。当活塞开始排气行程时，气缸内的压力已大大下降，排气门开度或排气通过断面明显增大，从而使强制排气的阻力和排气消耗的功率大为减小。排气门晚关则是为了利用废气流动的惯性，在排气迟后角内继续排气，以减少气缸内的残余废气量。

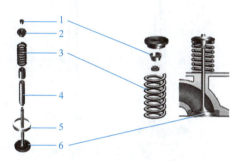

3.1.2 气门组

气门组包括气门、气门导管、气门座、气门弹簧、气门锁片和油封等。气门组的组成如图 3-2 所示。

图 3-2　气门组的组成

1—气门锁片；2—弹簧座；3—气门弹簧；
4—气门导管；5—气门座圈；6—气门

1. 气门

气门可分为进气门和排气门两种，用来封闭进排气道。

（1）气门的工作条件。气门的工作条件非常恶劣。

①与气缸内的高温燃气接触，受热严重，而散热困难，因此气门温度很高。排气门最高温度可达 $1\,050 \sim 1\,200\,\mathrm{K}$，进气门由于受到进气流的冷却，温度稍低，为 $570 \sim 670\,\mathrm{K}$。

视频：气门组
的结构

②受气体力和气门弹簧力的作用，以及配气机构运动件惯性力的作用，使气门落座时受到冲击。

③润滑条件很差的情况下以极高的速度开闭，并在气门导管内做高速往复运动。

④高温燃气中与腐蚀性气体接触而受到腐蚀。

（2）气门的材料。气门的工作条件很差，故要求气门材料必须具有足够的强度、刚度、硬度，能耐腐蚀、耐磨损。进气门一般采用中碳合金钢制造，如铬钢、铬钼钢和镍铬钢等。排气则大多采用耐热合金钢制造，如硅铬钢、硅铬钼钢、硅铬锰钢等。高度强化的发动机趋于用 21-4 N 奥氏体钢和铬镍钨钼钢。该钢材具有高强度、耐高温性和耐腐蚀性，达到延长气门使用寿命的目的。

为节约耐热合金钢，降低材料成本，有些发动机排气门头部采用耐热合金钢，杆身采用中碳合金钢，然后将两者焊接在一起。还有一些排气门，在头部锥面喷涂一层钨钴等特种合金材料，以提高其硬度、耐磨性、耐热性和耐腐蚀性，达到延长气门使用寿命的目的。

（3）气门的构造。汽车发动机的进、排气门均为菌形气门，由气门头部和气门杆

两部分构成。其结构和各部名称如图 3-3 所示。

气门顶部形状主要分为凸顶、平顶、凹顶三种结构形式，如图 3-4 所示。目前应用最多的是平顶气门，其结构简单，制造方便，受热面积小，进、排气门都可采用。凸顶气门刚度大，用于某些排气门。用作排气门时，排气阻力较小，但受热面积大，质量大，加工也比较复杂。凹顶的（有的为漏斗形）质量轻、惯性小，头部与杆部有较大的过渡圆弧，使气流阻力小，以及具有较大的弹性，对气门座的适应性好（又称柔性气门），容易获得较好的磨合，但受热面积大，易存废气，容易过热及受热易变形，所以仅用作进气门。

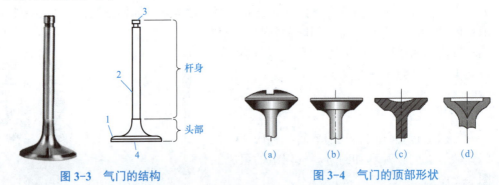

图 3-3　气门的结构　　　　　　　　图 3-4　气门的顶部形状

1—气门密封锥面；2—气门杆；3—气门尾端；4—气门顶面　（a）凸顶；（b）平顶；（c）凹顶；（d）凹顶（漏斗形）

气门与气门座或气门座圈之间靠锥面密封。气门密封锥面与顶平面之间的夹角，称为气门锥角（图 3-5）。进排气门的气门锥角一般均为 45°，只有少数发动机的进气门锥角做成 30°。这是因为在气门升程相同的情况下，气门锥角小，可获得较大的气流通过截面，进气阻力较小。但锥角较小的头部边缘较薄，刚度较小，使气门头部与气门座的密封性和导热性均较差，易在热态时变形，影响贴合。较大的气门锥角可提高气门头部边缘的刚度，气门落座时有较好的自动对中作用，与气门座圈有较大的接触压力等。这些都有利于气门与气门座圈之间的密封和传热，并有利于挤掉密封锥面上的积碳。

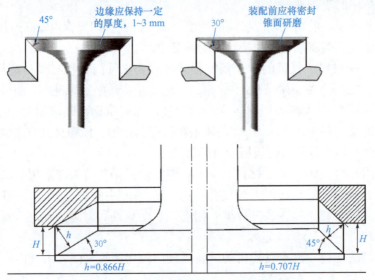

图 3-5　气门密封锥面、气门锥角

气门杆与气门导管配合，为气门运动导向和传热。气门杆要有较高的加工精度和较低的粗糙度，与气门导管保持较小的配合间隙，以减小磨损，并起到良好的导向和散热作用。在某些高度强化的发动机上采用中空气门杆的气门，旨在减轻气门质量和减小气门运动的惯性力。为了降低排气门的温度，增强排气门的散热能力，在许多汽车发动机上采用钠冷却气门。这种气门是在中空的气门杆中填入一半金属钠。因为钠的熔点是 97.8 ℃，沸点为 880 ℃，所以在气门工作时，钠变成液体，在气门杆内上下激烈地晃动，不断地从气门头部吸收热量并传递给气门杆，再经气门导管传递给气缸盖，使气门头部得到冷却。钠冷却气门的制造成本比普通排气门高出几倍，但由于其具有十分明显的冷却效果，在一些风冷发动机和轿车发动机上得到了成功的应用，如奔驰 190、尼桑 SR 系列发动机等。

气门杆的尾部用以固定气门弹簧座，其结构随弹簧座的固定方式不同而异。常用的固定方式有锁片式。锁片式的锥形锁片被剖分成两半，合在一起形成一个完整的圆锥结构，内孔有一环形凸起。弹簧座的中心孔为圆锥孔，用来与锁环的外圆锥面配合。安装时，用力将弹簧座连同气门弹簧压下，将两片锁环套于气门杆尾部合并在一起，锁环内孔的环状凸起正好位于气门杆尾端的环形槽内。放松弹簧座，在气门弹簧的弹力作用下，弹簧座的圆锥孔与锁片的圆锥面紧紧地贴合在一起，不会脱落，如图 3-6 所示。

适量的机油进入气门导管与气门之间的间隙，对于气门杆的润滑是必要的。但如果进入的机油过多，将会在气缸内造成积碳和在气门上产生沉积物。因此，有的发动机在气门杆上设有机油防漏装置，如图 3-7 所示。

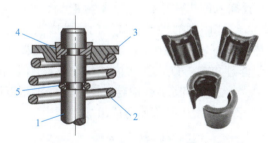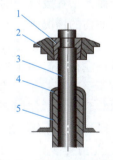

图 3-6　锁片式结构　　　　　图 3-7　气门机油防漏装置

1—气门杆；2—气门弹簧；3—弹簧座；4—锁片；5—卡环　　　1—锁片；2—弹簧座；3—气门杆；
4—防油罩或密封圈；5—气门导管

2. 气门导管

气门导管的功能是起导向作用，保证气门做直线往复运动，使气门与气门座能正确贴合（图 3-8）。此外，气门导管还在气门杆与气缸盖之间起导热作用。

气门导管的工作温度也较高，约 200 ℃。气门杆在导管中运动时，仅靠配气机构飞溅出来的机油进行润滑，因此容易磨损。气门导管大多用灰铸铁、球墨铸铁或铁基粉末冶金制造。为了防止气门导管在使用过程中松落，有的发动机对气门导管用卡环定位。

项目 3　配气机构的检修

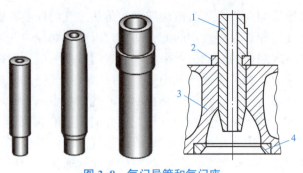

图 3-8　气门导管和气门座
1—气门导管；2—卡环；3—气缸盖；4—气门座

3. 气门座

进、排气道口与气门密封锥面直接贴合的部位称为气门座。气门座可在气缸盖上直接镗出。它与气门头部共同对气缸起密封作用，并接受气门传来的热量。气门座在高温下工作，磨损严重，故有不少发动机的气门座用较好的材料（合金铸铁、奥氏体钢等）单独制作，然后镶嵌到气缸盖上。

汽油机的进气门座工作温度较低，不易磨损，可以靠从气门导管漏下的机油润滑，故能够在缸盖上直接镗出。但排气门温度高，机油在导管内可能被烧掉，因而排气门座实际上得不到润滑，极易磨损，故大多用镶嵌式结构。采用铝合金缸盖的发动机，由于铝合金材质较软，进、排气门座均用镶嵌式。柴油机有的是进、排气门座均用镶嵌式，有的只镶进气门座，这是因为柴油机的排气门与气门座常能得到由于燃烧不完全而夹杂在废气中的柴油、机油及烟粒等润滑而不致被强烈磨损。但是柴油机的进气门面临的情况则完全不同，从导管漏入的机油很少，而且柴油机有较高的气体压力，加上进气门的直径大，容易变形，这些因素都将导致进气门座的磨损加剧。

直接镗在气缸盖上的气门座散热效果好，使用中不存在脱落造成事故的可能性。但存在不耐高温、不耐磨损，不便于修理更换等缺点。镶嵌式气门座圈不但耐高温、耐磨损和耐冲击，使用寿命长，而且易于更换。其缺点是导热性差，加工精度高，如果与缸盖上的座孔公差配合选择不当，还可能发生脱落而造成事故。

4. 气门弹簧

（1）气门弹簧的作用。气门弹簧的作用是克服在气门关闭过程中气门及传动件的惯性力，防止各传动件之间因惯性力的作用而产生间隙，保证气门及时落座并紧紧贴合，防止气门发生跳动，破坏其密封性。为此，气门弹簧应有足够的刚度和安装预紧力。

（2）气门弹簧的材料。气门弹簧大多为圆柱形螺旋弹簧（图 3-9），其材料为高碳锰钢、铬钒钢等冷拔钢丝，加工后要进行热处理。钢丝表面要光滑，经抛光或用喷丸处理，借以提高疲劳强度，增强弹簧的工作可靠性。此外，为了避免弹簧的锈蚀，弹簧的表面要进行镀锌、镀铜、磷化或发蓝处理。

（3）气门弹簧的结构形式。当气门弹簧的工作频率与其自然频率相等或某一倍数时，将会发生共振。强烈的共振将破坏气门的正常工作，并可使弹簧折断。为避免共振的发生，常采用以下结构措施：

①提高弹簧刚度。提高气门弹簧的刚度，即提高气门弹簧的自然振动频率。如加粗弹簧的直径，减小弹簧的圈径，如图3-9（a）所示。

②采用变螺距弹簧。各圈之间的螺距不等，在弹簧压缩时，螺距较小的弹簧两端逐渐贴合，使有效圈数逐渐减少，因而固有振动频率不断变化（增加），避免共振发生，如图3-9（b）所示。

③采用双气门弹簧结构。每个气门同心安装两根直径不同、旋向相反的内外弹簧，如图3-9（c）所示。由于两弹簧的自振频率不同，当某一弹簧发生共振时，另一弹簧起减振作用。当一根弹簧折断时，另一根还能继续维持工作；旋向相反，可以防止一根弹簧折断时卡入另一根弹簧内，避免好的弹簧被损坏。

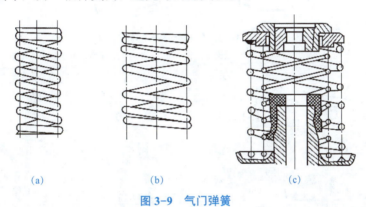

(a)　　　　　　　(b)　　　　　　　(c)

图3-9　气门弹簧

（a）提高弹簧刚度；（b）采用变螺距弹簧；（c）采用双气门弹簧结构

气门组的拆装与检测

视频：气门组的拆装与检测

1. 准备工作

（1）设备：台架发动机、工作台。

（2）工具与量具：成套工具盒、扭力扳手、气门弹簧压缩器、磁性手柄、一字螺钉旋具、尖嘴钳、游标卡尺、千分尺、钢角尺等。

（3）发动机维修手册。

（4）耗材、工单及其他：普鲁士蓝、机油壶、清洁用棉布、工单、手套等。

2. 气门组拆装的工作过程

（1）安装气门弹簧压缩器，使其与气门和弹簧座底部处在同一直线上（图3-10）。

（2）上紧气门弹簧压缩器，压缩弹簧并取下两块气门锁片（图3-10）。

（3）松开气门弹簧压缩器，拆卸气门弹簧座和气门弹簧，然后将气门朝燃烧室的方向往外拉拆卸气门。

（4）依次拆下其他进排气门，并按各缸顺序整齐放在工作台的纸上（图3-11）。

（5）使用尖嘴钳钳住气门油封底部的金属部分，拆下气门杆油封（图3-12）。

（6）使用一字螺钉旋具撬起气门弹簧座，用磁性手柄吸出气门弹簧座（图3-12）。

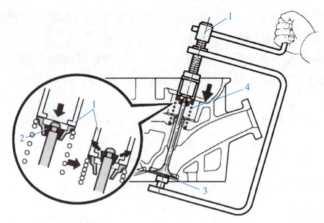

图 3-10　气门组的拆卸方法
1—气门弹簧压缩器；2—气门锁片；3—气门；4—气门弹簧；5—气门弹簧座

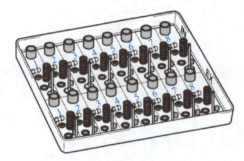

图 3-11　气门组零件的放置

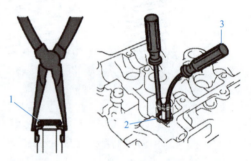

图 3-12　拆卸气门杆油封和气门弹簧座
1—气门油封；2—气门弹簧座；3—磁性手柄

3. 检测气门的工作过程

（1）清洁气门。使用衬垫刮刀，刮除气门头部上所有积碳。

（2）检查气门外观。若气门出现裂纹、烧蚀较严重、气门头歪斜等情况，均应换用新气门。

（3）测量气门顶部边缘的厚度（图 3-13），如果小于 0.5 mm 应换用新气门。

（4）观察气门的工作锥面，若变宽、起槽、烧蚀出现斑点或用手指能摸出磨损台阶，则应换用新气门。

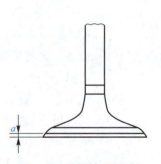

图 3-13　测量气门头部边缘的厚度

（5）使用游标卡尺测量气门杆总长度（图 3-14），与维修手册的标准值进行比较。当气门总长度减少量超过 0.5 mm 或气门杆端面若有凹陷，则应更换气门。

（6）用千分尺测量气门杆的直径（图 3-15）。应测量气门杆上、中、下三个位置，每个位置测相互垂直的两个方向。测量值应与维修手册的标准值进行比较。若磨损量超过 0.05 mm，或用手触摸有明显阶梯感觉时，应更换气门。

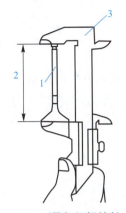

图 3-14　测量气门杆的长度

1—气门；2—气门杆总长；3—游标卡尺

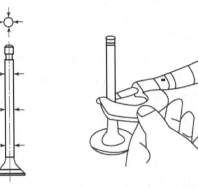

图 3-15　测量气门杆的直径

4. 检测气门座的工作过程

（1）在气门座锥面上涂上一层普鲁士蓝。

（2）将气门压入气门座，使气门锥面轻压气门座（图3-16）。

（3）检查气门座和气门锥面的接触状况：如果整个气门锥面（360°）均出现普鲁士蓝，则气门锥面是同心的。否则，需更换气门；如果整个360°气门座均出现普鲁士蓝，则气门导管和气门锥面是同心的，否则，重修气门座表面；检查并确认气门在气门锥面的中部，气门座宽度在 1.0 mm 和 1.4 mm。

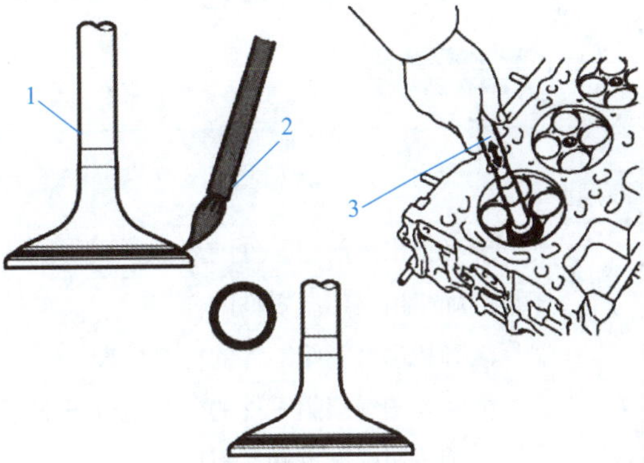

图 3-16　气门座的检测

1—气门；2—普鲁士蓝；3—手工研磨

5. 检测压缩弹簧的工作过程

（1）清洁气门弹簧。检查气门弹簧是否有裂纹，如有应更换。

（2）使用游标卡尺，测量气门弹簧的自由长度（图3-17）。查手册与标准值进行比较。如不符合要求应更换。

（3）用钢角尺测量气门弹簧的偏移量（图3-18）。查手册与标准值进行比较。如不符合要求应更换。

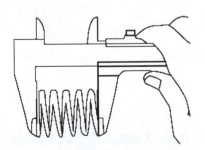

图 3-17　测量气门弹簧的自由长度

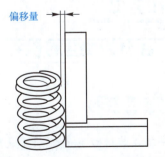

偏移量

图 3-18　测量气门弹簧的偏移量

项目 3 配气机构的检修

6. 安装气门组的工作过程

（1）安装气门弹簧下座。

（2）安装气门油封。

（3）在气门杆涂机油，把气门装入气门导管，装上气门弹簧和气门弹簧上座。

（4）使用气门弹簧压缩器顶住气门弹簧上座，压缩气门弹簧，安装气门锁片，然后放松气门弹簧压缩器。

（5）依次安装各进排气门。

7. 5S 工作

（1）工具与量具清洁、收纳、归位。

（2）零件清洁、归位。

（3）维修手册归位。

（4）清洁工作台，耗材按使用情况整理归位或丢入垃圾筒。

（5）清洁实训用台架发动机。

（6）清扫实训场地并清空垃圾，关灯关门。

 任务评价

评价项目	评价指标	分值	自评（20%）	互评（20%）	师评（60%）	合计
知识目标	准确指出气门组零件的名称	5				
	准确指出气门组零件的作用	10				
	准确指出气门组零件的检修标准	10				
能力目标	能够检测气门组零件的外观是否正常	5				
	能够按照标准拆卸气门组零件	10				
	能够按照工单对气门组零件进行检测	20				
	能够规范安装气门组零件	10				
素质目标	具备严谨、细致的工作态度	10				
	具备 5S 素质要求	10				
	具备责任意识和风险意识	10				

任务 2

气门传动组的检修

 任务引入

一辆原装进口奥迪轿车（采用 2.8LV6 发动机），发动机大修后试车，发现当车速达到 120 km/h 并持续加速一段时间后，发动机故障灯会点亮，且伴有气门异响；减

速后过一段时间，发动机故障灯会自动熄灭；但原地怠速运转或加速时，发动机故障灯均不会点亮，经诊断是发动机气门传动组有故障。针对车辆的这种故障，应该怎样排除？

 **学习目标**

知识目标
1. 了解气门传动组的结构和组成。
2. 了解气门传动组各部分的作用。

能力目标
1. 能够准确地说出气门传动组各部分零件的名称和作用。
2. 能够正确使用维修工具检修气门传动组。

素质目标
1. 具备严谨、细致、认真工作的态度和高度的责任心。
2. 具备爱国意识和民族自信心。

 **知识链接**

气门传动组由凸轮轴和凸轮轴正时齿轮、挺柱、挺柱导管、推杆和摇臂总成等组成，如图 3-19 所示。气门传动组的主要作用是使进、排气门按照配气相位规定的时间开启与关闭。

1. 凸轮轴

（1）凸轮轴的功能。凸轮轴（图 3-20）是由发动机曲轴驱动而旋转的，其用于驱动和控制各缸气门的开启和关闭，使其符合发动机的工作顺序、配气相位及气门开度的变化规律等要求。

（2）凸轮轴的材料。工作中，凸轮表面要有足够的硬度和耐磨性；否则，凸轮的磨损与变形会造成配气相位的改变，气门升程的减少，影响发动机正常工作。因此，凸轮轴一般采用优质钢模锻而成，也有采用合金铸铁或球墨铸铁铸造而成。凸轮与轴颈表面经过热处理，具备高硬度和耐磨性。

图 3-19　气门传动组
1—气门传动组；2—气门组

（3）凸轮轴的一般构造。凸轮轴主要由凸轮、轴颈、偏心轮和螺旋齿轮等组成。

凸轮可分为进气凸轮和排气凸轮两种，用来驱动与控制气门的开启与关闭。

轴颈对凸轮轴起支承作用。对于下置式凸轮轴来说，凸轮轴上还设有螺旋齿轮和偏心轮，用来驱动分电器、机油泵和膜片式汽油泵。

凸轮轴的前端通过键装有凸轮轴正时齿轮或链轮及同步齿形带轮。

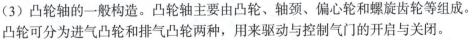

项目 **3** 配气机构的检修

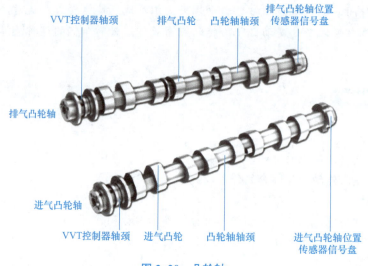

排气凸轮轴

VVT控制器轴颈　排气凸轮　凸轮轴轴颈　排气凸轮轴位置传感器信号盘

进气凸轮轴

VVT控制器轴颈　进气凸轮　凸轮轴轴颈　进气凸轮轴位置传感器信号盘

图 3-20　凸轮轴

2. 气门挺柱

（1）功能。把凸轮的推力传递给推杆，并承受凸轮轴旋转时所施加的侧向力。

（2）类型。

①机械式挺柱。挺柱常用镍铬合金铸铁或冷激合金铸铁制造，其摩擦表面应经热处理后研磨。

菌式和筒式机械挺柱底面为大半径球面，使凸轮与挺柱的接触点偏离挺柱中心线，在挺柱被凸轮推起上升时，凸轮对挺柱的作用力产生绕挺柱中心线的力矩，使挺柱旋转，从而使挺柱和凸轮磨损均匀。滚轮式挺柱可以减小摩擦所造成的对挺柱的侧向力，但结构复杂、质量较大，一般多用于大缸径柴油机上。机械式挺柱结构如图3-21所示。

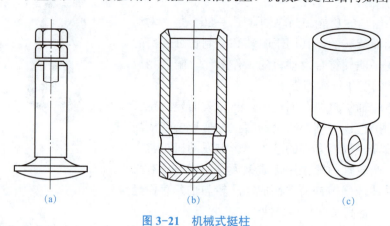

(a)　　　　　　　　(b)　　　　　　　　(c)

图 3-21　机械式挺柱

（a）菌式；（b）筒式；（c）滚轮式

采用机械式挺柱的配气机构需留气门间隙。

②液力挺柱。为防止受热膨胀后气门关闭不严，大多数发动机预留了气门间隙，但这又会造成气门开启、关闭时的冲击，产生磨损和噪声。为解决这一矛盾，目前越

来越多的发动机采用了长度随温度轻微变化的液力挺柱。

液力挺柱结构如图 3-22 所示。挺柱体由圆桶和上端盖焊接而成。下端封闭的油缸外圆柱面与挺柱导向孔配合，内圆柱面与柱塞配合。球阀被补偿弹簧压靠在柱塞下端面的阀座上。

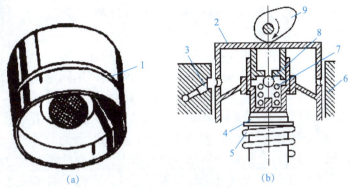

图 3-22　液力挺柱
（a）外形；（b）结构
1—环槽；2—挺柱体；3—缸盖机油道；4—气门杆；5—气门弹簧；6—气缸盖；7—弹簧；8—球阀；9—凸轮

挺柱体内部的低压油腔通过挺柱顶背面的键形槽与柱塞上方的低压油腔相通。当挺柱在运动过程中，挺柱体上的环形槽与缸盖上的斜油孔对齐时，缸盖油道内的润滑油通过量油孔、斜油孔和环形油槽进入低压油腔。柱塞下端油缸内部的空腔，称为高压油腔，当球阀打开时，高压油腔与低压油腔相通。

无论是高压油腔还是低压油腔，都充满了油液。补偿弹簧还可以使油缸与柱塞相对运动，保持挺柱顶面与凸轮紧密接触。油缸下端面与气门杆下端面紧密接触，整个配气机构无间隙。在气门打开的过程中，凸轮推动挺柱体和柱塞下移，油缸受到气门弹簧的阻力而不能马上下移，导致油压升高，球阀将阀门关闭。由于油液的不可压缩性，整个挺柱如同一个刚体一样下移，将气门打开。在此期间，挺柱和油缸之间的间隙也会存在一些油液泄漏，但不影响气门的正常打开。

在气门关闭的过程中，挺柱上移，由于仍受到凸轮和气门弹簧两个方面的顶压，高压油腔仍保持高压，球阀仍处于关闭状态，液力挺柱仍是一个刚性体，直至气门完全关闭为止。

气门关闭以后，补偿弹簧将柱塞和挺柱体继续向上推动一个微小的行程（补偿由于油液泄漏而造成的柱塞与挺柱体的下降），同时高压油腔油压下降，此时球阀打开，低压油腔的油液进入高压油腔内补充泄漏掉的油液。当气门关闭时，挺柱体上的环形油槽与缸盖上的斜油孔对齐，润滑系的油液进入挺柱低压油腔内。

气门受热膨胀伸长时，通过柱塞与油缸之间的间隙，高压油腔内的油向低压油腔泄漏一部分，柱塞与油缸产生相对运动，从而使挺柱自动"缩短"，保证气门关闭紧密。同时，通过减少气门关闭后的补油量，也保证了气门的关闭紧密。当气门冷却收缩时，补偿弹簧将柱塞与挺柱体向上推动，球阀打开，低压油腔油液进入高压油腔，挺柱自动"伸长"，可保证无气门间隙。

3. 推杆

采用下置凸轮轴式的配气机构，利用推杆将挺柱传来的力传递给摇臂。推杆的结构如图 3-23 所示。

4. 摇臂组

摇臂组主要由摇臂、摇臂轴、摇臂轴支座和定位弹簧等组成，如图 3-24 所示。

摇臂轴为空芯轴，支撑于摇臂轴支座孔内，支座用螺栓固定于缸盖上。为防止摇臂轴转动，利用摇臂轴紧固螺钉将摇臂轴固定于支座上。中间支座有油孔与缸盖油道相通，油道内的润滑油通过摇臂轴上的油孔进入摇臂轴内腔。碗形塞封住摇臂轴两端，防止润滑油漏出。摇臂通过中间轴孔套装在摇臂轴上，摇臂内的润滑油通过

图 3-23　推杆

轴上的油孔进入轴与摇臂衬套的配合间隙中进行润滑，并通过摇臂上的油孔对摇臂两端进行润滑。摇臂在轴上的位置通过定位弹簧来定位，在轴上两摇臂之间装有一个定位弹簧，防止摇臂轴向窜动。

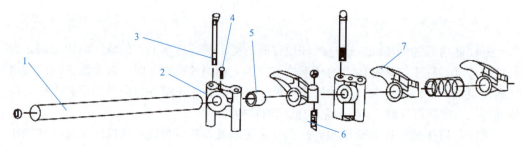

图 3-24　摇臂组

1—摇臂轴；2—摇臂轴支座；3—螺栓；4—摇臂轴紧固螺钉；5—摇臂衬套；6—调整螺钉；7—摇臂

摇臂是一个双臂杠杆，以中间轴孔为支点，将推杆传来的力改变方向和大小，传递给气门并使气门开启。摇臂的两臂不等长，长臂端与气门杆尾端接触；短臂端制成螺纹孔，安装有调整螺钉，用来调整气门间隙。调整时转动调整螺钉，调整好后拧紧锁紧螺母，以防调整螺钉松动而改变气门间隙。摇臂上端面钻有油孔，中间轴孔的润滑油通过该油孔流向摇臂两端进行润滑。摇臂结构如图 3-25 所示。

现代汽车发动机凸轮轴上置式采用图 3-26 所示的摇臂。

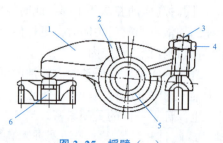

图 3-25　摇臂（一）

1—摇臂；2—润滑油道；3—调整螺钉；4—锁紧螺母；5—摇臂衬套；6—气门

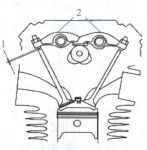

图 3-26　摇臂（二）

1—气门间隙；2—摇臂

视频：凸轮轴
的拆装与检测

凸轮轴的拆装与检测

1. 准备工作

（1）设备：工作台、1ZR-FE 发动机总成。

（2）工具与量具：成套工具盒、一字螺钉旋具、V 形铁、百分表、磁力表座、塑料线规、千分尺、扭力扳手。

（3）发动机维修手册。

（4）耗材、工单及其他：机油、清洁的容器、清洁用棉布、工单、手套等。

2. 凸轮轴拆装与检测的工作过程

（1）拆卸凸轮轴。

①拆卸凸轮轴轴承盖。

a. 按照如图 3-27 所示的顺序，均匀地拧松并拆下 10 个轴承盖螺栓。

b. 按照如图 3-28 所示的顺序，均匀地拧松并拆下 15 个轴承盖螺栓。

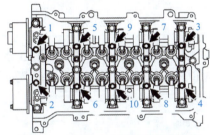

图 3-27　拧松 10 个轴承盖螺栓顺序

1 ～ 10—拧松轴承盖螺栓顺序

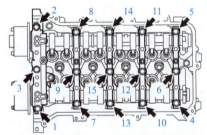

图 3-28　拧松 15 个轴承盖螺栓顺序

10 ～ 15 拧松轴承盖顺序

c. 拆下 5 个轴承盖。按正确的顺序摆放拆下的零件。

②拆卸 1 号和 2 号凸轮轴。

③拆卸 1 号气门摇臂分总成。

④拆卸凸轮轴壳分总成。用头部缠上胶带的螺钉旋具撬动气缸盖和凸轮轴壳之间的部位，拆下凸轮轴壳。

（2）检测凸轮轴。

①检查凸轮轴的径向跳动。将凸轮轴放在 V 形块上，用百分表测量中心轴颈的径向跳动（图 3-29）。

1ZR 发动机凸轮轴的最大径向跳动为 0.04 mm；如果径向跳动大于最大值，则更换凸轮轴。

②检查凸轮轴凸轮高度。用螺旋测微器测量凸轮的高度（图 3-30）。

1ZR 发动机 1 号凸轮轴的标准凸轮高度为 42.816 ～ 42.916 mm；最小凸轮高度为 42.666 mm；2 号凸轮轴的标准凸轮高度为 44.336 ～ 44.436 mm；最小凸轮高度为 44.186 mm；如果凸轮高度小于最小值，则应更换凸轮轴。

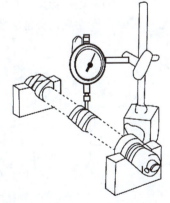

图 3-29　检查凸轮轴的径向跳动

③检查凸轮轴轴颈。用螺旋测微器测量轴颈的直径（图 3-31）。

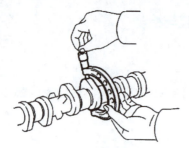

图 3-30　检查凸轮高度

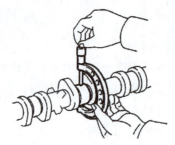

图 3-31　检查凸轮轴轴颈

如果轴颈直径不符合规定（表 3-1），则检查油膜间隙。

表 3-1　1ZR 发动机标准轴颈直径

轴颈位置	规定状态
第 1 轴颈	34.449 ～ 34.465 mm
其他轴颈	22.949 ～ 22.965 mm

④检查凸轮轴轴向间隙。安装凸轮轴。然后来回移动凸轮轴的同时，用百分表测量轴向间隙（图 3-32）。如果轴向间隙大于最大值（表 3-2），则更换凸轮轴壳；如果止推面损坏，则更换凸轮轴。

表 3-2　凸轮轴轴向间隙

项目	标准轴向间隙	最大轴向间隙
进气	0.06 ～ 0.155 mm	0.17 mm
排气	0.06 ～ 0.155 mm	0.17 mm

⑤检查凸轮轴油膜间隙。清洁轴承盖和凸轮轴轴颈。将凸轮轴放到凸轮轴壳上。将塑料间隙规摆放在各凸轮轴轴颈上，安装轴承盖。

注意：不要转动凸轮轴。

拆下轴承盖，测量塑料间隙规最宽处（图 3-33）。

注意：检查后完全清除塑料间隙规。

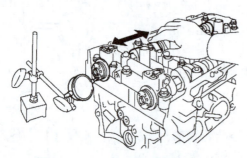

图 3-32　检查凸轮轴轴向间隙

塑料间隙规

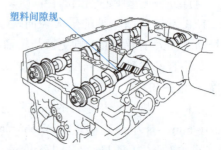

图 3-33　测量凸轮轴油膜间隙

如果油膜间隙大于最大值（表3-3），则更换凸轮轴。如有必要，则更换气缸盖。

表3-3　标准油膜间隙

项目	标准油膜间隙	最大油膜间隙
凸轮轴第1轴颈	0.030 ～ 0.063 mm	0.085 mm
凸轮轴其他轴颈	0.035 ～ 0.072 mm	0.09 mm

（3）安装凸轮轴。

①安装气门间隙调节器总成。

②安装1号气门摇臂分总成。在气门间隙调节器端部和气门杆盖端上涂抹发动机机油。

③安装凸轮轴轴承。清洁轴承表面，将轴承固定至轴承盖中心。

④安装凸轮轴。清洁凸轮轴轴颈。在凸轮轴轴颈、凸轮轴壳和轴承盖上涂抹一薄层发动机机油。将凸轮轴安装到凸轮轴壳上。

⑤安装凸轮轴轴承盖。确认各凸轮轴轴承盖上的标记和号码，并将其置于正确的位置和方向。

按图3-34所示的顺序，紧固10个螺栓，并按规定扭矩扭拧。

⑥安装凸轮轴壳分总成。清除凸轮轴壳分总成接触面的所有机油。地接触面边缘涂抹密封胶。要求涂抹的密封胶直径为3.5 ～ 4.0 mm。在涂抹密封胶后3 min内安装凸轮轴壳分总成。安装后至少2 h内不要起动发动机。按图3-35所示的顺序用要求的扭矩紧固螺栓。

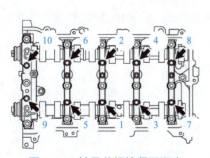

图3-34　轴承盖螺栓紧固顺序　　　图3-35　安装凸轮轴壳

5. 5S 工作

（1）工具与量具清洁、收纳、归位。

（2）零件清洁、归位。

（3）维修手册归位。

（4）清洁工作台，耗材按使用情况整理归位或丢入垃圾筒。

汽车发动机检修
QICHE FADONGJI JIANXIU

（5）清洁实训用台架发动机。

（6）清扫实训场地并清空垃圾，关灯关门。

视频：正时链
的检测与更换

正时链的检测与更换

1．准备工作

（1）设备：台架发动机、工作台。

（2）工具与量具：成套工具盒、活口扳手、大号一字螺钉旋具、扭矩扳手、水泵皮带轮 SST。

（3）发动机维修手册。

（4）耗材、工单及其他：记号笔、机油壶、清洁用棉布、手套、木块等。

2．正时链拆卸的工作过程

（1）拆卸水泵皮带轮。

（2）拆卸发动机固定支架。

（3）设定活塞位置：将曲轴皮带轮的正时标记设置为"0"，将一号气缸设置为压缩上止点，以便使凸轮轴的正时标记朝上（图3-36）。

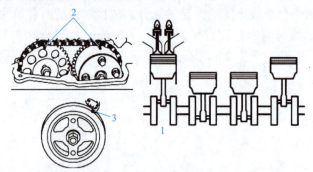

图3-36　拆卸水泵皮带轮

1—1号气缸压缩上止点；2—凸轮轴正时标记；3—曲轴正时标记

（4）拆卸曲轴皮带轮（图3-37）。用曲轴皮带轮夹具和配对凸缘卡箍固定曲轴皮带轮并拆卸螺栓。用SST（拉器）取下曲轴皮带轮。

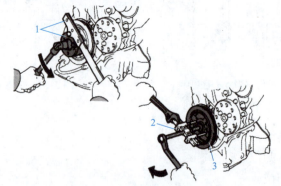

图3-37　拆卸曲轴皮带轮

1—SST（曲轴皮带轮夹具、配对凸缘卡箍）；2—SST（拉器）；3—曲轴皮带轮

（5）拆卸水泵和衬垫。

（6）拆卸气缸盖罩。

（7）拆卸正时链条盖。拆卸下所有螺栓和螺母，然后用缠有胶带的一字螺钉旋具插入链条盖和气缸体之间，撬起正时链条盖。

（8）拆卸正时链张紧器、滑板及链条（图3-38）。

3．正时链条与链轮检测的工作过程

（1）检查正时链条的长度。将链条的一端固定，然后通过一个弹簧秤施加一个恒定的拉力拉动链条（拉力可定为50 N）。用游标卡尺测量链条的总长度（图3-39）。

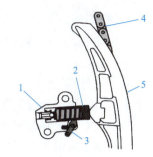

图 3-38　拆卸正时链张紧器、滑板及链接

1—正时链张紧器；2—柱塞；3—止动板；
4—正时链条；5—张紧器滑板

由于链条较长，有的发动机要求测量部分链节（如15个）的长度（图3-40）。测得的值与手册上的标准值进行比较，如果长度超过最大值，则应更换新链条。

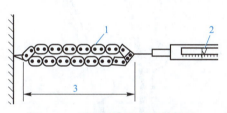

图 3-39　正时链条总长度的测量
1—链条；2—弹簧秤；3—链条长度

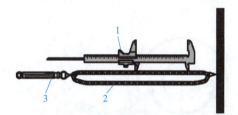

图 3-40　正时链条部分链节长度的测量
1—游标卡尺；2—链条；3—弹簧秤

（2）正时链轮的检测。将链条安装在链轮上，用手挤紧链条，用游标卡尺测量链条的外径（图3-41）。当链轮磨损后，测得的直径会减小。将测得的值与手册上的标准值进行比较，如果长度小于允许值时，则应更换链轮。

（3）检查链条张紧器。升起链条张紧器的棘轮爪时，用手推张紧器的柱塞，活塞应能无阻力平滑的移动；当将棘轮爪回位后，柱塞应被锁住，用手推不动（图3-42）。

如果张紧器发生故障，则不能压紧正时链，造成正时链变松和打滑，进一步会损坏气门机构。所以，张紧器发生故障时，应进行更换。

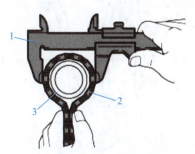

图 3-41　正时链条部分链节长度的测量
1—游标卡尺；2—链条；3—链轮

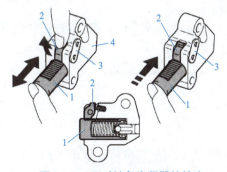

图 3-42　正时链条张紧器的检查
1—柱塞；2—棘轮爪；3—止动板；4—链条张紧器

4．正时链条安装的工作过程

（1）设定曲轴与凸轮轴正时标记（图3-43）。将曲轴正时设定于一缸上止点后40°～140°。

①将进气与排气凸轮轴正时齿轮设定于一缸上止点后20°。

②重新将曲轴正时设定于一缸上止点后20°。

③必须按上述步骤对准正时标记，否则气门可能与活塞相互碰撞。

（2）安装正时链条减震器与正时链条（图3-44）。为防止排气凸轮轴回转，可以用扳手转动凸轮轴将之设定在链条的标记位置。

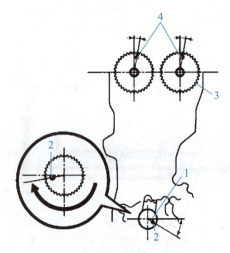

图 3-43　设定凸轮轴正时标记

1—曲轴正时链轮；2—曲轴正时链轮正时标记；
3—凸轮轴正时链轮；4—凸轮轴正时链轮正时标记

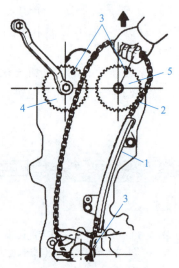

图 3-44　安装正时链条

1—链条减震器；2—正时链条；3—正时标记；
4—排气凸轮轴正时链轮；5—进气凸轮轴正时链轮

（3）安装链条张紧器滑板和链条张紧器，并检查正时标记（图3-45）。

顺时针转动曲轴两周，检查正时标记是否正确。如果正时标记偏离，应重新安装正时链条。

（4）安装正时链条盖（涂抹黑色密封胶）。

（5）安装曲轴皮带轮。

（6）安装水泵。

（7）安装水泵皮带轮。

5．5S 工作

（1）工具与量具清洁、收纳、归位。

（2）零件清洁、归位。

（3）维修手册归位。

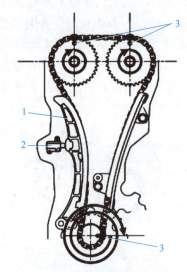

图 3-45　检查正时标记

1—链条张紧器滑板；2—链条张紧器；3—正时标记

（4）清洁工作台，耗材按使用情况整理归位或丢入垃圾筒。

（5）清洁实训用台架发动机。

（6）清扫实训场地并清空垃圾，关灯关门。

任务实施

正时皮带及带轮的检查与更换

视频：更换正时皮带

1．准备工作

（1）设备：台架发动机、工作台。

（2）工具与量具：成套工具盒、扭力扳手、尖嘴钳等。

（3）发动机维修手册。

（4）耗材、工单及其他：记号笔、机油壶、清洁用棉布、工单、手套等。

2．检查与更换正时皮带的工作过程

（1）拆卸正时皮带。

①拆下正时皮带上前盖。

②转动曲轴皮带轮，并对齐它的导槽和正时皮带盖的正时标记"T"。检查凸轮轴皮带轮的正时标记是否与气缸盖罩的正时标记对齐（1号气缸压缩TDC位置），如图3-46所示。

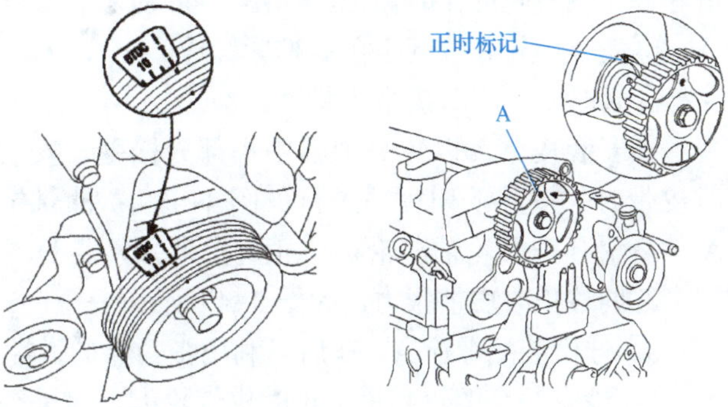

③拆卸曲轴皮带轮螺栓和曲轴皮带轮。

图3-46　对齐正时标记

④拆卸曲轴凸缘。

⑤拆下正时皮带下前盖。

⑥拆卸正时皮带张紧器A和正时皮带，如图3-47所示。

⑦拆卸正时皮带惰轮。

⑧拆卸曲轴链轮。

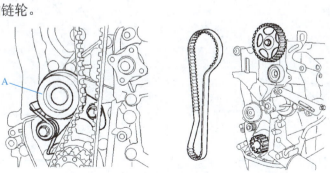

图3-47　拆卸正时皮带张紧器和正时皮带

（2）检查。

①检查链轮、张紧轮和惰轮。检查凸轮轴链轮、曲轴链轮、皮带张紧轮和惰轮皮

项目 3　配气机构的检修

091

带轮，是否有不正常磨损、裂纹或损坏，按需要更换。

检查张紧皮带轮和惰轮转动是否自由平滑并检查其间隙或噪声，按需要更换。

如果轴承的润滑脂泄漏，更换皮带轮。

②检查正时皮带。检查皮带上的机油或灰尘沉淀情况，如必要应更换，使用干布条或纸擦去小沉淀物，不要使用溶剂清洗。

当发动机大修或调整皮带张紧力时，要仔细检查。如发现有明显的缺陷，更换皮带。

注意： 不要彻底地弯曲、扭曲或反方向安装正时皮带；不要让正时皮带接触机油、水和蒸汽。

（3）安装正时皮带。

①安装曲轴链轮。

②活塞位于上止点和其压缩冲程时，对齐凸轮轴链轮和曲轴链轮的正时标记，如图3-46所示。

③安装惰轮并按规定扭矩拧紧螺栓。

④暂时安装正时皮带张紧器。

⑤安装皮带，以免每个轴中央部分松弛。安装正时皮带时，按照下列程序进行（图3-48）：曲轴链轮A →惰轮B →凸轮轴链轮C →正时皮带张紧器D。

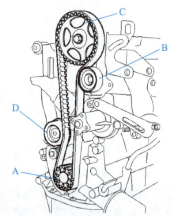

图3-48　紧固凸轮轴和凸轮轴链轮

⑥调整正时皮带张力，如图3-49所示。

a．拧松装配螺栓A、B后，利用张紧器的弹性调整正时皮带张力。

b．检查每个链轮和每个正时皮带轮齿之间是否对齐，拧紧装配螺栓A和B。

c．检查皮带张力。确认用适当的力（约49 N）水平推动正时皮带的皮带受拉部分时，正时皮带齿末端与螺栓头中央部分的距离约为张紧器固定螺栓头半径（通过平面）的1/2，如图3-50所示。

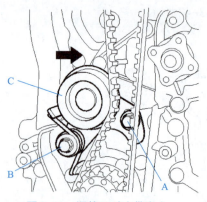

图3-49　调整正时皮带张力

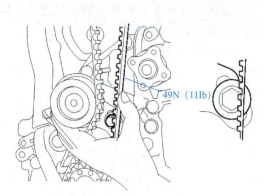

图3-50　检查皮带张力

⑦按正常方向（顺时针）转动曲轴两圈，重新检查曲轴链轮和凸轮轴链轮正时标记。

⑧安装正时皮带下前盖。

⑨安装法兰和曲轴皮带轮，然后拧紧曲轴皮带轮螺栓。确定曲轴链轮销与皮带轮销槽相吻合。

⑩安装正时皮带上前盖。

3. 5S 工作

（1）工具与量具清洁、收纳、归位。

（2）零件清洁、归位。

（3）维修手册归位。

（4）清洁工作台，耗材按使用情况整理归位或丢入垃圾筒。

（5）清洁实训用台架发动机。

（6）清扫实训场地并清空垃圾，关灯关门。

 任务评价

评价项目	评价指标	分值	自评（20%）	互评（20%）	师评（60%）	合计
知识目标	准确指出气门传动组零件的名称	5				
	准确指出气门传动组零件的作用	10				
	准确指出气门传动组零件的检修标准	10				
能力目标	能够检测气门传动组零件的外观是否正常	5				
	能够按照标准拆卸气门传动组零件	10				
	能够按照工单对气门传动组零件进行检测	20				
	能够规范安装气门传动组零件	10				
素质目标	具备严谨、细致的工作态度	10				
	具备 5S 素质要求	10				
	具备责任意识和风险意识	10				

任务3

气门间隙的检测与调整

任务引入

用户进站反馈，车辆发动机在冷车启动时有异响，且怠速不稳。此车辆之前也因报此故障，经诊断为气门间隙过大引起。针对上述问题，作为车辆维修技术人员应该怎样解决该车辆的故障？

 学习目标

知识目标

1. 了解气门间隙的作用。
2. 了解气门间隙的调整方法。

能力目标

1. 能够准确说出气门间隙的正常范围和作用。
2. 能够正确使用维修工具调整气门间隙。

素质目标

1. 具备严谨、细致、认真工作的态度和高度的责任心。
2. 具备环保意识和节约意识。

知识链接

视频：气门室
异响的故障
诊断

3.3.1　气门间隙

发动机工作时，气门将因温度升高而膨胀，如果气门及其传动件之间在冷态时无间隙或间隙过小，则在热态时气门及其传动件的受热膨胀势必引起气门关闭不严，造成发动机在压缩和做功行程中漏气，而使功率下降，严重时甚至不易启动。为了消除这种现象，通常在发动机冷态装配（气门完全关闭）时，在气门与其传动机构中留有适当的间隙，以补偿气门受热后的膨胀量，这一间隙通常称为气门间隙。

气门间隙的大小对发动机的工作和性能影响很大。如果气门间隙过小，发动机在热态下可能因气门关闭不严而发生漏气，导致功率下降，甚至气门烧坏；如果气门间隙过大，则使传动零件之间及气门和气门座之间产生撞击响声，并加速磨损，同时，也会使气门开启的持续时间减少，气缸的充气及排气情况变坏。

气门间隙的大小由发动机制造厂根据试验确定。一般在冷态时，进气门间隙为 0.25 ～ 0.35 mm，排气门间隙为 0.30 ～ 0.35 mm。在使用和维修中，必须将气门间隙调整到标准值范围。表 3-4 为常见汽车发动机的气门间隙。

表 3-4　常见汽车发动机的气门间隙

发动机型号	进气门 /mm		排气门 /mm	
	热车	冷车	热车	冷车
威驰 5A、8A；花冠 1ZZ、2ZZ		0.15 ～ 0.25		0.25 ～ 0.35
奇瑞 QQ372		0.20		0.25
长安悦翔 JL474Q		0.13 ～ 0.17		0.23 ～ 0.27
富康 462Q		0.20		0.30
五菱 LJ465Q		0.15		0.15
依维柯（柴油机）		0.50		0.50
斯太尔 WD615（柴油机）		0.30		0.40

对采用液压挺柱的发动机，由于挺柱的长度能自动变化，可随时补偿气门的热膨胀量，因此不需要预留气门间隙，也没有气门间隙调整装置。

3.3.2 气门间隙的调整

1. 气门间隙的调整部位

凸轮轴下置式配气机构的气门间隙是指气门杆端与摇臂之间的间隙，它用摇臂上的调整螺钉进行调整（图3-51）。

凸轮轴上置式配气机构的气门间隙的检查和调整部位随气门的驱动方式不同而不同，对摇臂驱动式，气门间隙是指凸轮基圆与摇臂之间的间隙或调整螺钉与气门杆端之间的间隙，它用摇臂上的调整螺钉进行调整（图3-52）；对直接驱动式，气门间隙是指凸轮与挺柱之间的间隙，它用更换不同厚度的挺柱［图3-53（a）］或更换装在挺柱头部凹槽内的垫片来调整［图3-53（b）］。

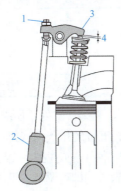

图3-51　凸轮轴下置式气门间隙及调整
1—调整螺钉；2—气门挺柱；3—摇臂；4—气门间隙

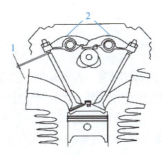

图3-52　凸轮轴上置气门间隙及调整
1—气门间隙；2—摇臂

图3-53　直接驱动式配气机构的气门间隙的调整
（a）更换气门挺柱调整气门间隙；（b）（c）（d）更换调整垫片调整气门间隙

2. 气门间隙的调整方法

气门间隙的调整是发动机维修中必须进行的一项作业。其调整方法有逐缸调整法和二次调整法（快速调整法）两种。调整时，必须遵循气门间隙的调整原则，确保挺柱（或摇臂）落在凸轮的基圆上，在其他情况下调整的气门间隙是不正确的。

（1）气门间隙的逐缸调整法。逐缸调整气门间隙即根据气缸点火次序，确定某缸活塞在压缩上止点位置后，可对此缸进、排气门间隙进行调整，调整好之后摇转曲轴，按此法逐步调整其他各缸气门间隙。

（2）气门间隙的二次调整法——"双排不进法"。由于逐缸调整法的工作效率低，因此在生产实践中普遍采用二次调整法调整气门间隙，即当第一缸活塞处于压缩行程上止点时，调整所有气门的半数，再摇转曲轴一周（指四冲程发动机），便可调整其余的半数气门。

"双排不进法"的"双"是指该缸的两个气门间隙均可调；"排"是指该缸仅排气门间隙可调；"不"是指两个气门间隙均不可调；"进"是指该缸的进气门间隙可调。

①二次调整法的操作程序。对于工作顺序为 1-3-4-2 的直列式四缸发动机，当第一缸处于压缩行程上止点时，能同时调整气门间隙的气门是第一缸的进、排气门（双），第三缸的排气门（排），第四缸不可调（不），第二缸的进气门（进）；当转动曲轴一周，使第四缸处于压缩行程上止点位置时，可以调整余下的半数气门，见表 3-5。

表 3-5　四缸发动机气门间隙的调整顺序

工作顺序	1	3	4	2
	1	2	4	3
第一遍	双	排	不	进
第二遍	不	进	双	排

对于工作顺序为 1-5-3-6-2-4 的直列式六缸发动机，当第一缸处于压缩行程上止点时，能同时调整的气门为第一缸的进、排气门（双），第三、五缸的排气门（排，两个气门视为一组），第六缸不可调（不），第二、四缸的进气门（进，两个气门视为一组）；当转动曲轴一周，使第六缸处于压缩行程上止点位置时，余下的半数气门即可调整，见表 3-6。

表 3-6　六缸发动机气门间隙的调整顺序

工作顺序	1	5	3	6	2	4
第一遍	双	排		不	进	
第二遍	不	进		双	排	

②进气门和排气门的确定。根据进、排气门与所对应的进、排气道确定。

用转动曲轴观察确定的方法是转动曲轴，观察一缸的两个气门，先动为排气门，后动的为进气门，并在一种气门上做记号，然后依次检查各缸，做好记号。

③一缸压缩上止点的确定。转动曲轴，观察与一缸曲轴连杆轴颈同在一个方位的六（四）缸的排气门打开又逐渐关闭到进气门动作瞬间，六（四）缸在排气上止点，即一缸在压缩上止点。

气门间隙的调整

1. 准备工作

（1）设备：发动机台架、工作台。

（2）工具与量具：厚薄规、千分尺、扭力扳手、套筒、成套工具等。

（3）发动机维修手册。

（4）耗材、工单及其他：清洁用棉布、手套。

2．气门间隙检测与调整的工作过程

（1）确定发动机型号，查询发动机维修手册，进气门气门间隙的标准值为_____mm，排气门气门间隙的标准值为_____mm。

（2）拆下发动机气门室盖。

（3）确认发动机的进气凸轮轴与排气凸轮轴。

（4）转动发动机曲轴，调整到一缸处于上止点位置，确认一缸是压缩上止点，还是排气上止点。

（5）按照"双排不进"的原则检测一半气门的气门间隙大小，并进行记录。

（6）转动曲轴一圈，检测另一半气门的气门间隙大小，并进行记录。

（7）测量的气门间隙与标准值进行比较，确定应调整的气门。

（8）确认气门间隙的调整元件，进行气门间隙的调整。

（9）调整完毕后，再次检测所有气门的气门间隙，直至气门间隙符合要求。

（10）安装气门室盖。

3．5S 工作

（1）工具与量具清洁、收纳、归位。

（2）零件清洁、归位。

（3）维修手册归位。

（4）清洁发动机台架，耗材按使用情况整理归位或丢入垃圾筒。

（5）清洁工作台。

任务评价

评价项目	评价指标	分值	自评（20%）	互评（20%）	师评（60%）	合计
知识目标	准确指出进气门组和排气门组	5				
	准确指出气门间隙的作用	10				
	准确指出气门间隙的调整标准	10				
能力目标	能够检测气门传动组零件的外观是否正常	5				
	能够按照标准拆卸气门传动组零件	10				
	能够按照规范调整气门间隙	20				
	能够规范安装气门传动组零件	10				
素质目标	具备严谨、细致的工作态度	10				
	具备 5S 素质要求	10				
	具备责任意识和风险意识	10				

项目 **3** 配气机构的检修

习 题

一、判断题

1. 气门一般由头部和杆部构成。　　　　　　　　　　　　　　　　( )

2. 排气门一般用耐热钢制作，进气门一般用中碳钢制作。　　　　　( )

3. 平顶气门在发动机中应用最广。　　　　　　　　　　　　　　　( )

4. 为了使进气充分，气门锥面角一般做成45°。　　　　　　　　　( )

5. 一般发动机中，排气门要比进气门稍大。　　　　　　　　　　　( )

6. 凸轮轴的转速比曲轴的转速快1倍。　　　　　　　　　　　　　( )

7. 在用塑料间隙规测量凸轮轴轴颈间隙时，将塑料间隙规放在轴颈上，安装轴承盖后，不能转动凸轮轴。　　　　　　　　　　　　　　　　　　　　　　( )

8. 曲轴正时齿轮是由凸轮轴正时齿轮驱动的。　　　　　　　　　　( )

9. 采用了液压挺柱的发动机，其气门间隙不需要调整。　　　　　　( )

10. 可使用百分表检查凸轮轴轴向间隙。　　　　　　　　　　　　　( )

11. 安装正时链条必须对准正时标记。　　　　　　　　　　　　　　( )

12. 可用游标卡尺测量链条的总长度。　　　　　　　　　　　　　　( )

13. 张紧器发生故障，应不可压紧正时链，造成正时链磨损加剧。　　( )

14. 拆卸下所有螺栓和螺母，然后用一字螺钉旋具直接插入链条盖和气缸体之间，撬起链条盖。　　　　　　　　　　　　　　　　　　　　　　　　( )

15. 正时链条比正时皮带寿命更长，经济性更好。　　　　　　　　　( )

16. 正时齿轮装配时，必须使正时标记对准。　　　　　　　　　　　( )

17. 检查正时皮带发现有轻微的裂纹，可以继续使用。　　　　　　　( )

18. 正时皮带在更换时可沾上油液。　　　　　　　　　　　　　　　( )

19. 不要彻底地弯曲、扭曲或反方向安装正时皮带。　　　　　　　　( )

20. 如果张紧皮带轮轴承的润滑脂泄漏，应更换皮带轮。　　　　　　( )

21. 采用液压挺柱的发动机气门间隙可以适当加大。　　　　　　　　( )

22. 气门间隙过大会引起气门脚响。　　　　　　　　　　　　　　　( )

23. 发动机机油压力过低会引起液力挺柱异响。　　　　　　　　　　( )

24. 凸轮轴轴向间隙过大会引起凸轮轴异响。　　　　　　　　　　　( )

25. 气门间隙一般热车间隙大于冷车间隙。　　　　　　　　　　　　( )

二、选择题

1. 气门导管的作用不包括（　　）。

    A. 导热　　　　　　B. 散热　　　　　C. 导向　　　　D. 减磨

2. 发动机配气相位中（　　）。

    A. 排气门早开、进气门晚开　　　　B. 排气门早开、进气门早开

    C. 排气门晚开、进气门晚开　　　　D. 排气门晚开、进气门早开

3. 配气机构的传动方式一般不采用（　　）。

    A. 齿轮传动　　　B. 齿形带传动　　　C. 链条传动　　　D. 棘轮传动

4. 气门组由（　　）构成。

　　A. 气门、气门弹簧、锁片、气门弹簧座

　　B. 凸轮轴、传送皮带、挺柱、推杆

　　C. 气门、凸轮轴、挺柱

　　D. 气门、挺柱、推杆

5. 曲轴正时齿轮与凸轮轴正时齿轮转速比为（　　）。

　　A. 1∶1　　　　B. 1∶2　　　　C. 2∶1　　　　D. 3∶1

6. 气门传动组零件磨损后，引起配气相位变化的规律是（　　）。

　　A. 早开早闭　　　B. 早开晚闭　　　C. 晚开早闭　　　D. 晚开晚闭

7. 下列各零件不属于气门传动组的是（　　）。

　　A. 气门弹簧　　　B. 挺柱　　　　C. 摇臂轴　　　　D. 凸轮轴

8. 发动机凸轮轴变形的主要形式是（　　）。

　　A. 弯曲　　　　　B. 扭曲　　　　C. 弯曲和扭曲　　D. 圆度误差

9. 下列凸轮轴布置形式最适用于高速发动机的是（　　）。

　　A. 凸轮轴下置式　B. 凸轮轴上置式　C. 凸轮轴中置式D. 凸轮轴左置

10. 凸轮轴凸轮磨损后，发动机工作时（　　）。

　　A. 气门早开　　　　　　　　　B. 气门迟开

　　C. 不影响气门开启时刻　　　　D. 气门开启时长变大

11. 拆卸正时链前设定活塞位置，将曲轴皮带轮的正时标记设置为"0"，将一号气缸设置为（　　），以便使凸轮轴的正时标记朝上。

　　A. 压缩上止点　B. 排气上止点　C. 进气终了　　D. 做功结束

12. 检测正时链轮磨损情况时，（　　）用游标卡尺测量外径。

　　A. 用卡尺顶到链轮齿根处

　　B. 用卡尺顶到链轮齿尖处

　　C. 用卡尺一边顶到链轮齿根处，一边顶到链轮齿尖处

　　D. 将链条安装在链轮上，用手挤紧链条

13. 测量链条的长度一般是将链条一端固定，然后通过一个弹簧秤施加一个恒定的拉力拉动链条，用（　　）测量链条的总长度。

　　A. 直尺　　　　　B. 千分尺　　　C. 游标卡尺　　D. 百分表

14. 安装好正时链条后，顺时针转动曲轴（　　），检查正时链条标记是否正确。

　　A. 半圈　　　　　B. 一圈　　　　C. 一圈半　　　D. 两圈

15. 拆卸下正时链条盖所有螺栓和螺母后，用（　　）插入链条盖和气缸体之间，撬起正时链条盖。

　　A. 清洁干净的一字螺钉旋具　　　B. 缠有胶带的一字螺钉旋具

　　C. 铜棒　　　　　　　　　　　　D. 木棒

16. 如果一台发动机正时皮带打滑，那么导致的结果是（　　）。

　　A. 发动机爆震　　　　　　　　B. 发动机转速升高

　　C. 发动机熄火　　　　　　　　D. 发动机转速降低

17. 拆卸正时皮带时，应旋转曲轴到（　　）位置。

    A．第一缸上止点　　　　　　　　　B．第一缸下止点

    C．第一缸上止点前 40°　　　　　　D．第一缸上止点后 40°

18. 气门间隙一般用（　　）检测。

    A．厚薄规　　　　　B．千分尺　　　　　C．液压卡尺　　　　D．百分表

19. 当发动机曲轴带轮正时标记对准正时链盖标记时，表示（　　）。

    A．一缸处于压缩上止点　　　　　　B．一缸处于排气上止点

    C．一缸处于上止点　　　　　　　　D．一缸做功终了

20. 气门间隙过小在发动机正常工作时会引起（　　）。

    A．气缸漏气　　　　　　　　　　　B．气门和气门座之间产生撞击

    C．气门磨损加速　　　　　　　　　D．气门开启时间减少

21. 拆卸凸轮轴时，凸轮轴螺栓的拧松顺序是（　　）。

    A．从两边到中间　　　　　　　　　B．从中间到两边

    C．从左向右　　　　　　　　　　　D．从右向左

22. 在安装气缸盖塑性区螺栓时，拧紧方法是（　　）。

    A．拧到规定力矩　　　　　　　　　B．只转到要求的角度

    C．拧到规定力矩再转到要求的角度　D．拧到拧不动为止

23. 气门间隙过大会引起（　　）。

    A．气门关闭不严而发生漏气　　　　B．气门异响

    C．气门烧坏　　　　　　　　　　　D．气门开启的持续时间增大

24. 对于工作顺序为 1-3-4-2 的直列式四缸发动机，当一缸处于压缩上止点时，不可调整的气门是（　　）。

    A．1 缸进气门　　B．2 缸进气门　　C．3 缸排气门　　D．4 缸排气门

25. 调整气门间隙时要确保将要调整的气门处于（　　）状态。

    A．完全打开　　　B．正在打开　　　C．完全关闭　　　D．正在关闭

项目 4
冷却系统的检修

 项目描述

冷却系统是保证发动机正常工作的主要系统，在掌握冷却系统主要元件的布置与结构的基础上，掌握冷却系统各元件的作用与类型、结构与原理，同时，掌握冷却系统主要元件的拆装与检测、维护与修理，掌握冷却液的性能与更换方法，只有这样才能够根据发动机冷却系统的故障现象分析原因、排除故障。

任务 1
冷却系统主要元件的检修

 **任务引入**

一辆奥迪 A6 汽车行驶了 80 000 km 左右，据用户反映最近车辆在使用过程中水温一直只有 70 ℃左右，偶尔能达到 80 ℃左右，完全无法达到 90 ℃的正常标准，车主将车辆送到 4S 店测试了几次，4S 店维修人员确认温度确实升不上去，诊断为冷却系统元件有故障。这种故障应该怎样诊断与排除？

 **学习目标**

知识目标

1. 了解冷却系统主要元件的作用。

2. 掌握冷却系统主要元件的检测标准和方法。

能力目标

1. 能够在车辆上准确找到冷却系统的主要元件。

2．能够正确检修冷却系统的主要元件并排除相关故障。

素质目标

1．具备严谨、细致、认真工作的态度和高度的责任心。

2．具备勤俭节约、艰苦奋斗的良好品质。

 知识链接

4.1.1 冷却系统概述

1. 冷却系统的作用

冷却系统是使工作中的发动机得到适度的冷却，并保持发动机在最适宜的温度状态下工作的。所谓适宜的工作温度，对于水冷发动机，要求气缸盖内冷却水温度为80～90 ℃，轿车可达110 ℃。

冷却系统的冷却强度的调节是否合适，对发动机的工作影响很大。

冷却不足则造成发动机过热，会降低发动机充气效率，使发动机功率下降；爆燃的倾向加大，使零件因承受额外冲击性负荷而造成早期损坏；运动件的正常间隙被破坏，运动阻滞，磨损加剧，甚至损坏；润滑情况恶化，加剧了零件的摩擦磨损；零件的机械性能降低，导致变形或损坏。

冷却过度会使发动机过冷，导致进入气缸的混合气（或空气）温度太低，可燃混合气品质差，使点火困难或燃烧迟缓，导致发动机功率下降，燃料消耗量增加；燃烧生成物中的水蒸气易凝结成水而与酸性气体形成酸类，加重了对机体和零件的侵蚀作用；未汽化的燃料冲刷和稀释零件表面（气缸壁、活塞、活塞环等）上的油膜，使零件磨损加剧。

2. 冷却系统的类型

发动机的冷却系统根据冷却介质的不同可分为风冷系统和水冷系统两种。

（1）风冷系统：是把发动机中高温零件的热量直接散入大气而进行冷却的装置（图4-1）。风冷系统的冷却强度不容易调节和控制。因此，只在某些大型柴油机或小型汽油机上采用。

（2）水冷却系统：是把发动机中高温零件的热量先传递给冷却水，然后散入大气而进行冷却的装置（图4-2）。由于水冷却系统冷却均匀，效果好，而且发动机运转噪声小，目前汽车发动机

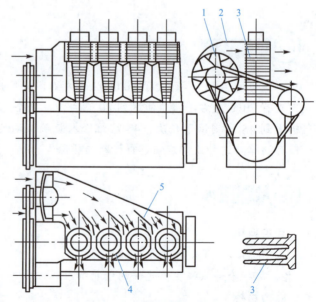

图4-1 风冷系的示意

1—风扇；2—导流罩；3—散热片；4—汽缸导流罩；5—分流板

上广泛采用的是水冷却系统。

3．水冷却系统的组成

目前，汽车发动机上采用的水冷系统大多是强制循环式水冷系统，利用水泵强制水在冷却系统中进行循环流动。它由散热器、水泵、风扇、水套和温度调节装置等组成，如图4-2所示。

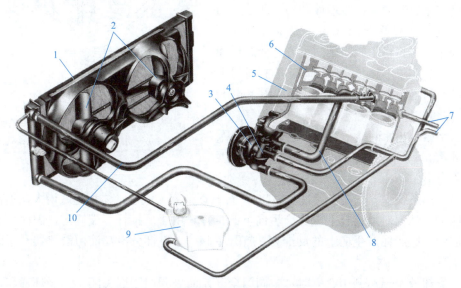

图4-2　水冷却系统

1—散热器；2—风扇；3—水泵；4—节温器；5—缸体水套；6—缸盖水套；
7—通暖风机芯水管；8—小循环出水管；9—膨胀水箱；10—大循环出水管

（1）散热器：一般安装在发动机前方的支架上，通过橡胶水管与发动机缸盖上的水套出水孔及缸体上的水泵进水口相通。

（2）风扇：位于散热器后面，由曲轴或电机驱动，可产生强大的抽吸力，增大通过散热器的空气流量和流速，加强散热器的散热效果。

（3）水套：在气缸与缸体外壁之间和缸盖上、下平面之间的夹层空间中铸有水套。缸体上平面和下平面有对应的通水孔，使缸盖水套和缸体水套相通。发动机工作时，水套内充满冷却液，直接从缸壁和燃烧室吸收热量。

（4）水泵：固装在发动机缸体前端面，由曲轴通过V形带驱动，水泵的出水孔与水套相通。

（5）节温器：位于水泵进水口位置或缸盖出水管出口处，可以根据发动机的工作温度，自动控制冷却液的循环路线，实现冷却强度的调节。

4.1.2　节温器

节温器的作用是根据发动机负荷大小和水温的高低自动改变水的循环流动路线，以达到调节冷却系统的冷却强度的目的。

汽车发动机大多采用蜡式节温器，它有单阀型与双阀型。双阀型蜡式节温器的结

视频：节温器
结构及冷却水
的循环路线

构如图 4-3 所示。推杆的上端固定于支架，下端插入胶管的中心孔内。胶管与节温器外壳之间的环形内腔装有石蜡。节温器外壳上端套装有主阀门，下端套装有副阀门，弹簧位于主阀门与支架下底之间。

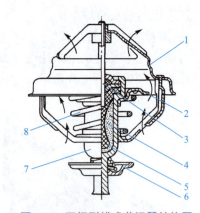

图 4-3　双阀型蜡式节温器结构图
1—支架；2—主阀门；3—推杆；4—石蜡；
5—胶管；6—副阀门；7—节温器外壳；8—弹簧

蜡式节温器的工作原理如图 4-4 所示。当冷却系统的水温低于 85 ℃时，感应体内的石蜡是固体，弹簧将主阀门推向下方，使之压在阀座上，主阀门关闭，副阀门随着主阀门下移，离开阀座，小循环通路打开，如图 4-4(b) 所示。此时，冷却水经水泵、气缸体与气缸盖水套、小循环出水管、节温器，再直接由水泵压入水套的循环，其水流路线短，散热强度小，称为小循环。

当冷却系统水温升高，超过 85 ℃时，石蜡逐渐变成液态，体积随之增大，迫使橡胶管收缩，从而对反推杆上端头产生向下的推力。由于反推杆下端固定，因此反推杆对橡胶管、感应体产生向上的反推力，打开主阀门，有部分冷却液由散热器经主阀门流入水泵。

当冷却液水温达到 105 ℃时，主阀门全开，而副阀门刚好关闭了小循环通路，从小循环出水管出来的冷却水被关闭，由散热器出来的冷却水经全开的主阀门流入水泵，此时，冷却水经水泵、气缸体与气缸盖水套、大循环出水管、散热器、散热器出水管、节温器，又经水泵压入水套的循环，其水流路线长，经散热器的散热强度大，称为大循环，如图 4-4（a）所示。

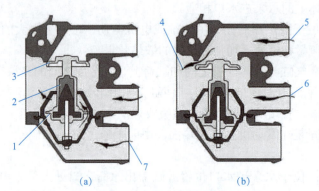

(a)　　　　　　　　(b)

图 4-4　蜡式节温器的工作原理图
（a）大循环；（b）小循环
1—主阀门；2—石蜡；3—副阀门；4—进水泵的水流；5—来自气缸盖水套的水流；
6—来自暖风装置的水流；7—来自散热器的水流

当发动机的冷却水温为 85 ～ 105 ℃时，由小循环水管流入的副阀门与由散热器流入的主阀门处于部分打开状态，此时一部分水进行大循环，而另一部分水进行小循环。

4.1.3 散热器

散热器用于增大散热面积，加速水的冷却。冷却水经散热器后，其温度可降低 10 ～ 15 ℃，在散热器后装有风扇与散热器配合工作。散热必须有足够的散热面积，而且所用材料导热性能要好。散热器一般采用铜或铝制成。

散热器又称为水箱，主要由上水室、散热器芯和下水室等组成，如图 4-5 所示。上水室通过进水软管与缸盖上的出水管相通，下水室通过出水软管与水泵进水口相通，上水室上端设有加水口，并用散热器盖密封，下水室设有放水口，必要时可以将散热器内的冷却液放掉。

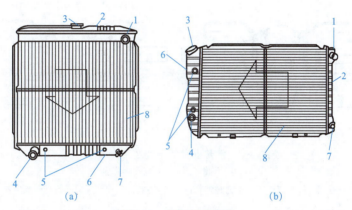

(a) (b)

图 4-5 散热器的结构

（a）纵流式；（b）横流式

1—进水口；2—上水室；3—散热器盖；4—出水口；
5—变速器油冷却器进、出口；6—下水室；7—放水阀；8—散热器芯

1. 散热器芯

散热器芯的构造形式多样，常用的有管片式和管带式两种。

（1）管片式散热器芯。管片式散热器芯由冷却管和散热片组成，如图 4-6（a）所示。冷却管是冷却液的通道，大多采用扁圆形断面，因为扁管与圆管相比，在容积相同的情况下具有较大的散热面积；当管内的水冻结膨胀时，扁管可以借其横断面变形而

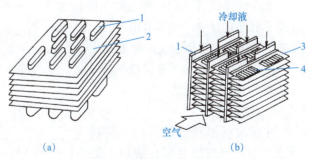

(a) (b)

图 4-6 散热器芯的结构

（a）管片式；（b）管带式

1—散热管；2—散热片；3—散热带；4—缝孔

免于破裂。为了增强散热效果，在冷却管外面横向套装了很多散热片来增加散热面积，同时，增加了整个散热器的刚度和强度。

（2）管带式散热器芯。管带式散热器芯采用冷却管与散热带相间排列的方式，如图 4-6（b）所示。散热带呈波纹状，其上开有形似百叶窗的缝隙，用来破坏空气流在散热带上的附面层，从而提高散热能力。这种散热器芯与管片式相比，具有散热能力

项目 4 冷却系统的检修

强、制造工艺简单、质量轻、成本低等优点；但刚度不如管片式好，一般在使用条件较好的轿车上得到广泛采用。随着我国道路条件的改善，这种管带式管芯在中型货车上也开始采用。

2. 散热器盖

散热器盖的作用是密封水冷系统并调节系统的工作压力。

汽车上广泛采用封闭式水冷系统。该水冷系统的散热器盖内装有压力阀、真空阀和溢流管，如图4-7所示。发动机热态正常时，压力阀和真空阀在弹簧的作用下处于关闭状态，将冷却系统与大气隔开，防止水蒸气逸出。

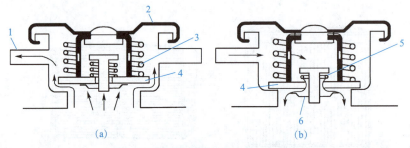

图 4-7　散热器盖的结构及工作原理

（a）压力阀开启；（b）真空阀开启

1—溢流管；2—盖；3—压力阀弹簧；4—压力阀；5—真空阀弹簧；6—真空阀

发动机工作时，冷却液的温度逐渐升高，冷却液体积膨胀，水冷系统内的压力增高，当散热器内部压力升高到一定数值（一般为 0.026 ～ 0.037 MPa），压力阀开启，一部分冷却液经溢流管流入补偿水桶而使水蒸气从通气孔排出，以防止冷却液胀裂散热器。

发动机停机后，冷却液温度下降，水冷系统的压力也随之降低。当压力降到大气压以下出现真空（一般为 0.01 ～ 0.02 MPa）时，真空阀开启，补偿水桶内的冷却液部分流回散热器，可以避免散热器被大气压瘪。

在发动机热状态下开启散热器盖时，应缓慢旋开，使冷却系统内的压力逐渐降低，以免被喷出的热水烫伤。

3. 补偿水桶

补偿水桶也称储液罐，由塑料制造并用软管与散热器加液口上的溢流管连接，如图4-8所示。

补偿水桶的作用是减少冷却系统冷却液的损失。当冷却液受热膨胀后，散热器内多余的冷却液流入补偿水桶；而当温度降低后，散热器内产生一定的真空度，补偿水桶中的冷却液又被吸回散热器内，所以冷却液不会溢出。

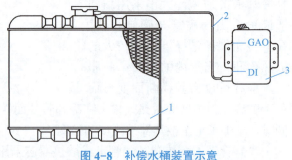

图 4-8　补偿水桶装置示意

1—散热器；2—橡胶软管；3—补偿水桶

补偿水桶上印有两条液面高度标记线:"DI"(低)标记与"GAO"(高)标记或"LOW"(低)标记与"FULL"(充满)标记。当水温在 50 ℃以下时,补偿水桶内液面高度应低于"DI"或("LOW")线。若低于该线,则需要补充冷却液。补充冷却液时可从补偿水桶口加入。在添加冷却液时,桶内液面高度不应超过"GAO"(或"FULL")线。

4. 膨胀水箱

膨胀水箱采用透明塑料制成。其位置稍高于散热器。其工作原理如图4-9所示。

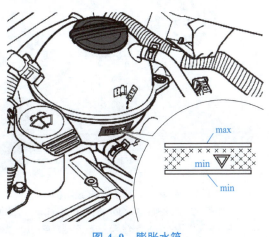

膨胀水箱上部通过散热器出气管和水套出气管分别与发动机散热器及发动机水套相连,膨胀水箱下部通过补充水管和旁通管相连。当发动机工作时,在散热器和水套内产生的水蒸气通过出气管进入膨胀水箱,冷凝成液体后通过补充水管进入水泵。不仅可以减少冷却液的损失,消除水冷系统中的气泡,提高冷却能力,还可以防止金属材料因水冷系统中的空气而腐蚀。

图4-9 膨胀水箱

4.1.4 水泵

1. 水泵的作用与工作原理

水泵的作用是对冷却水加压,加速冷却水的循环流动,保证冷却可靠。车用发动机上大多采用离心式水泵。离心式水泵具有结构简单、尺寸小、排水量大、维修方便等优点。

离心式水泵的工作原理如图4-10所示。离心式水泵主要由泵体、叶轮和水泵轴组成,叶轮一般是径向或向后弯曲的,其数目一般为6～9片。

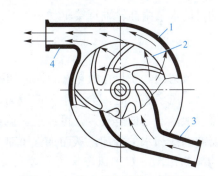

图4-10 离心式水泵的工作原理图
1—水泵壳体;2—叶轮;3—进水管;4—出水管

当叶轮旋转时,水泵中的水被叶轮带动一起旋转,在离心力的作用下,水被甩向叶轮边缘,然后经外壳上与叶轮呈切线方向的出水管压送到发动机水套内。与此同时,叶轮中心处的压力降低,散热器中的水便经进水管被吸进叶轮中心部分。如此连续的作用,使冷却水在水路中不断地循环。如果水泵因故停止工作时,冷却水仍然能从叶轮叶片之间流过,进行热流循环,不至于很快产生过热。

2. 水泵的结构

发动机的离心式水泵如图4-11所示。水泵轴用两套滚珠轴承安装在水泵壳体的轴承座孔中,靠轴承座的台肩和隔套、卡环进行轴向定位。水泵轴的一端装有叶轮,并用螺钉紧固,凸缘盘装在水泵轴的另一端。水泵的叶轮用泵盖、衬垫和螺钉紧固封闭,盖板外缘有孔，是水泵的出水口。水泵水的流动方向如图 4-12 所示。水泵安装在气缸体的前端面上。在叶轮的前端装有水封，防止水泵内腔的水沿水泵轴向前渗漏。

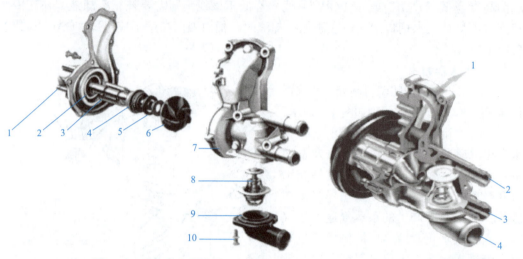

图 4-11　离心式水泵结构

1—外壳；2—水泵轴；3—轴承；4—水封碗；5—挡水圈；
6—叶轮；7—水泵外壳；8—节温器；9—节温器罩；10—紧固螺钉

图 4-12　水泵水的流动方向

1—通向气缸体水套水流；2—气缸盖水套水流；
3—暖风装置与进气歧管水流；4—散热器水流

水泵一般由曲轴通过皮带驱动。传动带环绕在曲轴带轮与水泵带轮之间。有些发动机的水泵由凸轮轴直接驱动。

4.1.5　风扇

风扇通常安装在散热器后面，如图 4-13 所示。风扇旋转时，会产生轴向吸力，增加流过散热器芯的空气量，可加速对流经散热器芯的冷却水的冷却，从而加强了对发动机的冷却作用。对于风扇来说，要求风量大、效率高，以及振动与噪声小，尽量少消耗发动机功率。

目前，轿车和轻型汽车广泛采用电动风扇，它直接由蓄电池驱动，转速与发动机转速无关。电动风扇构造简单，总体布置方便，可以改善发动机预热性能，降低油耗，

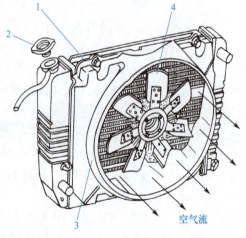

图 4-13　风扇

1—散热器；2—散热器盖；3—导风罩；4—风扇

减少风扇噪声。在发动机运转初期或低温时，电动风扇不运转，当冷却液传感器检测冷却液温度超过一定值时，电子控制单元（ECU）控制风扇电动机运转。

4.1.6　电控冷却系统

电控冷却系统由机械部分和电子控制部分组成。

1. 机械部分的组成

机械部分的基本元件包括水套、散热器、风扇、水泵、补偿水箱。与传统冷却系统不同的是，节温器采用的是电子节温器。

电子节温器安装在冷却液分配单元体的散热器回水管内。蜡元件由于冷却液的温度而熔化形成液态并且膨胀。蜡的膨胀推动反推杆。此外，还在膨胀材料元件中埋入了一个加热电阻。当发动机电子控制单元对该电阻输送电能时，蜡元件会额外升温，控制节温器的开启，如图 4-14 所示。

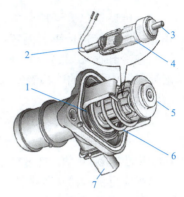

图 4-14　节温器
1—主阀门；2—电阻加热器；3—反推杆；
4—节温器膨胀材料；5—副阀门；
6—压缩弹簧；7—加热器插座

2. 电子控制部分的组成

电子控制部分主要由信号输入装置（传感器）、电子控制单元（ECU）、信号输出装置（执行器）组成，如图 4-15 所示。

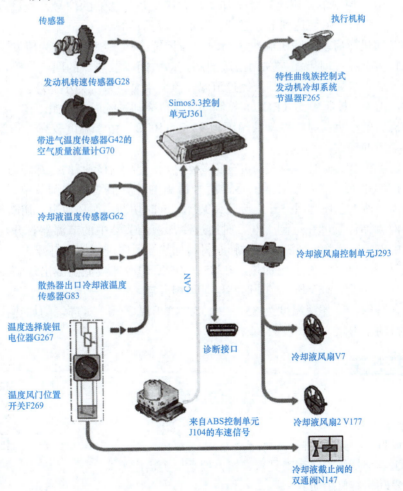

传感器

执行机构

发动机转速传感器G28

带进气温度传感器G42的空气质量流量计G70

冷却液温度传感器G62

散热器出口冷却液温度传感器G83

温度选择旋钮电位器G267

温度风门位置开关F269

Simos3.3控制单元J361

CAN

诊断接口

来自ABS控制单元J104的车速信号

特性曲线族控制式发动机冷却系统节温器F265

冷却液风扇控制单元J293

冷却液风扇V7

冷却液风扇2 V177

冷却液截止阀的双通阀N147

图 4-15　电子控制部分的组成

（1）传感器。为了控制冷却液的温度，需要得到发动机转速、负荷和冷却液温度的信息。通过转速传感器测定发动机转速；通过空气流量计测定负荷。冷却液的实际温度是在冷却循环回路中的两个不同位置测得的：一是直接在发动机冷却液出口处冷却液分配器中测取的冷却液实际温度值 1；二是在散热器冷却液出口内测取的散热器冷却液实际温度值 2。

（2）电子控制单元（ECU）。发动机电子控制单元中存储了电子控制冷却系统的特性曲线。通过对存储在特性曲线中的额定温度与冷却液实际温度值 1 进行比较，得出供给节温器加热电阻的电能输出值。通过对冷却液实际温度值 1 和 2 进行对比，用于电子风扇的控制。

（3）执行机构。从各种计算的结果中得出对系统的控制：

①对节温器加热电阻进行加热，以便打开散热器大循环回路，以此对冷却液温度进行调节。

②启动散热器风扇，以辅助冷却液温度的迅速下降。

3. 电子控制冷却系统的工作原理

发动机电子控制单元（ECU）在程序中已编有电子控制冷却系统的特性图，与传统的发动机电子控制单元相比功能增加了。它接受各传感器的信号，经过分析、处理并驱动执行器工作，从而达到节省燃油，降低排放的目的。

（1）发动机冷启动、暖机和小负荷时。与传统冷却系统一样，为使发动机尽快达到正常工作温度，此时节温器关闭主阀门座，即关闭了散热器的回流管路，打开副阀门座，从气缸盖水套出来的冷却液经过节温器流向水泵，系统为小循环。

此时，由电子控制单元（ECU）控制的发动机冷却系统尚未开始工作。

在暖机后的小负荷时，冷却液温度为 95 ～ 110 ℃。由于温度较高，降低了燃油消耗和有害物质的排放。

（2）发动机全负荷时。当发动机全负荷运转时，要求有较高的冷却能力。

电子控制单元（ECU）根据传感器信号得出的计算值对温度调节单元加载电压，溶解石蜡体，使大循环阀门打开，接通大循环。同时切断小循环通道，切断小循环。

冷却液大循环既可在达到 110 ℃时通过冷却液调节器中的节温器打开，也可根据负荷情况由电子控制单元（ECU）对膨胀材料加热器通电进行加热打开。

通过对膨胀材料元件进行加热，在 85 ～ 95 ℃的冷却液低温区出现满负荷时节温器已经打开。为了辅助冷却，必要时将电子风扇开启。

在全负荷时，冷却液温度为 85 ～ 95 ℃。由于温度低，对进气的加热作用小，提高了发动机的动力。

节温器的拆装与检测

1. 准备工作

（1）设备：台架发动机、工作台。

（2）工具与量具：成套工具盒、扭力扳手、尖嘴钳等。

（3）发动机维修手册。

（4）耗材、工单及其他：记号笔、机油壶、清洁用棉布、工单、手套等。

视频：节温器的拆装与检测

2. 节温器的拆装与检测的工作过程

（1）排除发动机冷却液。

（2）拆下发电机驱动皮带。

（3）拆下节温器进水口水管。

（4）取出节温器。

（5）节温器的检修。将节温器置于水中加热，用温度计检测水温，当水温达到_____℃时，阀门开始开启，水温达到_____℃时，阀门全开达到最大升程为_____mm，如图4-16所示。不同的发动机节温器的开启温度与全开温度会有不同，应与维修手册中的数据进行比较，其中有一项不符合规定值，则应更换节温器。

（6）节温器的安装。

①装入新节温器，并在节温器上安装新垫片。

②将节温器的跳阀对准双头螺栓的上边，将节温器插入进水口壳，跳阀设定在双头螺栓的上边位置10°内（图4-17）。

（7）安装其他元件。

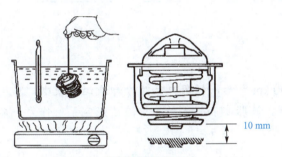 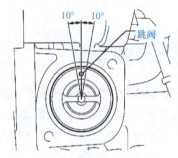

图4-16 节温器的检修方法　　　　图4-17 节温器跳阀位置设定

3. 5S工作

（1）工具量具清洁、收纳、归位。

（2）零件清洁、归位。

（3）维修手册归位。

（4）清洁工作台，耗材按使用情况整理归位或丢入垃圾筒。

（5）实训用台架发动机清洁。

（6）清扫实训场地并清空垃圾，关灯关门。

 任务评价

评价项目	评价指标	分值	自评（20%）	互评（20%）	师评（60%）	合计
知识目标	准确说出节温器的作用	5				
	准确说出节温器的检测标准	10				
	准确说出节温器的工作原理	10				

续表

评价项目	评价指标	分值	自评（20%）	互评（20%）	师评（60%）	合计
能力目标	能够检测节温器的功能是否正常	5				
	能够按照标准拆卸节温器	10				
	能够按照标准检测节温器是否正常	20				
	能够规范安装节温器	10				
素质目标	具备严谨、细致的工作态度	10				
	具备 5S 素质要求	10				
	具备责任意识和风险意识	10				

任务2

更换冷却液

 **任务引入**

一辆 MINI 汽车在行驶了 100 000 km 之后，据用户反映冷却液经常缺少，隔几天就要添加。打开发动机舱盖之后发现，膨胀水箱里面的冷却液已经空了。作为一名维修技术人员，遇到这种情况应该怎样处理？

学习目标

知识目标

1. 了解冷却液的作用。

2. 掌握更换冷却液的标准和方法。

能力目标

1. 能够在车辆上检查冷却液是否充足。

2. 能够按照标准和规范更换冷却液。

素质目标

1. 具备严谨、细致、认真工作的态度和高度的责任心。

2. 具备环保意识和勤俭节约的良好品质。

 **知识链接**

1. 冷却液的成分

现代汽车普遍采用乙二醇型冷却液，它是在软化水中按比例添加防冻剂乙二醇。

配以适量的金属缓蚀剂、阻垢剂、泡沫抑制剂、着色剂等添加剂进行科学调和，达到冬季防冻、夏季防沸，且能防腐、防垢、减轻冷却液泡沫产生等作用，提高冷却效果。

乙二醇是无色略有甜味的黏性液体，其沸点为 197 ℃，可以与水以任意比例混合。

专用冷却液一般呈深绿色或深红色，有一定的毒性，使用时应注意。发现冷却液泄漏应及时检查添加。

2. 冷却液使用过程中的注意事项

（1）选择使用冰点比车辆运行地区最低气温低 10 ℃左右的冷却液产品。

（2）选择产品标识齐全的冷却液产品。

（3）选择无异味的冷却液产品，尽量不要选择过于廉价的冷却液。

（4）到正规店购买冷却液产品，并索要发票。

（5）稀释冷却液浓缩液时，应使用去离子水、蒸馏水或纯净水。

（6）不同品牌、不同配方的冷却液不能混用。补加冷却液时应使用同一品牌、同一冰点的产品。由于冷却液的添加剂配方不同，混合后会破坏添加剂的配合比平衡，从而造成冷却系统的腐蚀。

（7）冷却液不仅防冻，还有防沸、防腐蚀和防水垢等性能，因此应四季通用。

 **任务实施**

更换冷却液

视频：发动机冷却液温度过高的故障诊断　　视频：更换冷却液

1. 准备工作

（1）设备：实训车辆、举升机。

（2）工具与量具：成套工具盒、扭力扳手、橡胶锤、一字螺钉旋具等。

（3）发动机维修手册。

（4）耗材、工单及其他：记号笔、新的冷却液、清洁用棉布、工单、手套等。

2. 更换冷却液的工作过程

（1）检查冷却系统是否漏水，连接软管有无裂纹、老化，接口处是否泄漏，散热器、水泵、储液罐、气缸垫、气缸体和气缸盖是否漏水。

（2）拧下散热器盖。切勿在发动机处于高温的状态下打开散热器盖。一是会有烫伤的风险；二是会有冷却液喷溅出来。在"热车"时放掉冷却液也会影响车辆的降温。

（3）打开散热器及放水阀（图 4-18）。冷却液一定要排放干净。

（4）清洗冷却系统。将一根连接于自来水管的橡胶管插入散热器流入口，打开自来水龙头，使自来水连续不断地流经发动机冷却系统，直到散热器放出清水为止。

图 4-18　散热器及放水阀

注意：在冲洗操作时，要使发动机怠速运转。

（5）关上水龙头，待冷却系统的排水放干净之后，再关上散热器放水阀。

（6）从散热器加水口加入冷却液，使冷却液充满散热器。拧开储液罐盖，加入冷却液，并使液位处在"max"刻度线之下。

（7）盖上散热器盖和储液罐盖，并拧紧。

（8）起动发动机，怠速运转 2 ～ 3 min，拧开散热器盖，补充冷却液。同时，补充补偿水桶中液面到"max"和"min"之间。

（9）盖好散热器盖，注意要在散热器已冷却的状态下观察冷却液中是否有杂质，最终补偿水桶中液面要保持在"max"和"min"之间。

3. 5S 工作

（1）工具与量具清洁、收纳、归位。

（2）零件清洁、归位。

（3）维修手册归位。

（4）清洁工作台，耗材按使用情况整理归位或丢入垃圾筒。

（5）实训用台架发动机清洁。

（6）清扫实训场地并清空垃圾，关灯关门。

 任务评价

评价项目	评价指标	分值	自评（20%）	互评（20%）	师评（60%）	合计
知识目标	准确说出冷却液的作用	5				
	准确说出冷却液的维护周期	10				
	准确说出更换冷却液的标准流程	10				
能力目标	能够检测冷却液的冰点是否正常	5				
	能够检测冷却液的液位是否正常	10				
	能够按照标准更换冷却液	20				
	能够规范处理废冷却液	10				
素质目标	具备严谨、细致的工作态度	10				
	具备 5S 素质要求	10				
	具备责任意识和风险意识	10				

习　题

一、判断题

1. 冷却系统工作中冷却液温度低时实现小循环，温度高时实现大循环。（　　）

2. 冷却系统的作用是将水温降到最低，避免机件受热膨胀变形。（　　）

3. 蜡式节温器失效后无法修复，应按照其安全寿命定期更换。（　　）

4. 选择冷却液时其冰点应比车辆运行地区最低气温低 10 ℃左右。　　（　　）

5. 发动机冷却系统具有自动补偿功能，所以不用检查发动机冷却液系统液位。
　　　　　　　　　　　　　　　　　　　　　　　　　　　　　　（　　）

6. 发动机冷却液一般为乙二醇和水的混合物，所以在更换时必须对冷却液进行回收。　　　　　　　　　　　　　　　　　　　　　　　　　　　　　（　　）

7. 如果发动机冷却液过少，紧急情况下，可以直接注入自来水。　　　（　　）

8. 发动机冷却液一般做成鲜艳的颜色，红色或绿色。　　　　　　　　（　　）

9. 不同品牌、不同配方的冷却液可以混合使用。　　　　　　　　　　（　　）

10. 在汽车行驶中，如果出现发动机过热，冷却液突然沸腾现象，应立即停车熄火检查。　　　　　　　　　　　　　　　　　　　　　　　　　　　　　（　　）

11. 冷却液不足会引起发动机过热。　　　　　　　　　　　　　　　　（　　）

12. 汽车车用发动机上大多采用离心式水泵。　　　　　　　　　　　　（　　）

13. 汽车发动机的冷却风扇广泛采用离心式。　　　　　　　　　　　　（　　）

14. 发动机电动风扇由电瓶供电驱动，由于电瓶电压稳定因此风扇转速变化很小。（　　）

二、选择题

1. 发动机冷却系中锈蚀物和水垢积存的后果是（　　　）。

A. 发动机温升慢　　　　　　　　B. 发动机过热

C. 发动机怠速不稳　　　　　　　D. 发动机热车时间延长

2. 小循环中流经节温器的冷却水将流向（　　　）。

A. 散热器　　　　B. 气缸体　　　　C. 水泵　　　　D. 补偿水桶

3. 关于发动机防冻液的使用方法错误的是（　　　）。

A. 乙二醇型冷却液有一定的毒性，使用时应注意

B. 补加冷却液时，应选用相同颜色的冷却液

C. 冷却液可以四季通用

D. 选择产品标识齐全的冷却液产品

4. 关于水冷却系统，以下描述不正确的是（　　　）。

A. 水泵对冷却水加压，强制冷却水流动

B. 风扇促进散热器的通风，提高散热器的热交换能力

C. 散热器将冷却水的热量散入大气

D. 膨胀水箱建立封闭系统，减少空气对冷却系统氧化，但不能减少冷却水的流失

5. 可让水箱经常保持在正常水位的是（　　　）。

A. 水箱盖　　　　B. 节温器　　　　C. 溢流管　　　　D. 储液箱

6. 水冷式冷却系统中，能使发动机温度迅速升高的零件时（　　　）。

A. 水箱　　　　B. 水套　　　　C. 节温器　　　　D. 水泵

7. 发动机冷却液的沸点一般应高于（　　　）℃。

A. 80　　　　B. 90　　　　C. 100　　　　D. 105

8. 冷却液中不含有以下（　　　）成分。

A. 水　　　　　　　　　　B. 防止腐蚀的添加剂

C. 防冻剂　　　　　　　　　　　　D. 乙醇

9. 发动机冷却液的一般工作温度为（　　）℃。

A. 60　　　　　B. 70　　　　　C. 80　　　　　D. 90

10. 在冷却液的选用上，一般选择冷却液的凝固点比当地极端天气低（　　）℃。

A. 5　　　　　B. 10　　　　　C. 15　　　　　D. 20

11. 关于水箱盖，下列说法正确的是（　　）。

A. 只有压力阀　　　　　　　　　　B. 只有蒸汽阀

C. 既有压力阀，又有蒸汽阀　　　　D. 压力阀和蒸汽阀都没有

12. 下列不会引起发动机过热的是（　　）。

A. 电动风扇不转　　　　　　　　　B. 气缸热装错

C. 不安装节温器　　　　　　　　　D. 机油量不足

13. 如果发动机过热，用手摸散热器，发现散热器温度较低，不可能的原因是（　　）。

A. 橡胶软管吸瘪变形　　　　　　　B. 节温器有问题

C. 水泵不转　　　　　　　　　　　D. 发动机超负荷运转

14. 在发动机刚启动时，电动风扇的转速为（　　）。

A. 0　　　　　B. 低速　　　　　C. 中速　　　　　D. 高速

15. 下列元件中，（　　）不能调节发动机水冷却系统的冷却强度。

A. 电动风扇　　　　B. 水泵　　　　C. 节温器

16. （　　）的转速与发动机转速无关。

A. 电动风扇　　　　B. 水泵　　　　C. 机油泵

项目 5
润滑系统的检修

项目描述

　　润滑系统是保证发动机正常工作的主要系统，在掌握润滑系统主要元件的布置与结构的基础上，掌握润滑系统各元件的作用与类型、结构与原理，同时掌握润滑系统主要元件的拆装与检测、维护与修理，掌握润滑油的性能与润滑油及机滤的更换方法，只有这样才能够根据发动机润滑系统的故障现象分析原因、排除故障。

🚗 任务 1

润滑系统主要元件的检修

任务引入

　　一辆 2012 款 1.8T 迈腾车辆在行驶过程中发生事故，底盘托底后油底壳与路面障碍物碰撞导致油底壳和机油泵损坏。更换机油泵和油底壳后，发动机启动困难，启动后仪表报警，机油压力不足。遇到这种故障，应该怎么诊断与排除？

学习目标

知识目标

1. 了解润滑系统的工作原理。
2. 掌握机油泵的工作原理和检测方法。

能力目标

1. 能够检查车辆润滑系统是否正常。

2．能够正确检修润滑系统主要元件并排除相关故障。

素质目标

1．具备团队协作的意识。

2．具备勤俭节约、艰苦奋斗的良好品质。

 知识链接

5.1.1 润滑系统概述

1．润滑系统的作用

发动机在工作时，各运动零件均以一定的力作用在另一个零件上，并且发生高速的相对运动。相对运动的零件必然因相互摩擦而消耗发动机的一部分功率，同时引起发热和磨损。为保证发动机的正常工作，必须对相对运动零件的表面加以润滑，以减小摩擦阻力，降低功率消耗，减小机件磨损，延长发动机的使用寿命。润滑系统的主要作用如下：

（1）润滑作用：润滑运动零件表面，减小摩擦阻力和磨损，减小发动机的功率消耗。

（2）冷却作用：润滑油流经各零件表面时可带走摩擦产生的热量，起冷却作用。

（3）清洗作用：机油在润滑系统内不断循环，清除零件表面的金属磨屑，带走磨屑及空气带入的尘土及燃烧产生的炭粒等杂质。

（4）防锈蚀作用：在零件表面形成油膜，对零件表面起保护作用，防止腐蚀生锈。

（5）密封作用：在运动零件之间形成油膜，提高它们的密封性，有利于防止漏气或漏油。

（6）液压作用：润滑油还可用作液压油，如液压挺柱，起液压作用。

（7）减振缓冲作用：在运动零件表面形成油膜，吸收冲击并减小振动，起减振缓冲作用。

现代汽车发动机均采用压力润滑和飞溅润滑相结合的复合润滑方式，而对一些分散的部位，如发动机水泵轴承、发电机和起动机等总成的润滑，采用定期加入润滑脂的方式进行润滑。

2．润滑系统的油路

现代汽车发动机润滑油路的布置方案大致相似，只是由于润滑系统的工作条件和具体结构的不同而稍有差别。发动机润滑系统油路示意如图5-1所示。

当发动机工作时，机油泵从油底壳中吸取机油，经由机油滤清器过滤后的机油在机油滤清器支架内分为三路：第一路进入气缸体主油道，经主油道将机油分配到各曲轴主轴承，再由曲轴上的斜油孔通往各连杆轴承，由连杆体上的油孔通往连杆小头衬套；第二路通过气缸体内油道，通向气缸体上平面油道，再进入气缸盖主油道，由此将机油分配到各凸轮轴轴颈和液压挺柱；第三路通往一个限压阀，正常工作时限压阀不打开，但当油道内的压力达到限压阀的开启压力时，限压阀打开，将部分机油旁通流回油底壳。

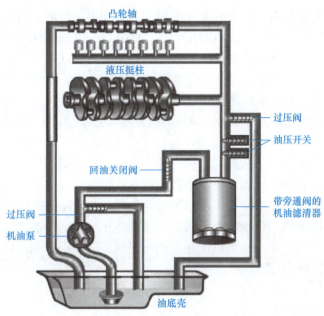

凸轮轴

液压挺柱

过压阀

油压开关

回油关闭阀

带旁通阀的
机油滤清器

过压阀

机油泵

油底壳

图 5-1　发动机润滑系统油路示意

3．润滑系统的组成

为了保证发动机得到正常的润滑，发动机润滑系统一般由机油滤清器、机油泵、油底壳、限压阀、旁通阀、机油压力表及机油冷却装置等组成。

（1）机油滤清器：过滤混在机油内的发动机零件的金属磨屑和其他机械杂质等，以及机油本身生成的胶质。

（2）机油泵：为进行润滑和保证机油循环而建立足够油压。

（3）油底壳：储存润滑油的容器。

（4）限压阀：限制最高油压的装置。

（5）旁通阀：在机油滤清器堵塞时打开，机油泵输出的润滑油直接进入主油道。旁通阀、限压阀等为安全限压装置。

（6）机油压力表：指示润滑油压力。

（7）机油冷却装置：油底壳能使机油冷却，对于负荷大的发动机，专门设计机油散热器以加强冷却。

5.1.2　机油泵

发动机上采用的机油泵可分为齿轮式和转子式两种。机油泵的功能是把一定量的机油压力升高，强制性地将机油压力送到发动机各摩擦表面。

视频：机油泵
的结构

1．齿轮式机油泵

外啮合齿轮式机油泵（简称机油泵）的工作原理如图 5-2 所示。机油泵壳体内装有一对主从动齿轮。主动齿轮由凸轮轴上的斜齿轮或曲轴前端齿轮驱动，两齿轮与壳体内壁之间的间隙很小。发动机工作时，齿轮按图 5-2 所示的箭头方向旋转，进油腔由于轮齿向脱离啮合方向高速运动而产生一定的真空度，润滑油便从进油口被吸入并

充满进油腔。齿轮旋转时，把齿间所存的润滑油带到出油腔内。由于出油腔一侧轮齿进入啮合，润滑油处于被压状态，油压升高，润滑油便经出油口被不断地压出。

机油泵工作时，一部分润滑油将随齿轮的转动被封闭在啮合齿的齿隙中，产生很高的压力作用在主、从动轴上，这不仅增加了功率消耗，而且加剧了轴孔之间的磨损。为此，在泵盖上对应啮合齿隙处铣出一条卸压槽与出油腔相连，以降低润滑油的压力。

外啮合齿轮式机油泵由于结构简单、制造方便、工作可靠，因而应用广泛。

在一些汽车发动机上采用了内啮合齿轮式机油泵，其工作原理如图5-3所示。这种机油泵的机体内腔装有外齿圈，内齿轮的中心线与外齿圈的中心线不同心，啮合后留有一牙形空腔，在该空腔处设置一个月牙形块，将内、外齿分开。内齿轮为主动齿轮，工作时，润滑油从进油口吸入两齿轮轮齿之间，小齿轮各齿之间带入的润滑油被推向出油口，并随着内、外齿间啮合间隙的逐渐减小，使润滑油加压流入油道。泵的出油口装有限压阀，若出油口处机油压力超出正常范围，限压阀开启，部分机油经此阀门泄入油底壳以减小出油压力。

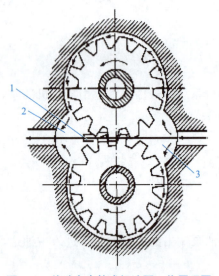

图5-2　外啮合齿轮式机油泵工作原理图

1—卸油槽；2—出油腔；3—进油腔

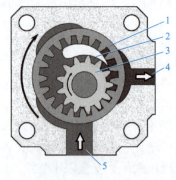

图5-3　内啮合齿轮式机油泵工作原理图

1—外齿圈；2—月牙块；3—内齿轮；4—出油腔；5—进油腔

2. 转子式机油泵

转子式机油泵主要由内转子、外转子和油泵壳体组成。其结构与工作原理如图5-4所示。内转子有4个外齿，通过键固定于主动轴上；外转子有5个内齿，外圆柱面与壳体配合。内外转子有一定的偏心距，外转子在内转子的带动下转动。壳体上设有进油口和出油口。

在内外转子的转动过程中，转子每个齿的齿形齿廓线上总能互相成点接触。因此，在内、外转子之间形成了四个互相封闭的工作腔。由于外转子总是慢于内转子，这4个工作腔在旋转过程中不但位置改变，而且容积大小也在改变。每个工作腔总是在最小时与壳体上的进油孔接通，随后容积逐渐变大，形成真空，把机油吸进工作腔。当该容积旋转到与泵体上的出油孔接通且与进油孔断开时，容积逐渐变小，工作腔内压力升高，将腔内机油从出油孔压出。直至容积变为最小，又与进油孔接通开始进油为止。与此同时，其他工作腔也在进行着同样的工作过程。

转子式机油泵结构紧凑，吸油真空度大，泵油量大，供油均匀度好。安装在曲轴箱外位置较高处时，也能很好地供油。

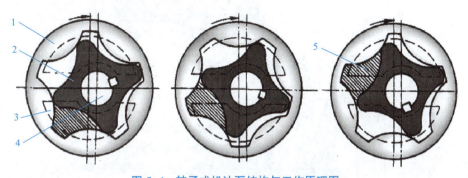

图 5-4　转子式机油泵结构与工作原理图
1—外转子；2—内转子；3—进油口；4—传动轴；5—出油口

5.1.3　机油滤清器

机油滤清器串联于机油泵与主油道之间，用来过滤润滑油中的杂质、磨屑、油泥和水分等杂物，将清洁的润滑油送到各润滑部位。

机油滤清器大多采用纸质滤芯，如图 5-5 所示，其主要由外壳、滤芯和盖板等组成。滤芯安装于外壳滤芯底座和端盖下端面之间。端盖与外壳之间用密封圈固定，端盖通过螺栓固定于缸体，并与缸体上相应的油孔对齐。

图 5-5　纸质滤芯式机油滤清器
1—外壳；2—旁通阀；3—中心管；4—上端盖；5—盖板；6—密封圈；7—止回阀；8—滤纸；9—弹簧

机油滤清器结构及工作原理如图 5-6 所示。机油推开止回阀，进入滤芯的外围四周，通过滤芯的过滤，然后从滤芯中心排出。机油滤清器开口处的止回阀用于防止聚积在滤芯外围四周的污染物，在发动机停机时流回发动机内。如果机油滤清器的滤芯堵塞，则滤芯内侧和外侧就产生压差，并逐渐增大。当压差达到设定值时，旁通阀打开，此时机油并未通过滤芯就被送至被润滑零件。这样，虽然防止了因滤芯堵塞而造成的润滑不良，但是送入的是脏油。所以，必须定期更换机油滤清器。

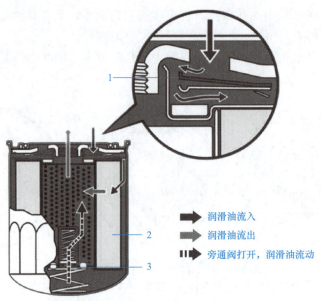

润滑油流入
润滑油流出
旁通阀打开，润滑油流动

图 5-6 纸质滤芯式滤清器结构及工作原理
1—止回阀；2—滤芯；3—旁通阀

5.1.4 集滤器

集滤器一般是滤网式，安装在机油泵前面，滤网位于油底壳中，吸油管与机油泵入口相连接。它的主要作用是防止大颗粒杂质进入机油泵。目前，汽油发动机通常采用的集滤器，如图 5-7 所示。集滤器位于机油液面以下，可防止油面上的泡沫被吸入润滑系统，润滑可靠，结构简单。

图 5-7 集滤器

5.1.5 机油冷却器

如果发动机机油的温度未升至 100 ℃以上，这是最优状态。但是，如果温度升至 125 ℃以上，则发动机的润滑性能将急剧下降。为保持润滑性能，有些发动机装备了机油冷却器。

机油冷却器置于冷却水路中，利用冷却水的温度来控制润滑油的温度。当润滑油温度高时，靠冷却水降温，发动机启动时，则从冷却水吸收热量使润滑油迅速提高温度。

正常状态下，全部机油都应流入机油冷却器，经冷却后再流向发动机各个部分。

在较低温度时，机油黏度较高，易于产生较高的油压。当机油冷却器流入侧和流出侧的压差上升至超过规定值时，旁通阀打开。来自机油泵的机油将从机油冷却器旁通油路，直接流至发动机的其他部分，从而防止烧损故障。

机油冷却器由铝合金铸成的壳体、前盖、后盖和铜芯管组成。为了加强冷却，管外又套装了散热片。冷却水在管外流动，润滑油在管内流动，两者进行热量交换。也有使油在管外流动，而水在管内流动的结构，如图 5-8 所示。

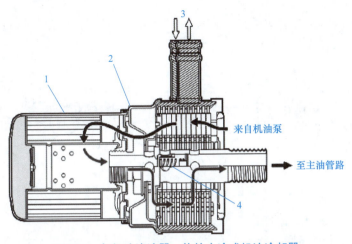

图 5-8　与机油滤清器一体的水冷式机油冷却器

1—机油滤清器；2—机油冷却器；3—发动机冷却液；4—旁通阀

机油泵的拆装及检测

视频：机油泵
的拆装与检测

1. 准备工作

（1）设备：1ZR-FE 发动机。

（2）工具与量具：成套工具盒、螺钉旋具、扭矩扳手、水泵皮带轮 SST。

（3）发动机维修手册。

（4）耗材、工单及其他：记号笔、清洁用棉布、手套等。

2. 机油泵的拆卸的工作过程

（1）拆卸正时链条盖分总成及正时链条。

（2）拆下曲轴正时齿轮。

（3）拆卸 2 号链条分总成。

①暂时紧固曲轴皮带轮螺栓。

②顺时针转动曲轴 90°，将机油泵驱动轴链轮调节孔与机油泵槽对准（图 5-9）。

③拆下曲轴皮带轮螺栓。

④将一个直径为 3 mm 的杆插入机油泵驱动轴链轮调节孔，以便将齿轮锁定定位，然后拆下螺母（图 5-10）。

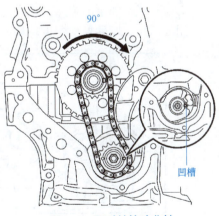

图 5-9　顺时针转动曲轴

⑤拆下螺栓、链条张紧器盖板和弹簧。

⑥拆下曲轴正时链轮、机油泵驱动轴齿轮和 2 号链条分总成。

（4）拆卸曲轴位置信号盘。

（5）拆卸油底壳分总成器。

（6）拆下螺栓，拆卸机油泵总成（图 5-11）。

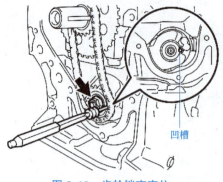

凹槽

图 5-10　齿轮锁定定位

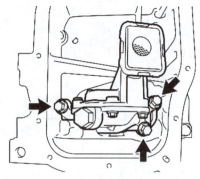

图 5-11　拆下机油泵总成

3．机油泵检测的工作过程

（1）机油泵性能试验。

①简易试验法：径向和轴向推拉、晃动主动轴，有间隙但不松旷，表明磨损不严重。然后把集滤器浸入清洁的机油中，用手按工作时的转向转动机油泵主动轴，机油应从出油口流出。用手堵住出油口，继续转动机油泵，手指应有压力感，同时，感到转动主动轴的阻力明显增大，直至转不动或机油被压出，则表明机油泵技术状况良好，可以继续使用。否则应拆检修理或更换总成。

②试验台试验法：将机油泵安装在试验台上。检测泵油量及泵油压力，机油泵压力可以通过增减限压阀弹簧座处的垫片来调整。

（2）机油泵的拆检。由于机油泵工作时，润滑条件好，零件磨损速度慢，使用寿命长，因此可以根据它的工作性能确定是否需要拆检和修理。

如果机油泵性能达不到要求，应解体机油泵，检测机油泵零件的磨损情况。机油泵零件磨损会造成泄漏，使泵油压力降低和泵油量减少。

①齿轮式机油泵的检测。用厚薄规检查机油泵的齿侧间隙［图 5-12（a）］。用刀口尺和厚薄规检测齿轮端面到泵盖端面的端面间隙［图 5-12（b）］。

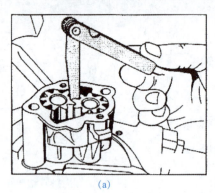

（a）

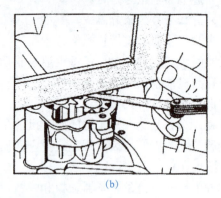

（b）

图 5-12　齿轮式机油泵的检测方法
（a）检测齿侧间隙；（b）检测端面间隙

②转子式机油泵的检测。用刀口尺和厚薄规检测转子端面到泵盖端面的端面间隙［图 5-13（a）］。

用厚薄规检查外转子与泵壳内圆间隙［图 5-13（b）］。

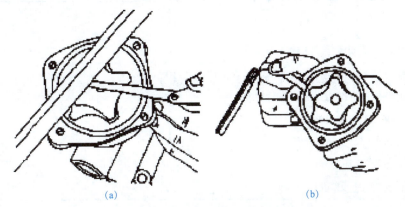

图 5-13　转子式机油泵的检测方法
（a）检测端面间隙；（b）检测转子与泵壳内圆间隙

机油泵磨损后，各部分之间的间隙大于使用限度应更换零件或更换总成。机油泵各部间隙的使用极限见表 5-1。

表 5-1　机油泵的间隙

结构类型	使用限度 /mm			
	泵体间隙	转子或齿轮啮合间隙	端面间隙	泵轴间隙
外齿轮式	0.20	0.25	0.15	0.15
内齿轮式	0.20	0.20	0.20	0.15

4. 机油泵安装的工作过程
按与拆装机油泵相反的顺序正确安装机油泵。

5. 5S 工作
（1）工具与量具清洁、收纳、归位。
（2）零件清洁、归位。
（3）维修手册归位。
（4）清洁工作台，耗材按使用情况整理归位或丢入垃圾筒。
（5）清洁实训用台架发动机。
（6）清扫实训场地并清空垃圾，关灯关门。

 **任务评价**

评价项目	评价指标	分值	自评（20%）	互评（20%）	师评（60%）	合计
知识目标	熟悉润滑系统的工作原理	5				
	分析机油泵的工作过程	10				
	说出机油滤清器的更换标准	10				

续表

评价项目	评价指标	分值	自评（20%）	互评（20%）	师评（60%）	合计
能力目标	能够检测润滑系统工作是否正常	5				
	能够按照标准检测机油滤清器是否正常	10				
	能够按照标准对机油泵进行检修	20				
	能够规范更换机油泵	10				
素质目标	具备严谨、细致的工作态度	10				
	具备5S素质要求	10				
	具备责任意识和风险意识	10				

🎯 任务2

更换发动机润滑油与机油滤清器

 任务引入

　　一辆大众捷达轿车，行驶里程为 37 400 km。怠速时机油压力报警灯闪亮，气门间隙调节器有"啪啪"异响，发动机转速在 2 100 r/min 以上时，蜂鸣器发出报警，作为车辆维修技术人员，应该怎样排除该故障？

 学习目标

知识目标

1．了解发动机润滑油的特性。

2．掌握更换发动机润滑油的方法。

能力目标

1．能够在车辆上更换发动机润滑油。

2．能够按照标准和规范更换润滑油与机油滤清器。

素质目标

1．具备严谨、细致、认真工作的态度和高度的责任心。

2．具备环保意识和节约意识。

视频：发动机润滑油与机油滤清器

 **知识链接**

　　汽车发动机润滑油简称机油，是车用润滑油中用量最大的，并且性能要求较高，

品种要求繁多，工作条件非常苛刻的一种润滑油。发动机润滑油的主要起到润滑、冷却、清净、密封和防蚀等作用。

1. 发动机润滑油的分类

目前，国际上许多国家发动机润滑油采用 API 质量分类法和 SAE 黏度分类法。

（1）按照质量等级分类。参照国际通用的 API 质量分类法，我国国家标准《内燃机油分类》（GB/T 28772—2012）可将发动机润滑油分为汽油机油系列（S 系列）和柴油机油系列（C 系列）两类，每一系列按油品特性和使用场合的不同又分为若干等级。汽油机油系列共有 SE、SF、SG、SH、SJ、SL、SM、SN 八个等级；柴油机油系列共有 CC、CD、CF、CF-2、CF-4、CG-4、CH-4、CI-4、CJ-4 九个等级，同时，还废除了 SA、SB、SC、SD 和 CA、CB、CD-Ⅱ、CE 八个等级。各类润滑油油品等级号越靠后使用性能越好。

（2）按照黏度分类。参照美国汽车工程师学会 SAE 的标准，我国国家标准《内燃机油黏度分类》（GB/T 14906—2018）可将润滑油分为冬季用油（W 级）和非冬季用油。

①冬季用油共有 0 W、5 W、10 W、15 W、20 W 和 25 W 六个等级。等级号越小，其低温黏度越小，低温流动性越好，所能适应的温度越低。

②非冬季用油共有 20、30、40、50 和 60 五个等级。等级号越大，黏度越大，适应温度越高。

2. 发动机润滑油的选择

发动机润滑油的选择应兼顾使用性能级别的选择和黏度级别的选择两个方面。

（1）发动机润滑油使用性能级别的选择。发动机润滑油使用性能级别的选择，主要根据发动机性能、结构、工作条件和燃料品质。

柴油机油使用性能级别的选择主要根据发动机的平均有效压力、活塞平均速度、发动机油负荷、使用条件和轻柴油的硫含量。

（2）黏度级别的选择。发动机润滑油黏度级别的选择，主要根据气温、工况和发动机的技术状况。发动机润滑油的黏度要保证发动机低温易于启动，而走热后又能维持足够黏度，保证正常润滑。

发动机润滑油黏度等级与适用温度范围见表 5-2。

表 5-2 发动机润滑油黏度等级与适用温度范围

SAE 黏度级别	适用气温
5 W/30	− 30 ～ 30 ℃
10 W/30	− 25 ～ 30 ℃
15 W/30	− 20 ～ 30 ℃
15 W/40	− 20 ～ 40 ℃
20 W/20	− 15 ～ 20 ℃
30	− 10 ～ 30 ℃
40	− 5 ～ 40 ℃

任务实施

更换发动机润滑油及机油滤清器

1. 准备工作

（1）设备：举升机、配备 1ZR-FE 发动机的实训车辆、机油回收车。

（2）工具与量具：组合工具箱、扭力扳手、专用工具。

（3）发动机维修手册。

（4）耗材、工单及其他：清洁用棉布、白纸、工单、手套、垫圈、滤清器、机油等。

视频：发动机 机油压力过低 的故障诊断　　视频：发动机 机油与机滤的 更换

2. 更换发动机润滑油及机油滤清器的工作过程

以配备 1ZR-FE 发动机的丰田卡罗拉实训车辆为例，说明车上检查发动机机油、更换发动机机油与机滤的过程。

（1）车上检查的工作过程。

①检查发动机机油油位。使发动机暖机，然后停机并等待 5 min。检查并确认发动机机油油位处在油位计的低油位和满油位标记之间。如果机油油位过低，检查是否漏油并加注机油至标尺满油位标记处。

②检查发动机机油质量。检查机油是否变质、变色或变稀，以及油中是否混水。若机油质量明显不佳，则更换机油。

③检查机油压力。断开机油压力开关连接器，拆下机油压力开关，安装机油压力表。使发动机暖机，检查机油压力。正常压力见表 5-3。如果油压不符合规定，检查机油泵。

检测完成后，在机油压力开关的 2 个或 3 个螺纹上涂抹胶粘剂。安装机油压力开关，用规定力矩拧紧。连接机油压力开关连接器，并检查发动机机油是否泄漏。

注意：安装后至少 1 h 内不要起动发动机。

表 5-3　机油压力

怠速	3 000 r/min 时
25 kPa 或更高	150 ～ 550 kPa

（2）更换机油和机油滤清器的工作过程。

①排空发动机机油。拆下机油加注口盖，举升车辆，拆下放油螺塞，并将机油排放到一个容器中。

清洗机油放油螺塞，用新衬垫加以安装，用规定扭矩拧紧。

②用机滤扳手拆卸机油滤清器分总成。

③安装机油滤清器分总成。检查并清洗机油滤清器的安装面，在新机油滤清器的衬垫上涂抹一层干净的发动机机油。将机油滤清器轻轻地旋到位并拧紧，直到衬垫刚接触机油滤清器底座。然后根据可利用的工作空间，使用下列方法中的一种方法紧固机油滤清器。

a. 如果有足够的空间，用扭矩扳手紧固机油滤清器到规定扭矩。

b. 如果没有足够的空间使用扭矩扳手，用棘轮扳手将机油滤清器紧固 3/4 圈。

④车辆降至地面，添加新的发动机机油并安装机油加注口盖。按车辆使用说明书的要求选择等级性能合适的机油。1ZR-FE 发动机加注的机油量见表 5-4。

表 5-4　1ZR-FE 发动机加注的机油容量

机油滤清器更换时放空后的重新加注量	不更换机油滤清器时放空后的重新加注量	净注入量
4.2 L	3.9 L	4.7 L

⑤发动机启动暖机数分钟后，举升车辆至高位，确认放油螺塞、油底壳安装面、机油滤清器安装面等部位是否存在机油泄漏。

3. 5S 工作

（1）工具与量具清洁、收纳、归位。

（2）零件清洁、归位。

（3）维修手册归位。

（4）清洁工作台，耗材按使用情况整理归位或丢入垃圾筒。

（5）清洁实训用车辆。

（6）清扫实训场地并清空垃圾，关灯关门。

任务评价

评价项目	评价指标	分值	自评（20%）	互评（20%）	师评（60%）	合计
知识目标	熟悉润滑油的特性	5				
	准确说出润滑油的分类标准	10				
	说出机油滤清器的更换标准	10				
能力目标	能够检测车辆润滑油是否正常	5				
	能够按照标准检测机油滤清器是否正常	10				
	能够按照标准更换润滑油	20				
	能够规范更换机油滤清器	10				
素质目标	具备严谨、细致的工作态度	10				
	具备 5S 素质要求	10				
	具备责任意识和风险意识	10				

习　题

一、判断题

1. 转子式机油泵的外转子有一定的偏心距，在内转子的带动下转动。　（　　）

2. 转子式机油泵的特点是结构紧凑，吸油真空度大，泵油量大，供油均匀性好。

（　　）

3. 润滑油路中的油压越高越好。　　　　　　　　　　　　　　　　（　　）

4. 为既保证各润滑部位的润滑要求，又减少机油泵的功率消耗，机油泵实际供油量一般应与润滑系统需要的循环油量相等。　　　　　　　　　　　　　　（　　）

5. 一般用厚薄规检测齿轮式机油泵的齿侧间隙。　　　　　　　　　（　　）

6. 加注润滑油时，加入量越多，越有利于发动机的润滑。　　　　　（　　）

7. 更换发动机机油时，应同时更换或清洗机油滤清器。　　　　　　（　　）

8. 过滤式机油滤清器的滤芯可反复使用。　　　　　　　　　　　　（　　）

9. 机油冷却器大多采用水冷式。　　　　　　　　　　　　　　　　（　　）

10. 由于机油粗滤器串联于主油道中，因此一旦粗滤器堵塞，主油道中机油压力便会下降为零。　　　　　　　　　　　　　　　　　　　　　　　　　（　　）

11. 油压警告灯是机油压力过低的警告装置。　　　　　　　　　　　（　　）

12. 如果发动机机油温度升高到 80 ℃ 以上，发动机润滑性能将会急剧下降。

（　　）

13. 机油泵限压阀弹簧折断，会造成发动机机油压力过高。　　　　　（　　）

14. 机油油量不足或机油黏度过低会造成机油压力低。　　　　　　　（　　）

15. 曲轴主轴承与轴径的配合间隙过大，则机油压力下降，油膜难以形成。所以，配合间隙越小，油膜越易形成。　　　　　　　　　　　　　　　　　　（　　）

二、选择题

1. 机油泵常用的形式有（　　　）。

　　A. 齿轮式与膜片式　　　　　　　　B. 转子式和活塞式

　　C. 转子式与齿轮式　　　　　　　　D. 柱塞式与膜片式

2. 发动机润滑系中润滑油的正常油温是（　　　）。

　　A. 40 ~ 50 ℃　　　　　　　　　　B. 50 ~ 70 ℃

　　C. 70 ~ 90 ℃　　　　　　　　　　D. 大于 100 ℃

3. 活塞通常采用的润滑方式是（　　　）。

　　A. 压力润滑　　　　　　　　　　　B. 飞溅润滑

　　C. 两种润滑方式都有　　　　　　　D. 润滑方式不确定

4. 齿轮式机油泵的进油腔是在轮齿向（　　　）方向高速运动时产生一定的真空度而吸入机油。

　　A. 进入啮合　　　　　　　　　　　B. 脱离啮合

　　C. 顺时针　　　　　　　　　　　　D. 逆时针

5. 机油细滤器上设置低压限制阀的作用是（　　　）。

　　A. 机油泵出油压力高于一定值时，关闭通往细滤器油道

　　B. 机油泵出油压力低于一定值时，关闭通往细滤器油道

　　C. 使进入机油细滤器的机油保证较高压力

　　D. 使进入机油细滤器的机油保持较低压力

6. SAE 黏度级别为 5 W/30 的机油适用的气温范围是（   ）。
   A. −25 ～ 30 ℃   B. −30 ～ 30 ℃
   C. −20 ～ 40 ℃   D. −10 ～ 30 ℃

7. 润滑系统中机油粗滤器上装有旁通阀，其作用是（   ）。
   A. 保证主油道中的最小机油压力
   B. 防止主油道过大的机油压力
   C. 防止机油粗滤器滤芯损坏
   D. 在机油粗滤器滤芯堵塞后仍能使机油进入主油道内

8. 机油粗滤器上装有旁通阀，当滤芯堵塞时，旁通阀打开，（   ）。
   A. 使机油不经过滤芯，直接流回油底壳
   B. 使机油直接进入细滤器
   C. 使机油直接进入主油道
   D. 使机油流回油底壳

9. 新安装的发动机，若曲轴主轴承间隙偏小，将会导致机油压力（   ）。
   A. 过高   B. 过低
   C. 略偏高   D. 略偏低

10. 若曲轴主轴承、连杆轴承或凸轮轴轴承间隙过大，会造成（   ）。
    A. 机油压力过高   B. 机油压力过低
    C. 机油压力不确定   D. 机油压力一定

项目 6
空气供给系统的检修

项目描述

空气供给系统是发动机的重要组成部分。在掌握空气供给系统主要元件的布置与结构的基础上，掌握节气门体、空气滤清器、进气管、可变配气相位及气门升程控制系统、废气涡轮增压控制系统等元件的作用、结构、类型、维护与检修方法，同时，掌握进气歧管压力传感器、空气流量传感器、节气门位置传感器等主要传感器的作用及类型、结构及原理、维护与检修方法，只有这样才能够深入地掌握空气供给系统的结构与工作原理，才能够根据空气供给系统的故障现象分析原因、排除故障。

任务 1

进气歧管压力传感器的检修

任务引入

一辆 2009 款 1.6 L 北京现代伊兰特汽车，行驶里程为 14 257 km，据用户反映车辆起步困难，行驶中偶尔熄火，起动正常，低速加速迟缓，当车速达到 50 km/h 后行驶加速正常，发动机故障灯没有点亮。经检测是发动机进气歧管压力传感器的故障。如果遇到这种故障现象，应该怎么排除故障？

学习目标

知识目标

1. 了解进气歧管压力传感器的工作原理。
2. 掌握进气歧管压力传感器的结构特点及电路分析方法。

能力目标

1. 能够在车辆上准确找到进气歧管压力传感器。

2．能够通过与客户交流、查阅技术资料等方式获取进气歧管压力传感器相关信息。

3．能够正确检修进气歧管压力传感器并排除相关故障。

素质目标

1．具备严谨、细致、认真工作的态度和高度的责任心。

2．具备勤俭节约、艰苦奋斗的良好品质。

6.1.1　空气供给系统概述

空气供给系统用于将大气中的空气过滤后，按照负荷的不同向发动机提供不同量的清洁空气。负荷越大，所提供的空气越多；反之，负荷越小，所提供的空气也越少。

空气供给系统主要由进气量传感器、进气温度传感器、节气门位置传感器、进气歧管、怠速控制装置及空气滤清器等组成，如图 6-1 所示。

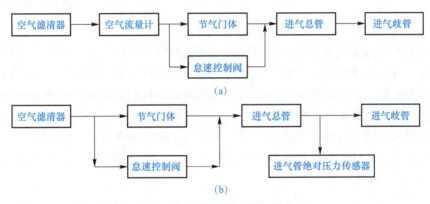

图 6-1　空气供给系统的组成

(a) L 型空气供给系统；(b) D 型空气供给系统

（1）D 型空气供给系统：是利用压力传感器检测进气歧管内的绝对压力，其采用测量进气量的方法属于间接测量方法。电子控制单元根据歧管绝对压力和发动机转速来计算吸入气缸的空气量。由于空气在进气歧管内流动时会产生压力波动，发动机怠速（节气门关闭）时的进气量与汽车加速（节气门全开）时的进气量之差可达40倍以上，进气气流的最大流速可达 80 m/s，因此，D 型燃油喷射系统的测量精度较低，但控制系统的成本比较低。

（2）L 型空气供给系统：是利用流量传感器直接测量吸入进气管的空气流量。L 型空气供给系统安装在空气滤清器至节气门之间的进气通道上。因为其采用直接测量方法，所以进气量的测量精度较高，控制效果优于 D 型燃油喷射系统。

6.1.2　进气管

进气管一般包括进气软管、进气总管和进气歧管。进气软管连接空气滤清器和节气门体；进气总管连接节气门体和进气歧管，上面有为其他系统提供真空的真空管；进气歧管是指进气总管与气缸盖进气道之间的管路。各缸进气歧管长度应尽可能相等，以保证气体尽可能均匀地分配到各个气缸，且内壁尽可能光滑，减少流动阻力，提高进气效率。现代发动机的进气歧管通常使用塑料复合材料或铝合金材料制造。塑料复合材料进气歧管可塑性好、质量轻、成本低，内表面光滑，可以加工出各种不同形状，提高充气效率，如图6-2所示。铝合金进气歧管强度高，多用于增压发动机，如图6-3所示。

图6-2　塑料复合材料进气歧管　　　　图6-3　铝合金材料进气歧管

6.1.3　进气歧管压力传感器

在发动机燃油喷射系统中，如果安装了进气歧管压力传感器，就无须安装空气流量传感器；反之，如果安装了空气流量传感器，则无须安装进气歧管压力传感器。进气歧管压力传感器的安装位置比较灵活，只要能将进气歧管内的进气压力引入传感器的真空管内，传感器就可安放在任何位置。

各型汽车用进气歧管压力传感器的结构大同小异，如图6-4（a）所示，主要由硅膜片、真空室、混合集成电路、真空管接头和线束插接器等组成。硅膜片是压力转换元件，用单晶硅制成。

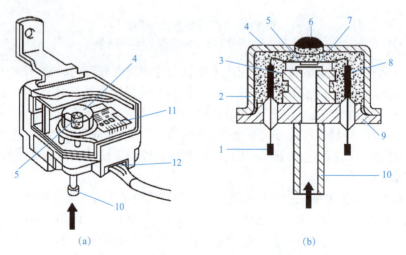

（a）　　　　　　　　　　　　　　（b）

图6-4　压敏电阻式进气歧管压力传感器

（a）结构；（b）原理图

1—接线端子；2—壳体；3—硅杯；4—真空室；5—硅膜片；6—封口；7—电阻
8—电极；9—底座；10—真空管；11—IC电路；12—线束插接器

压敏电阻式进气歧管压力传感器的工作原理如图 6-4（b）所示。硅膜片一面通真空室，另一面导入歧管进气压力。在歧管进气压力的作用下，硅膜片就会产生应力，半导体压敏电阻的电阻率就会发生变化而引起阻值变化，惠斯登电桥上电阻值的平衡就被打破。当电桥输入端输入一定的电压或电流时，在电桥的输出端就可得到变化的信号电压或信号电流。根据信号电压或信号电流的大小，就可检测出歧管进气压力的高低。进气歧管压力传感器的原理电路如图 6-5 所示。

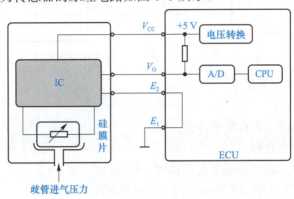

图 6-5　进气歧管压力传感器的原理电路

当发动机工作时，歧管进气压力随进气流量的变化而变化。当节气门开度增大（即进气流量增大）时，空气流通截面增大，气流速度降低，歧管进气压力升高，膜片应力增大，压敏电阻的阻值变化量增大，电桥输出的电压升高，经混合集成电路放大和处理后，传感器输入 ECU 的信号电压升高；反之，当节气门开度由大变小（即进气流量减少）时，进气流通截面减小，气流速度升高，歧管进气压力降低，膜片应力减小，压敏电阻的阻值变化量减小，电桥输出电压降低，输入 ECU 的信号电压降低。进气压力传感器的压力变化与输出电压的关系如图 6-6 所示。

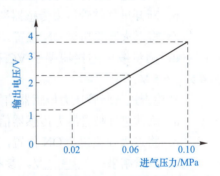

图 6-6　进气压力传感器的压力变化与输出电压的关系

　任务实施

进气歧管压力传感器的检测

1. 准备工作

（1）设备：实训车辆、工作台。

（2）工具与量具：万用表、扭力扳手、套筒、成套工具等。

（3）发动机维修手册、车辆电路图。

（4）耗材、工单及其他：清洁用棉布、手套、车辆三件套等。

2. 工作过程

（1）电路分析。通过车辆电路图查找进气歧管压力传感器的电路，如图 6-7 所示。

视频：进气压力传感器的检测

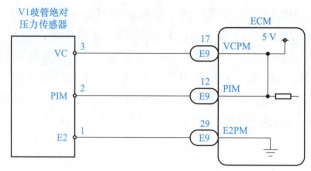

图 6-7　汽车发动机进气歧管压力传感器电路

（2）检测过程及结果记录。

①目测。

a. 传感器、导线是否有明显损伤。　　　　　　　　　　　　□是　　　□否

b. 插头连接是否良好。　　　　　　　　　　　　　　　　　　□是　　　□否

c. 拔出连接器，观察其端子是否锈蚀、松动。　　　　　　　□是　　　□否

②检查进气歧管压力传感器 VC（5 V）电源电压。

a. 确认进气歧管压力传感器 5 V 电源线颜色：_____。

b. 断开进气歧管压力传感器端连接器。

c. 将点火开关扭至 ON 位置。

d. 测量线束连接器端子 VC 和 E2 之间电压。测量结果：_____V。标准值为 4.5 ～ 5.5 V。

③检查进气歧管压力传感器信号电压。

a. 确认进气歧管压力传感器信号线颜色：_____。

b. 将点火开关扭至 ON 位置，测量计算机端线束端子 PIM 和 E2 电压。

c. 测量结果：_____V。参考标准值为 3.4 ～ 3.8 V。

d. 测量结果与维修手册标准值对比是否正常。　　　　　　　□是　　　□否

④检查线束和连接器断路、短路（ECM ～传感器）。

a. 脱开计算机端和传感器端连接器

b. 测量每根导线两端端子电阻：_____Ω；_____Ω；_____Ω。标准：不大于 1 Ω。

c. 测量 VC 和 PIM 导线同侧端子电阻：_____Ω。标准：不小于 1 MΩ。

d. 测量 VC 线与车身接地电阻：_____Ω。标准：不小于 1 MΩ。

e. 测量信号线与车身接地电阻：_____Ω。标准：不小于 1 MΩ。

⑤正确安装进气压力传感器。

3. 5S 工作

（1）工具与量具清洁、收纳、归位。

（2）零件清洁、归位。

（3）维修手册和电路图归位。

（4）清洁实训车辆，耗材按使用情况整理归位或丢入垃圾筒。

（5）清洁工作台。

评价项目	评价指标	分值	自评（20%）	互评（20%）	师评（60%）	合计
知识目标	熟悉进气歧管压力传感器的工作原理	5				
	分析进气歧管压力传感器的工作电路	10				
	掌握进气歧管压力传感器的检测思路	10				
能力目标	能够检测进气歧管压力传感器的外观是否正常	5				
	能够按照标准拆卸进气歧管压力传感器	10				
	能够按照工单对进气歧管压力传感器进行检测	20				
	能够规范安装进气歧管压力传感器	10				
素质目标	具备严谨、细致的工作态度	10				
	具备 5S 素质要求	10				
	具备责任意识和风险意识	10				

任务 2

空气流量传感器的检修

任务引入

一辆 2013 款 1.6 L 手动风尚版新桑塔纳汽车，发动机型号为 EA211，行驶里程为 8 162 km。该车在行驶中易熄火。对该车进行初步检查发现该车起动正常，但起动后发动机在运行过程中对加速踏板进行改变时出现发动机突然熄火的现象，但此时仪表板上的 EPC 灯（发动机故障报警灯）不闪烁。经检测是发动机空气流量传感器的故障。作为车辆维修技术人员，应该如何检测、诊断出故障原因？

学习目标

知识目标

1. 了解空气流量传感器的工作原理。
2. 掌握空气流量传感器的结构特点及电路分析方法。

能力目标

1. 能够在车辆上准确找到空气流量传感器。
2. 能够通过与用户交流、查阅维修技术资料等方式获取空气流量传感器的相关信息。
3. 能够正确检修空气流量传感器并排除相关故障。

素质目标

1. 具备严谨、细致、认真工作的态度和高度的责任心。
2. 具备勤俭节约、艰苦奋斗的良好品质。

6.2.1 空气流量传感器

空气流量传感器（AFS）又称为空气流量计，其功能是检测发动机进气量的大小，并将空气流量信号转换成电信号输入 ECU，以供 ECU 计算确定喷油时间和点火时间。

现代汽油机广泛采用热线式与热膜式空气流量传感器。

1. 热线式空气流量传感器

热线式空气流量传感器的结构如图 6-8 所示。传感器壳体两端设置有与进气道相连接的圆形连接接头，空气入口和出口都设有防止传感器受到机械损伤的防护网。传感器入口与空气滤清器一端的进气管连接。出口与节气门体一端的进气管连接。

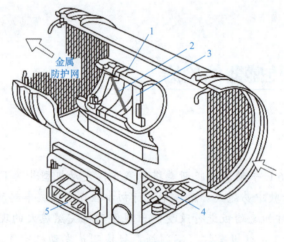

图 6-8 热线式空气流量传感器的结构

1—取样管；2—铂热丝；3—温度补偿电阻；4—控制电路板；5—插座

传感器内部套装有一个取样管，取样管中设有一根直径很小（约为 70 μm）的铂金热线电阻 R_H（热丝）作为发热元件，制作成"Ⅱ"形张紧在取样管内。因为进气温度变化会使热丝的温度发生变化而影响进气量的测量精度，所以在热丝附近的气流上游设有一只温度补偿电阻 R_T（热丝）。该温度补偿电阻相当于一只进气温度传感器，其电阻值随进气温度的变化而变化。控制电路提供的电流将使发热元件温度始终高于温度补偿电阻的温度 120 ℃，使进气温度的变化不至于影响发热元件（热丝）测量进气量的精度。

热线式空气流量传感器是利用空气流过热线时的冷却效应制成的。其工作原理如图 6-9 所示。铂金属热丝和其他几个电阻组成惠斯通电桥电路。在传感器工作时，热丝被控制电路提供的电流加热到高于冷丝温度 120 ℃，此时惠斯通电桥处于平衡状态。

进气时气流带走了热丝上的热量使热丝变冷，热丝的电阻值随即也降低，惠斯通电桥电路平衡被破坏；控制电路加大通过热丝的电流使热丝升温，使其温度高于温度补偿电阻 120 ℃。使电桥重新平衡。进气量越大，热丝被带走的热量也就越多，控制电路的补偿电流也就越大，这样就把空气流量的变化转换为电流的变化。电流的变化又使固定电阻 R_A 两端的电压发生变化，此变化的电压就是热线式空气流量传感器的输出信号。控制电路把这一根据空气质量流量变化的电压信号输入 ECU。

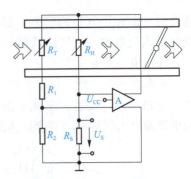

图 6-9　热线式空气流量传感器的工作原理图

R_T—温度补偿电阻；R_H—发热元件（热丝或热膜）；R_S—信号取样电阻，R_1，R_2—精密电阻；A—控制电路

输出电压与空气流量之间近似于 4 次方根的关系，其特性曲线如图 6-10 所示，信号电压输入 ECU 后，ECU 便可根据信号电压的高低计算出空气质量流量的大小。

热线式空气流量传感器在使用一段时间后，由于热丝表面受空气尘埃玷污，其热辐射能力降低会影响传感器的测量精度，因此有些发动机空气流量计控制电路中设计有“自洁电路”来实现自洁功能。每当 ECU 接收到发动机熄火的信号时，ECU 将控制自洁电路接通，将热丝加热到 1 000 ℃并持续 1 s 左右，使黏附在热丝上的尘埃烧掉。另一种防止热丝玷污的方法是提高热丝的保持温度，一般将保持温度设定在 200 ℃以上，以便烧掉黏附的污物。

2. 热膜式空气流量传感器

热膜式空气流量传感器（图 6-11）的结构和工作原理与热线式空气流量传感器基本相同，不同的只是将发热体由热线改为热膜。热膜由发热金属铂固定在薄树脂膜上构成。该结构由于发热体不直接承受空气流动所产生的作用力，从而提高了空气流量传感器的可靠性。

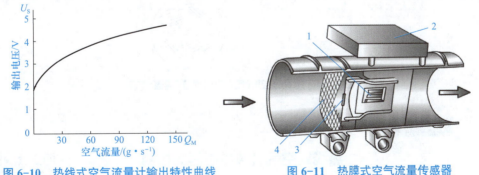

图 6-10　热线式空气流量计输出特性曲线

图 6-11　热膜式空气流量传感器

1—热膜；2—控制电路；3—温度补偿电阻；4—金属网

6.2.2　空气滤清器

发动机在工作过程中要吸进大量的空气，空气滤清器也有降低进气噪声的作用。

空气滤清器安装在进气管的前方，起到滤除空气中灰尘、砂粒的作用，保证足量、清洁的空气进入气缸中。空气滤清器一般由进气导流管、空气滤清器盖、空气滤清器外壳和滤芯等组成（图 6-12）。

现代轿车发动机广泛采用干式空气滤芯（图 6-13），其材料为滤纸或无纺布。为了增加空气通过面积，滤芯大多加工出许多细小的褶皱。如果空气不经过滤清，空气中悬浮的尘埃被吸入气缸中，就会加速活塞组及气缸的磨损。

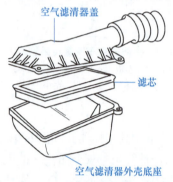
图 6-12 空气滤清器的组成

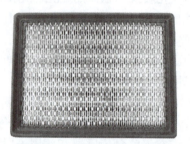
图 6-13 空气滤清器滤芯

空气滤清器过脏会引起发动机工作不良、油耗过大，损坏发动机等，检查空气滤清器时，若发现灰尘较少，堵塞较轻，可用高压空气从内向外吹净（图 6-14），继续使用。对于过脏的空气滤清器应及时更换。

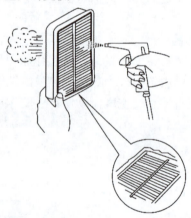
图 6-14 用高压空气反向吹空气滤清器滤芯

热线式空气流量传感器的检测

1. 准备工作

（1）设备：实训车辆、工作台。

（2）工具与量具：万用表、扭力扳手、套筒、成套工具等。

（3）发动机维修手册、车辆电路图。

视频：热线式空气流量计的检测

（4）耗材、工单及其他：清洁用棉布、手套、车辆三件套等。

2. 工作过程

（1）电路分析。通过车辆电路图，查找空气流量传感器的电路，如图 6-15 所示。

（2）检测过程及结果记录。

①目测。

a. 该空气流量计的类型：＿＿＿＿＿＿＿＿＿＿＿＿＿＿＿＿。

b. 传感器、导线是否有明显损伤。 □是 □否

c. 插头连接是否良好。 □是 □否

d. 拔出连接器，观察其端子是否锈蚀、松动。 □是 □否

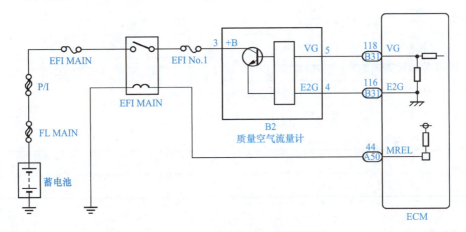

图 6-15 汽车发动机空气流量计电路

②检查空气流量计电源电压。

a. 确认空气流量计电源线颜色：＿＿＿＿＿＿＿。

b. 断开空气流量计连接器。

c. 将点火开关扭至 ON 位置。

d. 测量线束连接器端子＋B 和 E2 之间电压。测量结果：＿＿＿＿＿V。标准值为 9～14V。

③检查空气流量计信号电压。

a. 确认空气流量计信号线颜色：＿＿＿＿＿＿＿。

b. 起动发动机怠速运转（P 挡或 N 挡，空调关），测量计算机端 VG 和 E2 电压。

c. 测量结果：＿＿＿＿＿V。标准值为 0.5～3.0V。

④检查线束和连接器断路、短路（ECM～传感器）。

a. 脱开计算机端和传感器端连接器。

b. 测量每根导线两端端子电阻：＿＿＿＿＿Ω；＿＿＿＿＿Ω。标准：不大于 1Ω。

c. 测量两根导线同侧端子电阻：＿＿＿＿＿Ω。标准：不小于 1MΩ。

d. 测量信号线与车身接地电阻：＿＿＿＿＿Ω。标准：不小于 1MΩ。

3. 5S 工作

（1）工具与量具清洁、收纳、归位。

（2）零件清洁、归位。

（3）维修手册和电路图归位。

（4）清洁实训车辆，耗材按使用情况整理归位或丢入垃圾筒。

（5）清洁工作台。

任务评价

评价项目	评价指标	分值	自评（20%）	互评（20%）	师评（60%）	合计
知识目标	熟悉空气流量计的工作原理	5				
	分析空气流量计的工作电路	10				
	掌握空气流量计的检测思路	10				
能力目标	能够检测空气流量计的外观是否正常	5				
	能够按照标准拆卸空气流量计	10				
	能够按照工单对空气流量计进行检测	20				
	能够规范安装空气流量计	10				
素质目标	具备严谨、细致的工作态度	10				
	具备 5S 素质要求	10				
	具备责任意识和风险意识	10				

任务 3

节气门体及节气门位置传感器的检修

任务引入

一辆 2004 年出厂的别克凯越 1.6 L 汽车，配备手动变速器，行驶里程为 210 000 km。据用户反映，该车怠速时"游车"，加速时"坐车"，只要踩下加速踏板，发动机转速就会自动由 1 500 r/min 提升至 3 000 r/min 左右不定，同时空调不制冷。经诊断是节气门位置传感器的故障。针对用户反映的这种情况，应该怎样诊断、排除故障？

学习目标

知识目标

1. 了解节气门位置传感器的工作原理。

2. 掌握节气门位置传感器的结构特点及电路分析方法。

能力目标

1. 能够在车辆上准确找到节气门位置传感器。

2. 能够通过与用户交流、查阅维修技术资料等方式获取节气门位置传感器的相关信息。

3. 能够正确检修节气门位置传感器并排除相关故障。

素质目标

1. 具备严谨、细致、认真工作的态度和高度的责任心。

2. 具备勤俭节约、艰苦奋斗的良好品质。

6.3.1　节气门体

节气门体是发动机进气系统上的一个装置。它由一个圆形节气门控制发动机进气的多少。节气门体按照控制方式不同可分为机械式节气门和电子节气门两种。

1. 机械式节气门

机械式节气门的控制是驾驶员通过拉索或传动杆操纵节气门开度，节气门位置传感器向发动机 ECU 发送节气门开度信号，ECU 以此信号感知发动机负荷情况和驾驶员的意图。现代机械式节气门体的怠速控制，是发动机 ECU 通过直流电动机、步进电动机或占空比电磁阀等控制节气门微小开度或旁通道开度实现的，同时，还具备启动怠速、暖机怠速、空调怠速等工况的调节功能。

机械式节气门由壳体、节气门、节气门位置传感器、节气门操纵轮、怠速控制阀等组成，如图 6-16 所示。在非怠速工况，节气门的开度由驾驶员通过加速踏板和拉索进行控制；在怠速范围内，发动机 ECU 根据发动机转速、温度、负荷等信息，通过怠速控制阀控制进气量大小，从而实现怠速目标转速的控制。

另外，节气门体上还有与发动机冷却系统相连接的水道，防止节气门冬天挂霜。

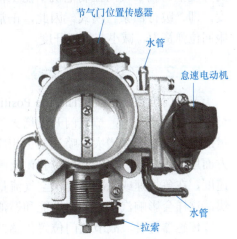

图 6-16　机械式节气门体

2. 电子节气门

电子节气门是使用计算机控制节气门开度的系统，加速踏板位置传感器将加速踏板踩下的量传递给发动机 ECU，发动机 ECU 使用节气门控制电动机来控制节气门的开启角度以达到最佳开度。

电子节气门系统由节气门体、驱动电机、减速齿轮和节气门位置传感器等构成，如图 6-17 所示。

节气门位置传感器位于电子节气门上，有两个相同的电位计式传感器（有的汽车也采用霍尔式传感器），一般它们共用电源线和搭铁线。用于监测节气门开度、执行电机的转动位置。当一个传感器损坏后，另一个传感器还可以使用，但是，此时发动机系统已经进入了失效保护模式运行，电子控制系统会采用限制性驾驶措施。

项目 **6** 空气供给系统的检修

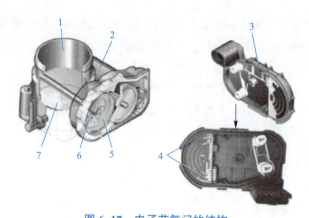

图 6-17 电子节气门的结构
1—节气门体；2—直流电机；3—带厚薄电阻的罩盖；4—厚薄电阻；
5—带回位弹簧的齿轮；6—滑动触点；7—节气门

电子节气门通过直流电机来控制节气门开度，使发动机从怠速位置到全负荷。节气门开度的反馈信号与直流电机的位置由两个集成在节气门体内的传感器提供。

在发动机不工作的状态下，节气门回位弹簧将节气门拉回到比怠速时稍微大一点的开度上。当节气门控制电机不能工作而进入失效保护状态时，节气门就保持在此开度，即"跛行回家"模式。因此，正常怠速工作时，节气门电机需要反向通电，以克服回位弹簧力，减小节气门开度。

6.3.2 节气门位置传感器

节气门位置传感器（Throttle Position Sensor，TPS）安装在节气门体轴上。当驾驶员踩下加速踏板时，节气门开度增大，进气量也随之增大。与此同时，空气流量计测量的空气量也随之增大，喷油量也相应增多，混合气总量变大。节气门位置传感器一方面用来确定节气门的开度位置，反映发动机所处工况；另一方面反映节气门开闭的速度，在急加速或急减速时，空气流量计由于惯性或灵敏度影响，使其反应没有那么快，这样会影响汽车的动力性能和燃油经济性能。空气流量计的这个缺陷可由节气门位置传感器弥补，故节气门位置传感器也是喷油量控制的一个重要信号。在自动变速器车上，节气门位置传感器信号同时输入给变速器计算机，控制变速器换挡时机和变矩器锁止时机。根据结构和原理不同，节气门位置传感器可分为可变电阻式、触点式和组合式 3 种。组合式节气门位置传感器是触点式和可变电阻式组合而成的。下面介绍组合式节气门位置传感器的结构和原理。

组合式节气门位置传感器的基本结构与原理电路如图 6-18 所示，主要由可变电阻、活动触点、节气门轴、怠速触点和壳体组成。可变电阻为镀膜电阻，制作在传感器底板上，可变电阻的滑臂随节气门轴一同转动，滑臂与输出端子 VTA 连接。

组合式节气门位置传感器输出特性如图 6-19 所示。当节气门关闭或开度很小时，怠速触点闭合，其输出端 IDL 输出低电平（0 V），当节气门开度开到一定程度时，怠速触点断开，输出端 IDL 输出高电平。现在很多发动机把怠速触点信号省略了，被称作线性节气门位置传感器。图 6-20 所示为凯越发动机节气门位置传感器电路。

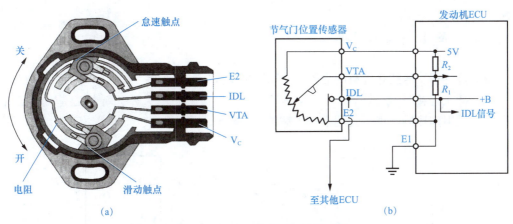

图 6-18　组合式节气门位置传感器

（a）内部结构；（b）原理电路

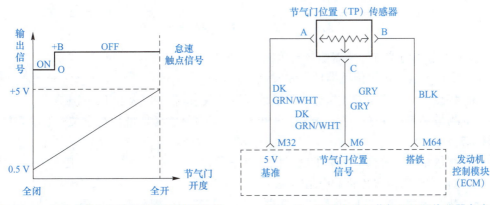

图 6-19　组合式节气门位置传感器输出特性　　图 6-20　凯越发动机节气门位置传感器电路

随着节气门开度变化增大，可变电阻的滑臂便随节气门轴转动，滑臂上的触点便在镀膜电阻上滑动，传感器输出端子 VTA 与 E2 之间的信号电压随之发生变化，节气门开度越大，输出电压越高。传感器输出的线性信号经过 A/D 转换器转换成数字信号后再输入 ECU。

节气门位置传感器的检测

1. 准备工作

（1）设备：实训车辆、工作台。

（2）工具与量具：万用表、扭力扳手、套筒、成套工具等。

（3）发动机维修手册、车辆电路图。

（4）耗材、工单及其他：清洁用棉布、手套、车辆三件套等。

2. 工作过程

（1）电路分析。通过维修手册与车辆电路图，查找节气门位置传感器的电路，如

视频：电子节气门的检测

图 6-21 所示。

（2）检测过程及结果记录。

①目测。

a. 传感器、导线是否有明显损伤。　　　　　　　　　　□是　　　□否

b. 插头连接是否良好。　　　　　　　　　　　　　　　□是　　　□否

c. 拔出连接器，观察其端子是否锈蚀、松动。　　　　□是　　　□否

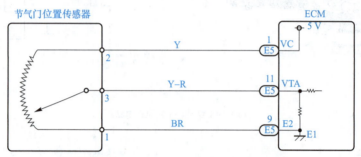

图 6-21　节气门位置传感器电路

②检查节气门位置传感器信号电压。

a. 确认节气门位置传感器信号线颜色：_____。

b. 将点火开关扭至 ON 位置，测量计算机端线束端子 VTA 和 E2 电压。

c. 测量结果：全关_____V；全开_____V。参考标准值：全关 0.3 ～ 1.0 V；全开 2.7 ～ 5.2 V。

d. 测量结果与维修手册标准值对比是否正常。　　　　□是　　　□否

③检查节气门位置传感器电阻。

a. 断开节气门位置传感器端连接器，测量节气门位置传感器电阻，将结果填入表 6-1 中。

表 6-1　电阻值

端子	节气门状态	测量电阻 /Ω	参考标准值 /Ω
VC–E2	—		2.5 ～ 5.9
VTA–E2	全关		0.2 ～ 5.7
	全开		2.0 ～ 10.2

b. 测量结果与维修手册标准值对比是否正常。　　　　□是　　　□否

④检查线束和连接器断路、短路（ECM ～传感器）。

a. 脱开计算机端和传感器端连接器。

b. 测量 VTA 导线两端端子电阻：_____Ω。标准：不大于 1 Ω。

c. 测量 VTA 和 E2 导线同侧端子电阻：_____Ω。标准：不小于 1 MΩ。

3. 5S 工作

（1）工具与量具清洁、收纳、归位。

（2）零件清洁、归位。

（3）维修手册和电路图归位。

（4）清洁实训车辆，耗材按使用情况整理归位或丢入垃圾筒。

（5）清洁工作台。

 任务评价

评价项目	评价指标	分值	自评（20%）	互评（20%）	师评（60%）	合计
知识目标	熟悉节气门位置传感器的工作原理	5				
	分析节气门位置传感器的工作电路	10				
	掌握节气门位置传感器的检测思路	10				
能力目标	能够检测节气门位置传感器的外观是否正常	5				
	能够按照标准拆卸节气门位置传感器	10				
	能够按照工单对节气门位置传感器进行检测	20				
	能够规范安装节气门位置传感器	10				
素质目标	具备严谨、细致的工作态度	10				
	具备 5S 素质要求	10				
	具备责任意识和风险意识	10				

任务 4

提高进气性能控制系统的检修

 **任务引入**

　　一辆行驶里程约为 184 000 km、装配 1ZR-FE 发动机的 2015 款丰田卡罗拉轿车。据用户反映：该车冷车起动发动机抖动厉害，无法正常行驶，预热后发动机工作基本正常，但燃烧不完全，冒黑烟，加速无力，油耗高。经诊断是 VVT-i 油压电磁控制阀的故障。针对用户反映的这种情况，应该怎样诊断、排除故障？

 **学习目标**

知识目标

1. 了解提高进气性能控制系统的工作原理。

2. 掌握提高进气性能控制系统的结构特点及电路分析方法。

能力目标

1. 能够在车辆上准确找到提高进气性能控制系统。

2. 能够通过与用户交流、查阅维修技术资料等方式获取进气控制系统的相关信息。

3. 能正确检修进气控制系统并排除相关故障。

素质目标

1. 具备严谨、细致、认真工作的态度和高度的责任心。

2. 具备勤俭节约、艰苦奋斗的良好品质。

6.4.1　可变进气道控制系统

1. 可变进气道系统的作用

可变进气歧管通过改变进气管的长度和截面面积，提高燃烧效率，使发动机在低转速时更平稳、扭矩更充足，高转速时更顺畅、功率更强大。

进气歧管一端与进气门相连，另一端与进气总管后的进气谐振室相连，每个气缸都有一根进气歧管。发动机在运转时，进气门不断地开启和关闭，气门开启时，进气歧管中的混合气以一定的速度通过气门进入气缸，当气门关闭时混合气受阻就会反弹，周而复始会产生振动频率。如果进气歧管很短，这种频率会更快；如果进气歧管很长，这个频率就会变得相对慢一些。如果进气歧管中混合气的振荡频率与进气门开启的时间达到共振，那么此时的进气效率显然是很高的。因此，可变进气歧管在发动机高速和低速时都能提供最佳配气。

发动机在低转速时，用又长又细的进气歧管，可以增加进气的气流速度和气压强度，并使汽油得以更好的雾化，燃烧得更好，提高扭矩。发动机在高转速时需要大量混合气，这时进气歧管就会变得又粗有短，这样才能吸入更多的混合气，提高输出功率。

2. 可变进气道系统的形式与结构

常见的可变进气道可分为可变进气歧管长度式和可变进气歧管截面式两种形式。

（1）可变进气歧管长度式。汽车用四冲程发动机的活塞往复两次循环才算完成一个工作循环，进气门只有1/4时间打开，这样，在进气歧管内造成一个进气脉冲。发动机转速越高，气门开启间隔也就越短，脉冲频率也就越高。简单来说，进气歧管的振动频率也就越高。

通过改变进气歧管长度，改进气流的流动。图6-22所示为奥迪V6发动机可变式进气系统，进气歧管被设计成蜗牛一样的螺旋状，分布在发动机缸体中间，气流从中部进入。当汽油机低速运转时，汽油机电子控制模块使转换阀控制机构关闭转换阀。这时，空气须经空气滤清器和节气门沿着弯曲而又细长的进气歧管流进气缸。细长的进气歧管提高了进气速度，增强了气流的惯性，使进气充量增多；当汽油机高速运转时，汽油机电子控制模块使转换阀控制机构打开转换阀，空气经空气滤清器和节气门及转换阀直接进入粗短的进气歧管。粗短的进气歧管，进气阻力减小，也使进气充量增多。

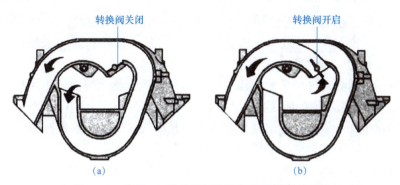

图 6-22　奥迪 V6 发动机可变进气歧管长度式系统
（a）低速时转换阀关闭；（b）高速时转换阀开启

可变长度进气歧管不仅可以提高汽油机在中、低速和中、小负荷时的动力性，即提高有效扭矩输出；还由于它提高了汽油机在中、低速运转时的进气速度，增强了气缸内的气流强度，从而改善了燃烧过程，使汽油机中、低速的最低燃油消耗率下降，燃油经济性有所提高。

此外，可变长度进气歧管还有减少汽油机废气排放量的作用。因为汽油机燃烧过程改善后，不仅油耗降低，经济性改善，汽油机的有害排气污染物的排放量也能适当减少，即汽油机的排放净化性能也可适当改善。

这种方式虽然结构简单，但是只有 2 级可调，这显然不能完全满足各个转速下发动机的进气需求。解决的办法是设计一套连续可变进气歧管长度的机构。宝马 760 装配的 V12 发动机就采用了该设计。

（2）可变进气歧管截面式。可变进气歧管截面式进气控制系统如图 6-23 所示，进气歧管内有一纵向隔板，把进气歧管分为两个通道，在一个通道上设有转换阀。发动机在低速中、小负荷下工作时，转换阀关闭，只利用一个进气通路，此时进气流速提高，进气惯性大，可提高发动机扭矩，如图 6-23（a）所示；当发动机在高速大负荷下工作时，转换阀开启，进气通路为两条，此时进气截面大大增加，进气阻力减小，气缸充量增加，使高速大负荷时的动力性得到提高，如图 6-23（b）所示。

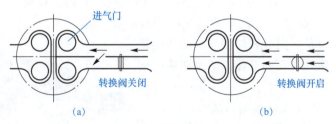

图 6-23　可变进气歧管截面式进气控制系统
（a）低速时转换阀关闭；（b）高速时转换阀开启

图 6-24 所示为丰田汽车发动机可变进气歧管截面式控制系统的示意（图中只画带有转换阀的进气道，另一不带转换阀的进气道未画出）。进气道中进气转换阀的关闭和开启是由膜片式执行器来完成的。膜片式执行器的工作压力，则由发动机控制模块通

过控制电磁真空通道阀来进行控制。进气转换阀（通路）的控制过程：发动机低速（低于5 200 r/min）工作时，电磁真空通道阀不通电，膜片式执行器与电磁真空通道阀的空气滤清器（通大气）之间的通路被切断（OFF），而与真空罐之间形成通路（ON）。此时储存在真空罐的进气歧管的负压作用在膜片式执行器，吸力作用使执行器带动拉杆，关闭进气转换阀，即关闭了各气缸中的一个进气通道，如图6-24（a）所示。发动机高速（5 200 r/min以上）工作时，发动机控制模块（ECU）输出控制信号，使驱动电路三极管导通，电磁真空通道阀通电工作。膜片式执行器与空气滤清器（大气）之间形成通路（ON）。而与真空罐之间的通道则被切断（OFF），此时大气压作用在执行器膜片室，通过拉杆使进气转换阀打开，结果各气缸的进气通道扩大为两个，增大了进气通道面积，如图6-24（b）所示。

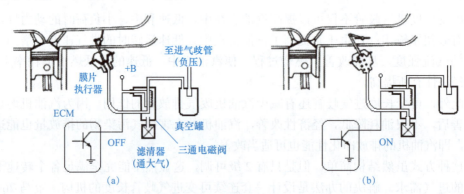

图6-24　丰田汽车发动机可变进气歧管截面式控制系统示意图
（a）中低速状态；（b）高速状态

6.4.2　可变配气相位及气门升程控制系统

发动机的配气相位和气门升程对发动机性能有很大影响，随转速和负荷的不同对配气相位和气门升程的要求也不同，随发动机转速和负荷的提高，气门提前开启角、气门滞后关闭角、气门持续开启角和气门升程均应增大；反之则应减小。但是在传统发动机的配气机构中，气门驱动凸轮的形状、凸轮轴与曲轴的相对位置是固定的，固定的气门正时只能对某一个狭小的转速范围有利。可变配气相位及气门升程控制系统的功能是根据发动机的转速和负荷的变化，适时调整配气相位和气门升程。

1. 大众可变进气相位控制系统

大众可变进气相位控制系统功能：根据发动机运行工况的变化，使进气凸轮轴相对曲轴转动，来实现对进气相位的控制。其特点是只改变进气门开、关时间的早晚，配气相位角值不变（时间平移，即早开、早关，晚开、晚关），不改变进气门升程的大小。其结构如图6-25所示，

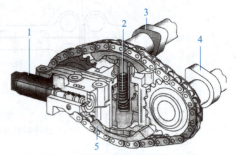

图6-25　大众可变进气相位控制系统
1—正时电磁阀；2—液压缸；3—排气凸轮轴；
4—进气凸轮轴；5—正时调节器

在发动机每列气缸的气缸盖上，排气凸轮轴安装在外侧，进气凸轮轴安装在内侧。曲轴通过正时皮带驱动排气凸轮轴，排气凸轮轴通过链条驱动进气凸轮轴。排气凸轮轴和进气凸轮轴之间设置了一个由液压缸驱动的正时调整器，在液压缸的作用下，正时调整器可以上下移动。

当发动机在高转速时，如图6-26（a）所示。凸轮轴调整器向上推动可移动活塞，链条上升，拉动进气凸轮轴逆时针转动一个角度，进气门即晚开、晚关，充分利用流体惯性，提高充气效率。

当发动机在中、低转速时，如图6-26（b）所示。凸轮轴调整器向下推动可移动活塞，链条下降，拉动进气凸轮轴顺时针转动一个角度。进气门即早开、早关，使重叠角加大，改善排气效果，提高容积效率。

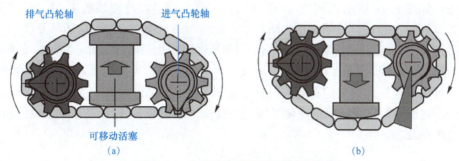

图6-26　大众可变进气相位控制过程

（a）高转速时；（b）中、低转速时

2. 丰田可变配气相位及可变气门升程控制系统

丰田可变配气相位及可变气门升程控制系统（Variable Valve Timing & Lift Intelvigent，VVTL-i），是根据发动机运行工况的变化，通过使进气凸轮轴相对曲轴转动实现对进气相位的控制，通过变换驱动进气门的凸轮来改变气门升程。

（1）可变配气相位控制系统（图6-27）。丰田可变配气相位控制系统（VVT-i）控制器安装在进气凸轮轴的前端，随正时链轮同步转动，由正时链条驱动的外壳、四齿转子、锁销、控制油道、电磁控制阀组成。调节机构的外壳与正时链轮固接，转子与进气凸轮轴固接，转子中有液压锁销，可使其连接齿轮同步传动，或用油压解脱，以调节进气门早

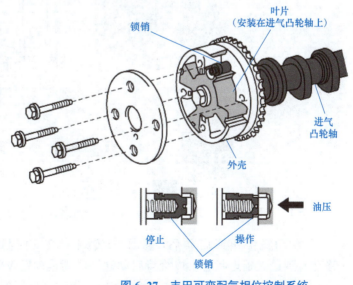

图6-27　丰田可变配气相位控制系统

开晚关角度的大小。在转动中能利用润滑系统的油压，自动调节凸轮轴与正时链轮的相对角度位置。

四齿式转子与外壳围成 8 个控制油腔，4 个油腔充油，4 个油腔泄油，转子在液压油道的转换作用下，可正反向转动，可使进气凸轮轴与正时链轮相对转动，自动调节进气门早开晚关角度的大小。

电磁控制阀受计算机 ECU 的控制，实现配气相位的调节。ECU 根据节气门开度信号（TPS）、转速信号（SP）、空气流量信号（AFS）、水温信号（CTS），计算出最佳配气正时角度而发令控制，并根据凸轮轴位置传感器信号和曲轴位置传感器信号，检测实际的气门正时，能进行反馈控制，以获得预定的气门正时。ECU 是通过占空比控制，用不同的电流值，调节滑阀的位置，随发动机工况的变化，有"保持""提前""迟后"等状态，如图 6-28 所示。例如，"提前状态"时，控制油道使油腔 1、3、5、7 充油；油腔 2、4、6、8 泄油，转子和进气凸轮轴右旋转动一定角度，进气门即早开启。又如，"迟后状态"时，控制油道转换，油腔充油和泄油则按相反顺序工作。VVT-i 控制器的叶片沿圆周方向旋转，可以连续不断地改变进气门正时，可变角度在 40°曲轴转角范围内。自动保持最佳的气门正时，以适应发动机工作状况的需要，实现了在所有速度范围内，使配气相位智能化的变化（保持、提前、迟后）。从而提高了发动机的扭矩和燃油经济性及净化性。

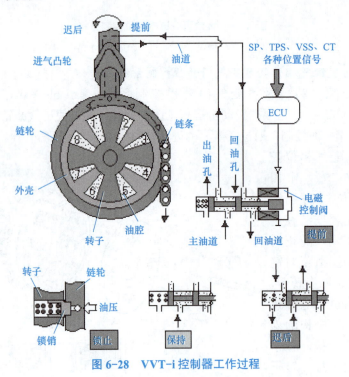

图 6-28　VVT-i 控制器工作过程

当发动机停止或启动后，油压未传到 VVT-i 控制器时，进气凸轮轴被调整（移动）到最大延迟状态，以维持启动性能。锁销锁定 VVT-i 控制器外壳和凸轮轴上的叶片，以防止撞击产生噪声。这种结构只是改变进气门开、关时间的早晚，配气相位角值不变（时间平移—即早开、早关；晚开、晚关），不改变进气门升程的大小（此为不足之处）。该机构的相位角调节范围宽，工作可靠，功率可提高10%～20%，油耗可降低3%～5%。

（2）可变气门升程控制系统（图6-29）。VVT-i控制器可以改变进气门的升程。为改变进气门的升程量，驱动进气门的凸轮可分为高速凸轮和低速凸轮，高速凸轮的升程大于低速凸轮升程。凸轮转换机构是由气门和凸轮之间的摇臂所构成的。

在低-中速时，油压没有作用在锁销上，因此，弹簧将锁销推到未锁定方向 [图6-29（a）]。在这种情况下，调整凸轮顶滑块移动时，滑块下方是空的，不能传力给摇臂，故高速凸轮不起作用。这时由低速凸轮起作用，顶开气门。

高速时，ECU控制压力油作用在锁销上，将锁销推到垫块的下方，滑块下方无间隙 [图6-29（b）]。在低速用凸轮推下滚轮之前，高速用凸轮已通过滑块先推下摇臂打开气门，低速凸轮不起作用。

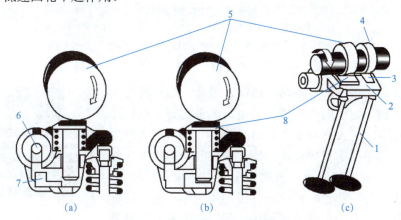

图6-29 可变进气门升程控制系统

1—进气门；2—摇臂；3—滚轮；4—低速凸轮；5—高速凸轮；6—油道；7—锁销；8—滑块

3. 本田可变气门正时和升程电子控制系统

本田公司的可变气门正时和升程电子控制系统（Variable Valve Timing and Valve Lift Electronic Control System，VTEC）。VTEC发动机每缸有4个气门（2进2排）、凸轮轴和摇臂等，两个进气门由单独的不同升程和相位的凸轮和摇臂驱动，主次摇臂之间装有中间摇臂，它不与任何气门直接接触，三者依靠专门的柱塞联动，利用主油道油压控制，如图6-30所示。

凸轮轴上3个升程不同的凸轮分别驱动主进气摇臂、中间进气摇臂和次进气摇臂，相应地，这3个凸轮被称为主凸轮、中间凸轮和次凸轮。中间凸轮的升程最大，次凸轮的升程最小。主凸轮的轮廓适合发动机低速时主进气门单独工作时的配气相位要求。中间凸轮的轮廓适合发动机高速时主、次双进气门工作时的配气相位要求。

发动机低速时，电磁阀断电，油道关闭。在弹簧作用下，各活塞均回到各自孔内，3个摇臂彼此分离。此时，主凸轮通过主摇臂驱动主进气门，中间摇臂驱动中间摇臂空摆（不起作用），次凸轮升程非常小，通过次摇臂驱动次进气门微量开闭，以防止进气门附近积聚燃油。配气机构处于单进、双排气门工作状态。

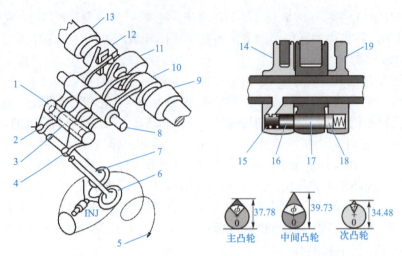

图 6-30　VTEC 控制机构

1—柱塞；2、14—主摇臂；3—中间摇臂；4、19—次摇臂；5—进气流；6—次进气门；
7—主进气门；8—摇臂轴；9、13—排气凸轮；10—次凸轮；11—中间凸轮；
12—主凸轮；15—正时活塞；16—同步活塞 A；17—同步活塞 B；18—阻挡活塞

发动机高速运转，且发动机转速、负荷、冷却液温度及车速均达到设定值时，电磁阀通电，油道打开。在机油作用下，同步活塞 A 和同步活塞 B 分别将主摇臂与中间摇臂、次摇臂与中间摇臂插接成一体，成为一个同步工作的组合摇臂，如图 6-31 所示。此时，由于中凸轮升程最大，组合摇臂由中凸轮驱动，两个进气门同步工作，进气门配气相位和升程与发动机低速时相比，气门的升程、提前开启角度和迟后关闭角度均较大。此时配气机构处于双进、双排气门工作状态。

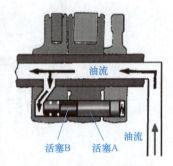

图 6-31　VTEC 工作原理

6.4.3　废气涡轮增压控制系统

发动机进气增压，就是将空气进行预压缩，然后供入气缸。它通过提高进气的密度来增加进气量，从而可以使发动机的功率增加。实践证明，在小型汽车发动机上采用增压技术后，不仅可以获得良好的动力性，燃油经济性也有所提高。

目前，在轿车上应用最普遍、最有效的是废气涡轮增压系统。它是根据发动机的负荷来控制排气的流动路线，并通过涡轮增压器提高进气压力，增加进气量，从而大大改善发动机的动力性。废气涡轮增压是利用发动机排出的具有一定能量（高压、高温）的废气，驱动涡轮增压器中的动力涡轮，再带动与动力涡轮同轴的增压涡轮（工作叶轮）一起转动。增压涡轮一般位于空气流量传感器与进气门之间的进气管道中。增压涡轮转动时，对从空气滤清器进入的新鲜空气进行压缩，然后送入气缸。

1. 废气涡轮增压系统的组成

废气涡轮增压系统的主要元件有涡轮增压器、增压压力控制电磁阀、膜片式控制阀和冷却器，如图 6-32 所示。

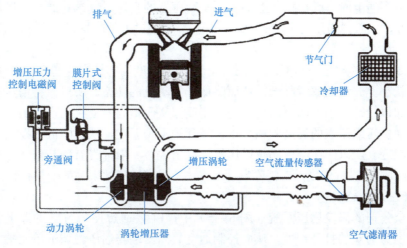

图 6-32　废气涡轮增压系统

（1）涡轮增压器。大众公司涡轮增压器如图 6-33 所示。涡轮增压器内有动力涡轮和增压泵轮。它们安装在同一根轴上，排气流过涡轮机的喷管时，推动涡轮机旋转，并带动增压器轴和压气机泵轮一起旋转。离心式压气机旋转时，空气在离心力的作用下，沿着压气机叶片流向泵轮周边，其流速、压力和温度均有较大的增高。

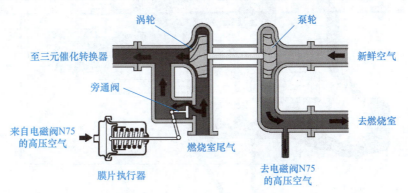

图 6-33　大众公司涡轮增压器原理

（2）增压压力控制电磁阀与膜片执行器。增压压力控制电磁阀本身连接了 3 个空气管，如图 6-34 所示。一条连接在涡轮增压器前部（未增压，相当于大气压力），一条连接在涡轮增压器后部（经过涡轮增压后的增压压力），还有一条是连接在控制旁通阀的膜片执行器上的，控制旁通阀的打开和关闭。

当电磁阀断电时，膜片执行器的左室与低压（未增压）的空气端连通，在弹簧的作用下，

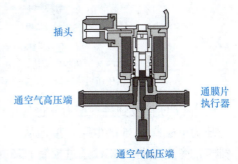

图 6-34　增压压力控制电磁阀

旁通阀关闭，废气全部通过涡轮，涡轮转速升高，增压压力提高。

当电磁阀通电时，膜片执行器的左室与增压后的高压空气端连通，增压后的空气作用于膜片，克服弹簧压力带动旁通阀打开，废气通过涡轮的量减少，涡轮转速降低，增压压力下降。

（3）冷却器。空气经过增压器增压后，压力和温度均有较大的增高。进气温度高，进气密度就小，充气效率就降低，从而降低了发动机的功率。所以，将增压器出口的增压空气加以冷却，一方面可以提高充气密度，从而提高发动机功率；另一方面也可以降低发动机压缩始点的温度和整个工作循环的平均温度，从而降低了发动机的热负荷和排气温度。所以，在废气涡轮增压控制系统中，一般都带有冷却器（也称为中冷器），它可以降低进气温度，对消除发动机爆燃、提高进气效率等都十分有利。

2．增压压力的调整

在大众公司的涡轮增压系统（图6-35）中，ECU通过控制N75的通电脉冲的占空比，控制旁通阀的打开程度，从而控制通空气高压端与通压力调节单元端之间的气体流量，达到根据发动机的转速和负荷来控制增压压力的目的（图6-36）。

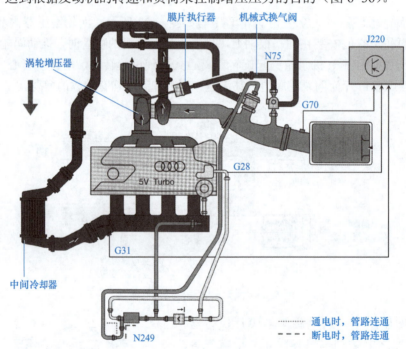

图6-35　大众公司的涡轮增压系统

J220—发动机控制模块；G70—空气流量计；G28—发动机转速传感器；
G31—增压压力传感器；N75—增压压力调节电磁阀；N249—涡轮增压器换气阀

当ECU接收到进气压力、进气温度、发动机转速和节气门开度等信号时，切断增压压力电磁阀N75的电路，接通从废气涡轮增压器出口到旁通阀的通路，旁通阀关闭排气的旁通通路。ECU通过控制N75的占空比，控制旁通阀的开启程度，从而控制废气流经泵轮的流量，达到调整进气增压压力的目的。增压后的空气经过中冷器时进行冷却进入气缸，增大了空气密度，提高了充气效率。

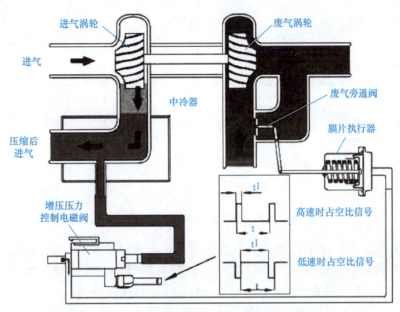

图 6-36 大众公司的涡轮增压系统增压压力调节过程

图中标注：进气涡轮、废气涡轮、进气、中冷器、废气旁通阀、膜片执行器、压缩后进气、增压压力控制电磁阀、t1、t、高速时占空比信号、低速时占空比信号

为了避免在从高负荷突然过渡到滑行状态时废气涡轮增压器产生气体冲击，安装了循环空气阀 N249。当发动机在高速运行，驾驶员在迅速收油门时，涡轮增压器排气侧的增压气体未能迅速减小，增压器的叶轮转速依然很高，但进气侧由于节气门的暂时关闭，导致增压器出口压力过高，从而导致进气侧叶轮受到比较大的空气阻力，从而影响舒适感及增压器寿命。在节气门关闭时，ECU 接通增压空气再循环阀 N249 的电路，在增压后及增压前建立了一个短路通道，当遇到上述情况时就将此通道打开，避免了不利的情况发生。

 任务实施

可变配气相位控制系统的检修

1. 准备工作

（1）设备：丰田卡罗拉汽车、工作台。

（2）工具与量具：万用表、扭力扳手、成套工具等。

（3）发动机维修手册、车辆电路图。

（4）耗材、工单及其他：清洁用棉布、手套、车辆三件套等。

2. 工作过程

（1）电路分析。通过维修手册与车辆电路图，查找凸轮轴正时机油控制阀的电路，如图 6-37 所示。

（2）检测过程及结果记录。

①目测。

a. 控制阀导线是否有明显损伤。　　　　　　　　　　　　□是　　□否

b. 插头连接是否良好。　　　　　　　　　　　　　　　　□是　　□否

c. 拔出连接器，观察其端子是否锈蚀、松动。　　　　　　　　□是　　　□否

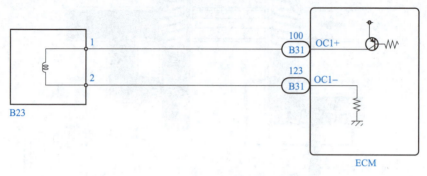

图 6-37　凸轮轴正时机油控制阀电路

②检测机油凸轮轴正时机油控制阀的电阻。拆下凸轮轴正时机油控制阀，测量凸轮轴正时机油控制阀端子之间的电阻，如图 6-38 所示，标准电阻值在 20 ℃时为 6.9～7.9 Ω。如果电阻值不正常，应更换凸轮轴正时机油控制阀。

③检查凸轮轴正时机油控制阀的工作状态。将蓄电池正极电压施加到端子 1，负极电压施加到端子 2，正常状态下凸轮轴正时机油控制阀迅速向左移动，切断蓄电池与端子 1 的连接，凸轮轴正时机油控制阀迅速向右移动，如图 6-39 所示。

如果控制阀不能正常移动，应更换凸轮轴正时机油控制阀。

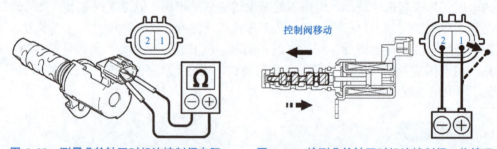

图 6-38　测量凸轮轴正时机油控制阀电阻　　　图 6-39　检测凸轮轴正时机油控制阀工作情况

④检查线束和连接器断路、短路（ECM～控制阀总成）。

a. 脱开计算机端和控制阀端连接器。

b. 测量 B32-1 与 B31-100 导线两端端子电阻应不大于 1 Ω。

c. 测量 B32-2 与 B31-123 导线两端端子电阻应不大于 1 Ω。

d. 分别测量两根导线与车身搭铁之间的电阻应为 1 MΩ 或更大。

e. 重新连接控制阀连接器与 ECM 连接器。

3．5S 工作

（1）工具与量具清洁、收纳、归位。

（2）零件清洁、归位。

（3）维修手册和电路图归位。

（4）清洁实训车辆，耗材按使用情况整理归位或丢入垃圾筒。

（5）清洁工作台。

涡轮增压系统增压压力不足的检修

1. 准备工作

（1）设备：丰田卡罗拉汽车、工作台。

（2）工具与量具：万用表、示波器、真空泵、扭力扳手、成套工具等。

（3）发动机维修手册、车辆电路图。

（4）耗材、工单及其他：清洁用棉布、手套、车辆三件套等。

2. 工作过程

当涡轮增压系统发生故障时，车辆会出现加速无力、达不到最高车速、油耗上升、排气冒黑烟、排气冒蓝烟、机油消耗异常等现象。检测方法如下：

（1）检测进气歧管压力。

①检测涡轮增压器增压口到节气门之间的管路，查看是否有老化或裂口漏气现象。

②中冷器是否有腐蚀及裂口现象。

③检查进气管到增压控制电磁阀软管、增压控制电磁阀到膜片执行器软管是否有断裂老化。

④如果有上述现象，应更换相应元件。

（2）膜片执行器的动作测试。

①将膜片执行器的连接软管取下，用真空泵施加一定的压力，查看膜片执行器的中心阀杆能否自由运动。

②若膜片执行器的中心阀杆能自由运动，说明膜片执行器正常。如果中心阀杆不能自由运动，则更换膜片执行器。

（3）旁通阀的检测。

①用压缩空气对膜片执行器施加一定的压力，将中心阀杆推到顶部，起动发动机怠速运转，用手感知来自废气涡轮增压器的气流情况。

②正常应明显感觉增压压力变大，急加速时，手的力量堵不住进气软管口。否则说明涡轮增压器机械部分故障，应拆检或更换涡轮增压器。

（4）电气系统检测。

①控制电磁阀供电电压的检测：拔下控制电磁阀线路插接器，接通点火开关，用万用表测量电磁阀供电电压值应为 12 V，否则为供电电路故障。

②控制电磁阀线圈电阻的检测：断开点火开关，拔下控制电磁阀线路插接器，用万用表测量控制电磁阀线圈电阻，阻值应在规定范围内。

（5）占空比脉冲信号检测。用示波器检测电磁阀的控制信号电压波形，应显示占空比信号的波形，说明控制电磁阀收到发动机电子控制单元的控制信号，否则为控制单元或线路连接故障。

3. 5S 工作

（1）工具与量具清洁、收纳、归位。

（2）零件清洁、归位。

项目 6

空气供给系统的检修

（3）维修手册和电路图归位。

（4）清洁实训车辆，耗材按使用情况整理归位或丢入垃圾筒。

（5）清洁工作台。

 任务评价

评价项目	评价指标	分值	自评（20%）	互评（20%）	师评（60%）	合计
知识目标	熟悉可变配气相位与废气涡轮增压系统的工作原理	5				
	分析可变配气相位与废气涡轮增压系统的控制电路	10				
	掌握可变配气相位与废气涡轮增压系统检测思路	10				
能力目标	能够检测可变配气相位与废气涡轮增压系统控制部分的外观是否正常	5				
	能够按照标准拆卸节气门位置可变配气相位控制阀与废气涡轮增压系统控制阀	10				
	能够按照工单对可变配气相位与废气涡轮增压系统的控制系统进行检测	20				
	能够规范安装节气门位置可变配气相位控制阀与废气涡轮增压系统控制阀	10				
素质目标	具备严谨、细致的工作态度	10				
	具备 5S 素质要求	10				
	具备责任意识和风险意识	10				

习　题

一、填空题

1. 空气供给系统主要由＿＿＿＿＿、＿＿＿＿＿、＿＿＿＿＿、＿＿＿＿＿、＿＿＿＿＿、＿＿＿＿和＿＿＿＿＿组成。

2. 进气量传感器按照工作原理的不同可分为＿＿＿＿＿和＿＿＿＿＿。

3. 热丝（膜）式空气流量计安装在＿＿＿＿＿，一般有＿＿＿＿＿条线，其电源是＿＿＿＿＿V。

4. 进气压力传感器一般安装在＿＿＿＿＿，一般有＿＿＿＿＿条线，其电源是＿＿＿＿＿V。

5. 发动机在低转速时，＿＿＿＿＿的进气歧管，可以增加进气的气流速度和气压强

度，提高扭矩。发动机在高转速时需要大量混合气，_____有利于吸入更多的混合气，提高输出功率。

二、判断题

1. 热线和热膜式空气流量计可直接测得进气空气的质量流量。　　（　　）
2. 进气歧管压力传感器可直接测得进气空气的质量流量。　　（　　）
3. 进气歧管的真空度越高进气压力传感器输出信号电压越高。　　（　　）
4. 进气温度传感器的信号电压随温度的增大而增大。　　（　　）
5. 线性式节气门位置传感器的信号电压随节气门开度的增大而增大。（　　）
6. 在低速下使用长的进气管，可以充分利用惯性效应来增加发动机的循环充气量。　　（　　）
7. 汽油机采用增压技术后产生爆燃的倾向增加，因此其动力性下降。　（　　）
8. 冷却水管流过增压系统的中间冷却器，实际上使进气的温度升高。　（　　）
9. ECU 通过控制脉冲信号的占空比来改变增压压力控制电磁阀的开度。（　　）
10. 进气管内的压力被反射回到进气门所需时间取决于压力传播路线的长度。　　（　　）
11. VTEC 系统中电磁阀通后，通过水温传感器给计算机提供一个反馈信号，以便监控系统工作。　　（　　）

三、简答题

1. 空气供给系统的作用是什么？
2. 进气流量传感器故障对发动机性能有何影响？
3. 如何检查进气流量传感器及其电路？
4. 如何检查进气压力传感器及其电路？
5. 如何检查节气门位置传感器及其电路？

项目 7
汽油机燃油供给系统的检修

项目描述

　　汽油机燃油供给系统是发动机电子控制系统的重要组成部分，在熟悉汽油机燃油供给系统主要组成元件的布置和结构的基础上，掌握电动燃油泵、燃油压力调节器、燃油滤清器等元件的作用及类型、结构及原理、维护与检修方法；同时，掌握汽油机燃油供给系统主要传感器（如空气流量计、进气压力传感器、节气门位置传感器、冷却液温度传感器、曲轴与凸轮轴位置传感器等）、电子控制单元、执行器（喷油器）等元件的作用及类型、结构及原理、维护与检修方法，只有这样才能更深入地掌握系统的结构与工作原理，才能够根据电子控制系统故障现象分析原因所在，同时，也应该具备严谨细致、精益求精的工匠精神。

任务 1
汽油机燃油供给系统主要元件的检修

任务引入

　　一辆 2009 款 1.6 L 江苏悦达起亚汽车，行驶里程为 25 257 km，据用户反映车辆出现加速无力，启动困难，急加油时有顿挫感，在行驶时有"嗡嗡"的异响，发动机故障灯亮，发动机抖动。经诊断是汽油机燃油供给系统元件有故障。作为维修技术人员，如果遇到这种故障的车辆，应该怎么排除故障？

学习目标

知识目标
1. 了解汽油机燃油供给系统的组成和各组成部分的作用。
2. 掌握汽油机燃油供给系统主要元件的结构与工作原理。

能力目标

1．能够在车辆上准确找到汽油机燃油供给系统元件并检查是否正常。

2．能够对燃油控制系统进行检修及故障诊断。

素质目标

1．具备严谨、细致、认真工作的态度和高度的责任心。

2．具备勤俭节约、艰苦奋斗的良好品质。

7.1.1　汽油机燃油供给系统概述

1．汽油机燃油供给系统的作用与组成

（1）作用。汽油机燃料供给系统的主要作用是根据发动机各种不同工况的要求，向发动机气缸内供给不同浓度和不同量的由汽油和空气混合成的可燃混合气，在临近压缩终了时点火燃烧而放出热量，燃气膨胀做功，最后将气缸内的废气排至大气中。

（2）组成。汽油机燃油供给系统由空气供给系统、燃油喷射系统和电子控制系统组成。

①空气供给系统：是向发动机提供与负荷相适应的清洁空气，同时，测量和控制进入发动机气缸的空气量，使它们在系统中与喷油器喷出的汽油形成空燃比符合要求的可燃混合气。

②燃油喷射系统：是用电动燃油泵向喷油器提供足够压力的汽油，喷油器根据来自 ECU 的控制信号，向进气歧管内进气门上方或气缸内喷射适量的汽油。

③电子控制系统：是接收来自表示发动机工作状态的各个传感器输送来的信号，根据 ECU 预置的程序，对喷油时刻、喷油量等进行确定和修正，并输出控制信号给相应的执行器，以实现对发动机的最佳控制。

2．汽油机的燃烧过程

（1）汽油机正常燃烧。火花塞跳火点燃可燃混合气，形成火焰中心。火焰按一定速度连续地传播到整个燃烧室的空间。在此期间，火焰传播速度及火焰前锋的形状均没有急剧变化，这种状况称为正常燃烧。

图 7-1 所示为汽油机燃烧过程展开示意，它以发动机曲轴转角为横坐标，气缸内气体压力为纵坐标。图中虚线表示只压缩不点火的压缩线。燃烧过程的进行是连续的，为分析方便，按其压力变化的特征，可将汽油机的燃烧过程分为着火延迟期、明显燃烧期、补燃期三个阶段。

①着火延迟期。从火花塞跳火开始到形成火焰中心为止这段时间，称为着火延迟期，如图 7-1 中阶段 I 所示。从点火时刻起到活塞到达压缩上止点，这段时间内曲轴转过的角度称为点火提前角，用 θ_{ig} 表示。

火花塞跳火后，并不能立刻形成火焰中心，因为混合气氧化反应需要一定时间。当火花能量使局部混合气温度迅速升高，以及火花放电时，两极电压在 15 000 V 以上时，混合气局部温度可达 2 000 ℃，加快了混合气的氧化反应速度。这种反应达到一定

项目 **7**　汽油机燃油供给系统的检修

的程度，出现发光区，形成火焰中心。此阶段压力无明显升高。

②明显燃烧期。从火焰中心形成到气缸内出现最高压力为止这段时间，称为明显燃烧期，如图 7-1 中阶段Ⅱ所示。

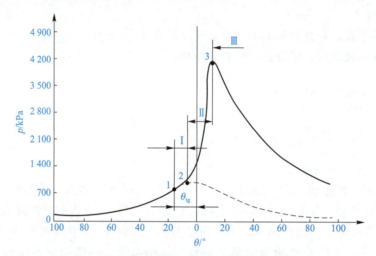

图 7-1　汽油机的燃烧过程展开示意
Ⅰ—着火延迟期；Ⅱ—明显燃料期；Ⅲ—补燃期
1—开始点火；2—形成火焰中心；3—最高压力点

当火焰中心形成后，火焰前锋以 20 ～ 30 m/s 的速度从火焰中心开始逐层向四周的未燃混合气传播，直到连续不断燃烧整个燃烧室。混合气绝大部分在此期间内燃烧完毕，压力、温度迅速升高，出现最高压力点 3。

最高压力点 3 出现的时刻，对发动机功率、燃油消耗有很大影响。过早会因混合气点火提前，使压缩功增加，热效率下降。过迟会因混合气点火延迟，燃烧产物的膨胀比减小，燃烧在较大容积下进行，散热损失增加，热效率也下降。

③补燃期。从最高压力点开始到燃料基本燃烧完毕为止，称为补燃期。这一阶段主要是明显燃烧期内火焰前锋扫过的区域，部分未燃尽的燃料继续燃烧，吸附于气缸壁上的混合气层继续燃烧，部分高温分解产物（CH_2、CO 等）在膨胀过程中温度下降又重新燃烧、放热。

由于活塞下行，压力降低，使后燃烧期内燃烧放出的热量不能有效地转变为功。同时，排气温度增加，热效率下降，影响发动机动力性和经济性。因此，应尽量减少。

（2）汽油机不正常燃烧。

①爆燃。在某种条件下（如压缩比过高等），汽油机的燃烧会出现不正常。在测量的 p-φ 示功图上，压力曲线出现了高频大振幅波动，上止点附近的 $\mathrm{d}p/\mathrm{d}\varphi$ 值急剧变动，此时火焰传播速度和火焰前锋形状均发生急剧的变化，称为爆震燃烧，简称爆燃（图 7-2）。

当发生爆燃时，汽油机将出现敲缸声。轻微爆燃时，功率略有增加，但强烈的爆燃，使汽油机功率下降，工作变得不稳定，发动机振动较大。由于爆燃的冲击波破坏了燃烧室壁面的油膜和气膜，使传热增加，发动机过热。

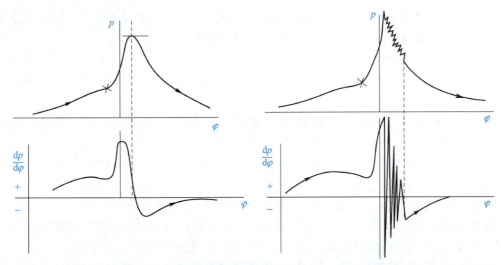

图 7-2 正常燃烧与爆震燃烧 p-φ 和 $\mathrm{d}p/\mathrm{d}\varphi$ 图比较

以下措施可以有效地减少爆燃：

a. 使用抗爆性高的燃料。当辛烷值增加时，着火延迟期也增加，抗爆性好。添加抗爆剂可以提高汽油的抗爆性。

b. 降低末端混合气温度和压力。降低冷却液温度、进气温度，使用浓混合气，推迟点火，降低压缩比，及时清除燃烧室积炭，合理设计燃烧室，缩短火焰传播距离等。

c. 降低负荷、提高转速减小爆燃倾向。降低负荷，上一循环的残余废气量相应增多，废气对混合气的自燃有阻碍作用。提高转速，混合气的扰流强度提高，火焰传播速度加快，不易产生爆燃。

总之，汽油机在降低压缩比、关小节气门或提高转速时，都不易产生爆燃。推迟点火时刻、提高汽油的辛烷值，也是减少爆燃倾向的有效措施。

②表面点火。表面点火是指不依靠电火花点火，由炽热表面（如过热的火花塞电极、排气门和燃烧室表面的沉积物等）点燃混合气而引起的不正常燃烧现象。

在电火花正常点火之前产生的表面点火称为早燃；在电火花点燃混合气之后产生的表面点火称为后燃。

表面点火的时刻是不可控制的。早燃时，由于点火表面较大，使火焰传播速度较高，压力升高率较大，汽油机工作强烈，压缩负功增加，并增加向气缸壁的传热，致使功率下降，气门、火花塞和活塞等零件过热，同时进一步加热炽热表面，使着火更提前。后燃虽有可能加快燃烧速度，但因为其发生在正常火焰传播的过程中，所以对汽油机影响不大。

一般来说，凡是能够降低燃烧室压力、温度和防止积炭等炽热点形成的因素和条件，都可以抑制和消除表面点火。采用低馏分的燃油和不易结焦的润滑油是避免炽热点火的有效措施。

3. 可燃混合气浓度对发动机性能的影响

（1）可燃混合气浓度的表示方法。

①空燃比。可燃混合气中空气质量与燃料质量的比值称为空燃比，用 A/F 表示。

1 kg 汽油完全燃烧需要空气 14.7 kg，故对于汽油机而言，理论空燃比为 14.7。若空燃比小于 14.7，则为浓混合气，若空燃比大于 14.7 则为稀混合气。

②过量空气系数。将燃烧 1 kg 燃料实际供给的空气质量与理论上 1 kg 燃料完全燃烧所需的空气质量之比称为过量空气系数，用 λ 表示。λ 等于 1 的可燃混合气即理论混合气；λ 小于 1 的为浓混合气；λ 大于 1 的则为稀混合气。

（2）可燃混合气浓度对发动机性能的影响。燃烧火焰的温度在燃烧比理论空燃比稍浓的混合气（$A/F = 13.5 \sim 14.0$）时出现最高值。火焰燃烧速度最高时的空燃比，比火焰温度最高时的空燃比还要小一点，为 $12 \sim 13$。相当于这种空燃比的混合气将使发动机发出最大功率，因此，这种稍浓混合气的空燃比称为功率空燃比。当汽油燃烧完全时，发动机的油耗率最低，此时混合气的空燃比要比理论空燃比大一些，约为 16，这种稍稀混合气的空燃比称为经济空燃比。在功率空燃比与经济空燃比之间范围内的混合气成分是汽油发动机常用的混合气，它可使发动机获得较好的使用性能。

从发动机工作的稳定性、动力性和燃油经济性统一考虑，对不同工况，混合气空燃比的要求是不同的。

①启动工况：发动机由起动机拖动，曲轴转速很低，一般为 $100 \sim 150$ r/min，这时发动机的温度低，汽油蒸发很困难，这样会使混合气太稀，不能被火花塞的电火花点燃。为了起动发动机，必须供给很浓的混合气。

②怠速工况：发动机启动后，只维持自身稳定旋转的最低稳定转速，对外不输出动力，称为怠速。怠速工况一般转速为 $700 \sim 800$ r/min，节气门近似于全闭，吸入气缸的混合气很少，而残留气缸中的废气又多，对混合气起冲淡作用，燃烧条件很差。所以，要想维持发动机稳定运转，需要供给较浓的混合气。

③中小负荷工况：相当于节气门开度比怠速时稍大，到节气门开度达到 80% 左右时，为中小负荷工况。在实际使用中，发动机大部分时间在这种工况下工作。小负荷时，节气门开度小，气缸中残气较多，需要浓些混合气。随着节气门开大，气缸内充气量增加，汽油雾化、蒸发和燃烧条件得以改善，所以需使可燃混合气逐渐由浓变稀。

④全负荷工况：节气门接近全开时，要求发动机发出最大功率。这时，发动机的充气量已达到最大，为了充分利用有限的空气，就需要供给较浓的混合气。

⑤加速工况：当汽车骤然提高速度时（超车），节气门突然开大，使发动机转速剧增，要多喷入一些燃料以弥补加速时的瞬间减稀，以获得良好的加速过渡性能。

⑥减速倒拖：当汽车减速倒拖时，驾驶员迅速松开加速踏板，节气门关闭，此时由于惯性作用，发动机仍保持很高的转速 v，电控发动机减速时供给的燃料应减少一部分。

4. 汽油发动机燃油供给系统的类型

现代汽油发动机燃油供给系统按汽油喷射的方式不同可分为进气道喷射和缸内喷射两种。

（1）进气道喷射系统。进气道喷射系统是指在每个气缸的进气门前安装一个喷油器，如图 7-3 所示。喷油器喷射出燃油后，在进气门附近与空气混合形成可燃混合气，这种喷射系统能较好地保证各缸混合气总量和浓度的均匀性。

（2）缸内喷射系统。缸内喷射系统是指将高压燃油直接喷射到气缸内，所以又称缸内直喷，如图7-4所示。这种喷射技术使用特殊的喷油器，燃油喷雾效果更好，并可在缸内产生浓度渐变的分层混合气（从火花塞往外逐渐变稀）。因此可以使用超稀的混合气，工作油耗和排放也远远低于普通汽油发动机。此外，这种喷射方式使混合气体积的温度降低，爆燃的倾向减少，发动机的压缩比可比采用进气道喷射的大大提高。目前，这种技术已广泛地应用在汽油发动机上。

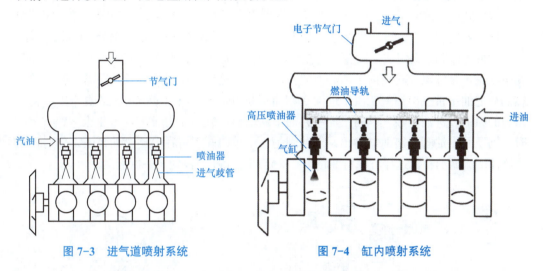

图7-3　进气道喷射系统　　　　　　图7-4　缸内喷射系统

7.1.2　汽油机燃油供给系统元件的结构

汽油机燃油供给系统的作用是根据发动机工作的需要，适时、适量地为发动机提供燃油。

1. 燃油喷射系统元件的结构

燃油喷射系统包括燃油箱、电动燃油泵、燃油压力调节器、燃油脉动阻尼器、燃油滤清器、燃油分配管和喷油器等元件。

（1）燃油箱（汽油箱）。燃油箱的功能是储存汽油，轿车的燃油箱一般安装在后排座椅的下方，容量和形状随车型而异。其容量应使汽车的续驶里程达500 km以上。汽油箱由钢板或塑料制成，内部通常有挡油板，为的是减轻汽车行驶时汽油的振荡。

（2）电动燃油泵（电动汽油泵）。电动燃油泵的作用是将燃油从燃油箱中泵入燃油管路，并使燃油保持一定的压力，经过滤清器输送到喷油器。电动燃油泵的电动机和燃油泵连成一体，密封在同一壳体内。电动燃油泵按其安装位置可分为外置式和内置式两种。内置式电动燃油泵安装在油箱中，具有噪声小、不易产生气阻、不易泄漏、安装管路较简单等优点，应用较为广泛。有些车型在油箱内还设有一个小油箱，并将燃油泵置于小油箱中，这样可防止在油箱燃油不足时，因汽车转弯或倾斜引起电动燃油泵周围燃油的移动，使电动燃油泵吸入空气而产生气阻。外置式电动燃油泵串接在油箱外部的输油管路中，其优点是容易布置，安装自由度大，但噪声大，且燃油供给系统易产生气阻，所以只有应用在少数车型上。

　　电动燃油泵向喷油器提供的油压高于进气歧管压力 250 ～ 300 kPa，因为燃油是从油箱内泵出，经输油管送到喷油器，所以电动燃油泵的最高油压需要 450 ～ 600 kPa，其供油量比发动机最大耗油量大得多，多余的汽油将从回油管返回油箱。

　　①电动燃油泵的结构及原理。目前，各车型装用的电动燃油泵按其结构不同，有涡轮式、滚柱式、转子式和侧槽式。内置式电动燃油泵大多采用涡轮式；外置式电动燃油泵则多数为滚柱式。

　　涡轮式电动燃油泵（图 7-5）主要由燃油泵电动机、涡轮泵、出油阀、卸压阀等组成。油箱内的燃油进入燃油泵的进油室前，首先经过滤网初步过滤。涡轮泵主要由叶轮、叶片、泵壳体和泵盖组成，叶轮安装在燃油泵电动机的转子轴上。燃油泵电动机通电时，其驱动涡轮泵叶轮旋转，由于离心力的作用。使叶轮周围小槽内的叶片贴紧泵壳，并将燃油从进油室带往出油室。由于进油室燃油不断被带走，所以形成一定的真空度，将油箱内的燃油经进油口吸入；而出油室燃油不断增多，燃油压力升高，当油压达到一定值时，则顶开出油阀经出油口输出。出油阀是一个单向阀，可在电动燃油泵不工作时，阻止燃油倒流回油箱，这样可保持油路中有一定的残余压力，便于下次启动。

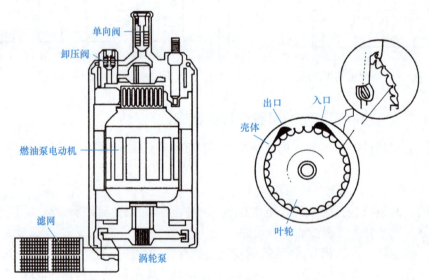

图 7-5　涡轮式电动燃油泵

　　在电动燃油泵工作中，燃油流经燃油泵内腔，对燃油泵电动机起到冷却和润滑的作用。当电动燃油泵不工作时，出油阀关闭，使油管内保持一定的残余压力，以便于发动机启动和防止气阻产生。

　　卸压阀安装在进油室和出油室之间，当燃油泵输出油压达到 0.5 MPa 时，卸压阀开启，使油泵内的进、出油室连通，电动燃油泵工作只能使燃油在其内部循环，以防止输油压力过高。涡轮式电动燃油泵具有泵油量大、泵油压力较高（可达 600 kPa 以上）、供油压力稳定、运转噪声小、使用寿命长等优点，所以应用最为广泛。

　　②电动燃油泵的控制。电动汽油泵的控制电路一般具有预运转功能、启动运转功能、恒速运转功能、变速运转功能、自动停转保护功能。

卡罗拉轿车电动燃油泵控制电路（图7-6）由主继电器、开路继电器、燃油泵、ECU和转速传感器等组成。当点火开关闭合后，主继电器闭合，接通了ECU和开路继电器的电源。当点火钥匙转到启动挡时，计算机接收到STA信号，控制FC和E1之间的三极管导通，开路继电器内线圈有电流流过，使开路继电器触点闭合，接通油泵电源，油泵开始工作。

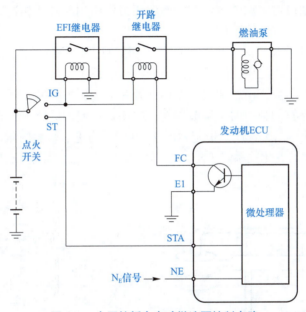

图7-6　卡罗拉轿车电动燃油泵控制电路

当发动机运转后，ECU接收到发动机转速传感器NE信号后，控制FC和E1之间的三极管导通，开路继电器内线圈有电流流过，使开路继电器触点闭合，接通油泵电源，油泵一直工作。当点火开关断开后，主继电器开路，断开了ECU和开路继电器的电源，油泵停止工作。

一些轿车的燃油泵由发动机ECU和燃油泵ECU共同控制，如图7-7所示。在这种控制系统中，还有一个燃油泵系统诊断功能。当燃油泵ECU检测到燃油泵相关故障时，会向发动机ECU的D1终端传递一个信号。

当驾驶员空气囊、前排乘客空气囊或座椅侧空气囊充气胀开时，发动机ECU从空气囊中央传感器总成探测到充气信号，发动机ECU便会断开开路继电器，使燃油泵停止运作。当燃油断开控制开始运转时，也可通过关闭点火开关而取消，使燃油泵重新开始运转。

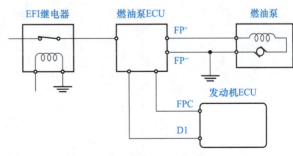

图7-7　燃油泵ECU和发动机ECU共同控制燃油泵的电路

（3）燃油压力调节器。燃油压力调节器的作用是保持输油管内燃油压力与进气管内气体压力的差值恒定，即根据进气管内压力的变化来调节燃油压力。燃油压力调节器根据安装位置可分为两种，一种与燃油分配管（也称油轨）相连，其特点是带回油管，其安装位置如图 7-8 所示；另一种在油箱中，其特点是无回油管。

①带回油管的燃油压力调节器的结构和工作原理如图 7-9 所示。供油系统的燃油从油压调节器进油口进入调节器油腔，燃油压力作用到与阀体相连的膜片上。当燃油压力升高使油压作用到膜片上的压力与真空管作用到膜片上的吸力之和超过回位弹簧的弹力时，油压推动膜片向上拱曲，调节器阀门打开，部分燃油从回油管流回油箱，使燃油压力降低。当燃油压力降低到调节器控制的系统油压时，球阀关闭，使系统油压保持一定压力值不变。当燃油油压作用到膜片上的压力与真空管作用到膜片上的吸力之和低于回位弹簧的弹力时，调节器阀门关闭，不回油。所以，燃油压力调节器的作用是保持系统油压与大气压差恒定。图 7-10 所示为进气歧管内压力、燃油分配管内压力与节气门开度的变化关系。

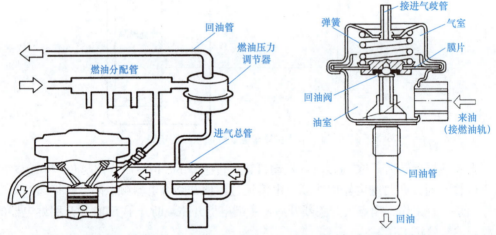

图 7-8　带回油管的燃油压力调节器安装位置　　图 7-9　燃油压力调节器的结构和工作原理

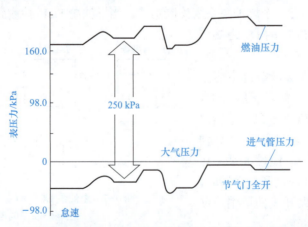

图 7-10　进气歧管内压力、燃油分配管内压力与节气门开度的变化关系

②无回油管的燃油压力调节器安装位置与结构总成如图7-11所示。它与油泵总成安装在一起，直接将系统多余的油压泄回到油箱。这种无回油管系统的油压保持一个固定值，不随进气歧管内压力变化而变化。无回油管燃油系统减少了油箱外的连接件，不仅使燃油供给系统的结构简化、拆装方便、故障减少、成本降低，而且有利于降低燃油的蒸发损失和排放污染，所以其应用也越来越普遍。

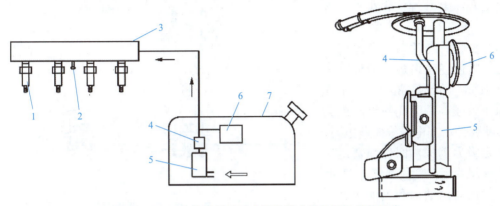

图7-11 无回油管的燃油压力调节器安装位置与结构总成
1—喷油器；2—脉动阻尼器；3—油轨；4—汽油滤清器；5—电动燃油泵；6—燃油压力调节器；7—油箱

（4）燃油脉动阻尼器。燃油脉动阻尼器也称油压缓冲器，其作用是使燃油泵泵出的油压变得平稳，减轻喷油器打开和关闭瞬间的压力波动，减少油压波动和降低噪声。其结构与工作原理如图7-12所示。

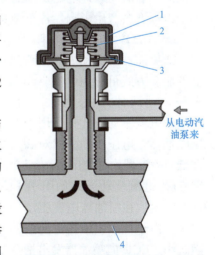

图7-12 燃油脉动阻尼器的结构与工作原理
1—外壳；2—弹簧；3—膜片；4—分配管

（5）燃油滤清器。燃油滤清器安装于燃油泵与燃油总管之间的油路中，其作用是滤除燃油中的水分和杂质等污物，以防止堵塞喷油器针阀。常见的汽油滤清器有普通直进直出式、带有回油管路的、集成于油泵总成中的。燃油滤清器的更换周期一般为10 000～50 000 km，具体最佳更换时机可以参考车辆使用手册上的说明。燃油滤清器安装有方向要求，一般更换是在汽车进行大保养时，与空气滤清器和机油滤清器同时更换，这也就是日常所说的"三滤"。

（6）喷油器。喷油器是电控燃油喷射系统中的重要执行器，它接收来自发动机ECU的信号，精确地喷射燃油量。电子控制燃油喷射系统全部采用电磁式喷油器，单点喷射系统的喷油器安装在节气门体空气入口处，多点喷射系统的喷油器安装在各缸进气歧管或气缸盖上的各缸进气道处。

①喷油器的结构。喷油器主要由滤网、线束插接器、电磁线圈、回位弹簧、衔铁和针阀等组成，如图7-13所示。针阀与衔铁制成一体，喷油器不喷油时，回位弹簧

171

通过衔铁使针阀紧压在阀座上，防止滴油。当电磁线圈通电时，产生电磁吸力，将衔铁吸起并带动针阀离开阀座，同时回位弹簧被压缩（阀体使弹簧压缩而上升，上升行程很小，一般为 0.1～0.2 mm）。燃油经过针阀并由轴针与喷口的环隙或喷孔中喷出。喷出燃油的形状为小于 30°的圆锥雾状。由于燃油压力较高，因此喷出燃油为雾状燃油。当电磁线圈断电时，电磁吸力消失，回位弹簧迅速使针阀关闭，喷油器停止喷油。在喷油器的结构和喷油压力一定时，喷油器的喷油量取决于

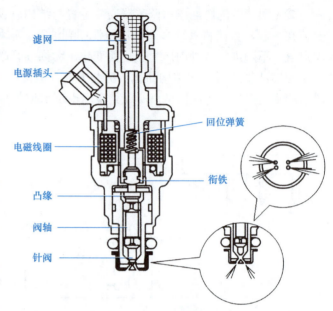

图 7-13　喷油器的构造

针阀的开启时间，即电磁线圈的通电时间。回位弹簧弹力对针阀密封性和喷油器断油的干脆程度会产生影响。各车型装用的喷油器，按其线圈的电阻值可分为高阻（电阻为 13～16 Ω）和低阻（电阻为 2～3 Ω）两种类型。

　　②喷油器的驱动方式。喷油器的驱动方式可分为电流驱动和电压驱动两种方式，如图 7-14 所示。电流驱动方式只适用于低阻喷油器，电压驱动方式对高阻和低阻喷油器均可使用。

　　a. 电流驱动方式如图 7-14（a）所示。在喷油器电流驱动回路中，由于低阻喷油器，回路的阻抗小，ECU 向喷油器发出指令时，流过喷油器线圈的电流增加

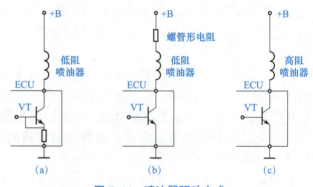

图 7-14　喷油器驱动方式

（a）电流驱动；（b）电压驱动（低阻）；（c）电压驱动（高阻）

迅速，电磁线圈产生磁力使针阀开启快，喷油器喷油迟滞时间缩短，响应性更好。喷油器针阀的开启时刻总是比 ECU 向喷油器发出指令的时刻晚，此时间称为喷油器喷油迟滞时间（或无效喷油时间）。此外，采用电流驱动方式，保持针阀开启使喷油器喷油时的电流较小，喷油器线圈不易发热，也可减少功率损耗。

　　b. 电压驱动方式如图 7-14（b）、（c）所示。低阻喷油器采用电压驱动方式时，必须加入附加电阻。因为低阻喷油器线圈的匝数较少，加入附加电阻，可以减小工作时流过线圈的电流，以防止线圈发热而损坏。电压驱动方式中的喷油器驱动电路较简单，但因其回路中的阻抗大，故喷油器的喷油滞后时间长。

2. 缸内直喷式汽油机（GDI）燃油系统元件的结构

缸内直喷式汽油机（GDI）燃油系统主要由燃油箱、电动燃油泵、燃油滤清器、燃油低压传感器、高压燃油泵、燃油压力调节器、油轨、限压阀、高压喷油器、燃油高压传感器等组成，如图7-15所示。

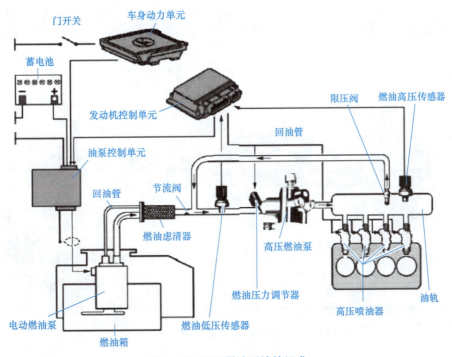

图 7-15　GDI 燃油系统的组成

GDI 燃油系统可分为低压燃油系统和高压燃油系统。低压燃油系统是由燃油箱内的电动燃油泵为高压燃油泵提供一个 40 ～ 700 kPa 的低压燃油；高压燃油系统（图7-16）由高压燃油泵为系统提供一个 5 ～ 11 MPa（取决于负荷和转速）的高压燃油，通过高压油道将燃油送入燃油分配管，分配管再将燃油分配给高压喷油器。

燃油泵控制单元控制电动燃油泵，使低压油路内的油压达到 350 ～ 500 kPa，在冷、热机起动发动机时，低压燃油系统内的油压可以达到 650 kPa。燃油滤清器限压阀的开启压力约为 680 kPa。高压燃

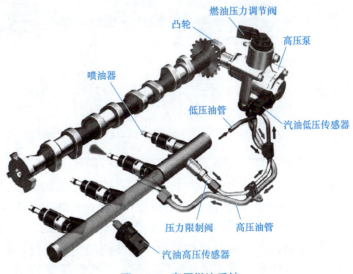

图 7-16　高压燃油系统

油泵由驱动凸轮驱动，高压燃油泵经燃油压力调节器（高压）产生燃油轨内所需要的压力，为 5 ~ 11 MPa（取决于发动机的负荷和转速）。高压燃油通过分配管被输送到各缸的喷油器内；高压油路内的限压阀在压力超过 12 ~ 15 MPa 时开启，以保护高压元件。燃油轨起缓冲器的作用，吸收高压燃油路内的压力波动。

（1）高压燃油泵。高压燃油泵是将来自低压的燃油（600 kPa）加压至 20 MPa，以供入油轨。其平均供油量是喷油器平均供油量的 2 倍左右。高压泵的压力缓冲器会吸收高压系统内的压力波动。高压燃油泵一般采用活塞泵，由凸轮轴驱动。高压燃油泵由凸轮、柱塞、进油泵、燃油压力控制阀等组成，如图 7-17 所示。

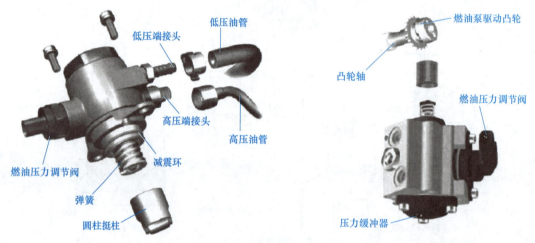

图 7-17　高压油泵

高压燃油泵的工作过程可分为进油、回油和输送油三个过程，如图 7-18 所示。

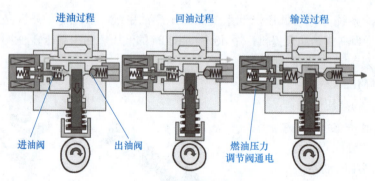

图 7-18　高压油泵工作过程

①进油过程。当泵油塞向下运动时，活塞上腔的容积不断增加，产生真空吸力，此时出油阀在弹簧力的作用下处于关闭状态，进油阀在针阀弹簧力作用下被打开，燃油以最高 600 kPa 的压力经进油阀进入泵腔。另外，泵活塞向下运动产生真空吸力，也会吸入燃油。泵活塞在向下运动过程中，泵腔内的燃油压力近似于低压系统内压力。

②回油过程。在回油过程中，进油阀仍然处于打开状态。随着泵活塞向上运动，泵腔内过多的燃油被压回到低压系统，以此来调节实际供油量。回油在系统中产生的

液体脉动被油压定减器和节流阀所衰减回油过程中。泵活塞向上运动，进油阀处于打开状态。泵腔内的燃油压力近似于低压系统的油压。

③输送油过程。电子控制单元计算供油始点并给燃油压力控制阀发送指令使其吸合。针阀将克服针阀弹簧的作用力向左运动，同时进油泵活塞向上运动，泵腔内油压高于油轨内的油压时，出油阀被开启，燃油被泵入油轨内。

（2）高压喷油器。缸内直喷汽油机一般采用类似于伞喷的外开式单孔轴针式喷嘴，能够改善喷射情况且不易积碳、堵塞。广泛使用的是内开式旋流喷油器，其内部没有燃油旋流腔，燃油通过在其中产生的旋转涡流来实现微粒化并减小喷束的贯穿度，从而可以实现 5 MPa 的缸内喷射，如图 7-19 所示。

电磁线圈的通电产生的电磁力使铁芯克服弹簧力而移动，与铁芯一起的针阀被打开，压力油便从喷口喷出。电磁线圈断电，其电磁力消失，铁芯在弹簧力作用下迅速回位，针阀关闭，喷油器立即停止喷油。喷油器是将汽油直接喷入燃烧室，对于单孔喷油器，其燃油喷射锥角为 70°，喷束倾角为 20°。喷油器工作特性如图 7-20 所示。

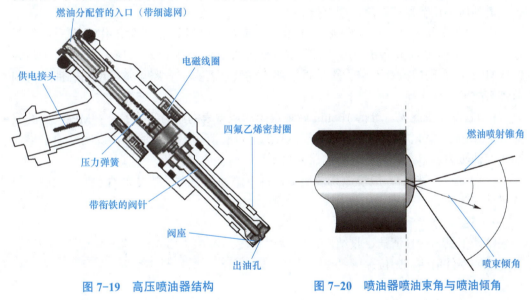

图 7-19　高压喷油器结构　　　　图 7-20　喷油器喷油束角与喷油倾角

低压系统燃油压力的检测

视频：汽油泵的检测

1. 准备工作

（1）设备：实训车辆、工作台。

（2）工具与量具：万用表、燃油压力表、鲤鱼钳、扭力扳手、套筒、成套工具等。

（3）发动机维修手册、车辆电路图。

（4）耗材、工单及其他：清洁用棉布、手套、车辆三件套等。

2. 低压系统燃油压力检测的工作过程

通过测试燃油系统压力，可诊断燃油系统是否有故障，进而根据测试结果确定故

障性质和部位。测试时需要使用专用油压表和管接头，测试方法如下：

（1）检查油箱内燃油应足够，拔掉油泵继电器，起动发动机，使其自行熄火，再起动发动机 2～3 次，释放燃油系统压力。关闭点火开关，插上油泵继电器。

（2）检查蓄电池电压为_____V，标准值≥ 11.5 V。

（3）拆卸蓄电池负极线路，将专用燃油压力表接在燃油供给系统中。

（4）接上负极电缆，起动发动机使其维持怠速运转。

（5）拆下燃油压力调节器上真空软管，用手堵住进气管一侧，检查燃油压力表指示的压力为_____MPa。标准值为 0.37 MPa。

（6）若燃油系统压力过低，可夹住回油软管以切断回油管路，再检查燃油压力表指示压力，若压力恢复正常，说明燃油压力调节器有故障，应更换。

（7）更换燃油压力调节器后，若燃油系统压力仍过低，应检查燃油系统有无泄漏，燃油泵滤网、燃油滤清器和油管路是否堵塞，若无泄漏和堵塞故障，应更换燃油泵。

（8）若燃油压力表指示压力过高，应检查回油管路是否堵塞；若回油管路正常，说明燃油压力调节器有故障，应更换。

（9）如果测试燃油系统压力符合标准，使发动机运转至正常工作温度后，重新连接上燃油压力调节器的真空软管，检查燃油压力表的指示，应有所下降（约为 0.05 MPa），否则应检查真空管路是否堵塞或漏气；若真空管路正常，说明燃油压力调节器有故障，应更换。

（10）发动机熄火，等待 10 min 后观察燃油压力表的压力为_____MPa。标准值为 0.37 MPa。若压力过低，应检查燃油系统是否有泄漏；若无泄漏，说明燃油泵出油阀、燃油压力调节器回油阀或喷油器密封不良。

（11）检查完毕后，应释放系统压力，拆下燃油压力表，装复燃油系统。然后，预置燃油系统压力，并起动发动机检查有无泄漏。

3. 5S 工作

（1）工具与量具清洁、收纳、归位。

（2）零件清洁、归位。

（3）维修手册归位。

（4）清洁工作台，耗材按使用情况整理归位或丢入垃圾筒。

（5）实训用车辆清洁、关闭车窗、断电、锁车门。

（6）清扫实训场地并清空垃圾，关灯关门。

任务实施

低压燃油系统喷油器及控制电路的检测

1. 准备工作

（1）设备：卡罗拉轿车、工作台。

（2）工具与量具：万用表、扭力扳手、套筒、成套工具等。

（3）发动机维修手册、车辆电路图。

视频：喷油器的检测

（4）耗材、工单及其他：清洁用棉布、手套、车辆三件套等。

2. 低压燃油系统喷油器及控制电路检测的工作过程

（1）电路分析。通过车辆电路图，查找燃油系统喷油器控制电路，如图7-21所示。

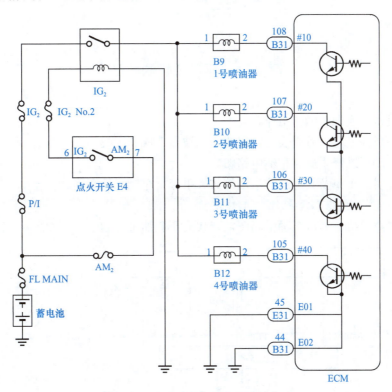

图 7-21　卡罗拉轿车喷油器控制电路

（2）检测过程及结果记录。

①喷油器的工作状况检查。打开发动机，用手触试或用听诊器检查喷油器针阀开闭时的振动声响，如果感觉无振动或听不到声响，说明喷油器或其电路有故障。

②检测喷油器线圈电阻值。断开点火开关，拔下喷油器的连接器。用万用表欧姆挡测量喷油器电磁线圈的电阻值。喷油器线圈的电阻值为_____Ω。标准值低阻抗为 2～3 Ω，高阻抗型喷油器线圈的电阻值为 13～16 Ω。如不符合，则应更换喷油器。

③检测喷油器电源供给电路。断开点火开关，拔下喷油器的连接器，再接通点火开关，不起动发动机，测量喷油器连接器电源端子 1 的电压，测量结果：_____V。标准值为 12 V。

④检查喷油器控制电路。用试灯串接到喷油器连接器两插头上，起动发动机，试灯是否闪烁。　　　　　　　　　　　　　　　　　　　　□是　　□否

3. 5S 工作

（1）工具与量具清洁、收纳、归位。

（2）零件清洁、归位。

（3）维修手册归位。

（4）清洁工作台，耗材按使用情况整理归位或丢入垃圾筒。

（5）实训用车辆清洁、关闭车窗、断电、锁车门。

（6）清扫实训场地并清空垃圾，关灯关门。

高压燃油泵及线路的检测

1. 准备工作

（1）设备：实训车辆、工作台。

（2）工具与量具：万用表、解码器、示波器、成套工具等。

（3）发动机维修手册、车辆电路图。

（4）耗材、工单及其他：清洁用棉布、手套、车辆三件套等。

2. 高压燃油泵及线路检测的工作过程

（1）电路分析。通过车辆电路图，查找高压燃油泵控制电路，如图 7-22 所示。

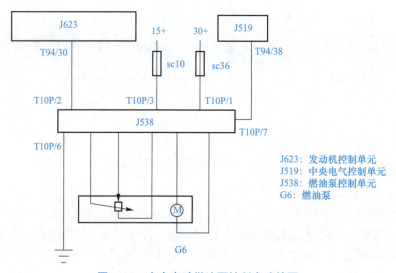

图 7-22　大众电动燃油泵控制电路简图

　　燃油泵 G6 的工作受控于燃油泵控制单元 J538，J538 受控于发动机电子控制单元 J623 或中央电气控制单元 J519。当打开车门或打开点火开关时，J519 控制 J538 和燃油泵 G6 进行预供油。当发动机正常运转后，发动机电子控制单元控制 J538 和燃油泵 G6 进行持续供油。系统常见故障为燃油泵本身存在故障、燃油泵控制电路存在故障、燃油泵控制模块本身或电源故障、燃油泵控制单元 J538 与发动机电子控制单元 J623 之间的通信电路故障、发动机电子控制单元 J623 自身存在故障。

　　（2）检测过程及结果记录。

①通过诊断仪执行元件诊断检测燃油泵。

a. 连接车辆诊断测试仪。

b. 将诊断线的插头插入驾驶员脚部空间内的诊断接口上。

c. 打开点火开关。

d. 依次按下显示屏上的车辆自诊断、发动机电子装置和执行元件诊断按钮。

e. 观察燃油泵运转情况。

f. 燃油泵应工作，且慢慢加速，并能达到最高转速。

②燃油泵控制单元供电检测。

a. 拔下 J538 的插头连接。

b. 用万用表检测触点 T5a/1 和 T5a/6 之间的电压：_____V。标准值为 12 V。

c. 若供电电压不正常，则检查 SC36 保险的相应线路：_____V。标准值为 12 V。

d. 如果供电电压不正常，则检查相应线路接地电路：_____V。标准值为 0 V。

e. 如果供电电压正常，检查插头与带有燃油滤清器的法兰连接是否牢固。
□是 □否

f. 如果确定未断路，则更换燃油泵输送单元。

③燃油泵本体的检测。

a. 检查油泵线束插接器连接是否良好。

b. 测油泵的 T5a/1 和 T5a/5 之间的电阻为_____Ω。标准值为 0.4 ～ 0.6 Ω。

如果阻值过小，则说明油泵内部短路。如果阻值无穷大，则说明油泵内部存在短路故障。如果电阻正常，则应进一步检测其供电。

④燃油泵控制单元 J538 端子 T10P 的检测。

a. 拔下燃油泵控制单元 J538 的插头连接，打开点火开关到 ON 挡。

b. 检测触点 T10P/3 和搭铁之间的电压为_____V。标准值为 12 V。

c. 检测触点 T10P/2 和搭铁之间的电压为_____V。标准值为瞬间 6 V 左右然后逐渐变小。

d. 等待发动机控制模块休眠，检测触点 T10P/7 和搭铁之间电压为_____V，标准值为开门瞬间 12 V。

e. 起动发动机，发动机加速过程，检测触点 T10P/2 和搭铁之间的电压为_____V，标准为电压从 6 V 左右然后逐渐变大。

f. 用示波器的探针分别连接燃油泵的 T5a/1 和 T5a/5 两个针脚，测量燃油泵波形，_____。标准波形如图 7-23 所示。

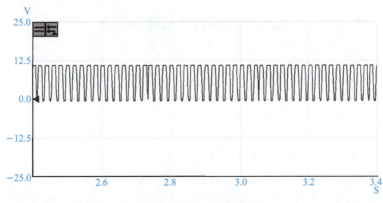

图 7-23 燃油泵标准波形

g. 波形不正常应进一步检测燃油泵控制单元 J538 的输出波形。如果两端波形不一致，则应检测线路本身的电阻，电阻值为_____Ω。标准值小于 1.5 Ω。

⑤燃油泵控制单元 J538 供电及控制信号检测。

a. J538 的供电和接地检测。

测量 J538 的供电端子 T10p/1 对地电压为_____V。标准值为 12 V。

测量 J538 的供电端子 T10p/3 对地电压为_____V。标准值为 12 V。

如果供电电压不正常，则应进一步对 sc10 和 sc36 进行检查。

测量 T10 p/6 对地电压为_____V。标准值为 0 V。

b. J623 对 J538 的控制信号检测。

测量 J538 的 T10p/2 端子对地波形_____。标准波形如图 7-24 所示。

检测发动机电子控制单元 J623 的 T94/30 端子的波形，波形是否一致，测量 T94/30 端子和 T10P/2 端子之间阻值_____Ω。标准值≤ 1 Ω。

如果波形正常则应更换 J538。

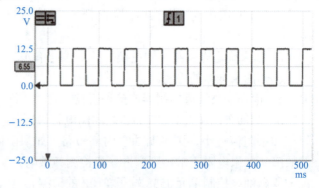

图 7-24　控制信号波形

3. 5S 工作

（1）工具与量具清洁、收纳、归位。

（2）零件清洁、归位。

（3）维修手册归位。

（4）清洁工作台，耗材按使用情况整理归位或丢入垃圾筒。

（5）实训用车辆清洁、关闭车窗、断电、锁车门。

（6）清扫实训场地并清空垃圾，关灯关门。

高压燃油压力传感器的检测

1. 准备工作

（1）设备：实训车辆、工作台。

（2）工具与量具：万用表、解码器、成套工具等。

（3）发动机维修手册、车辆电路图。

（4）耗材、工单及其他：清洁用棉布、手套、车辆三件套等。

2. 高压燃油压力传感器检测的工作过程

（1）电路分析。通过车辆电路图，查找高压燃油压力传感器电路，如图 7-25 所示。燃油压力传感器 G247 安装在燃油共轨的侧面，其作用是检测高压燃油系统内的燃油压力并输送给发动机 ECU，以控制燃油压力调节阀进行燃油压力的调节。发动机 ECU 根据燃油压力传感器 G247 的油压信号控制燃油压力调节阀进行燃油共轨内燃油压力的调节。如果燃油压力传感器 G247 出现故障，发动机 ECU 将以固定值进行燃油压力调节阀的控制，使燃油压力调节阀在高压燃油泵的整个泵油行程中保持通电，致使进油阀处于常开状态。这时，燃油共轨内的燃油压力将会降低至低压燃油系统的 550 ～ 650 kPa，发动机的输出功率和转矩都将大幅下降。

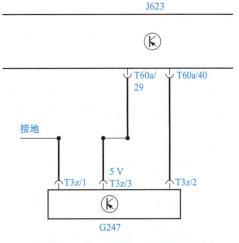

图 7-25　高压燃油压力传感器电路

（2）检测过程及结果记录。

① 检测电源电压。

a．关闭点火开关，拔下燃油压力传感器线束插头 T3z。

b．接通点火开关，检测线束插头端子 3（电源正极）与端子 1（接地端，负极）之间的电压为_____V。标准值为 5 V。

c．如果测试值没有达到此要求，则继续进行下一步检查。

② 检测电路导通性。

a．关闭点火开关，拔下燃油压力传感器线束插头 T3z、ECU 线束插头 T60a。

b．检测线束插头 T3z 端子 3 与 ECU 线束插头 T60a 端子 29 之间的导线电阻为_____Ω。标准值≤ 1.5 Ω。

c．检测线束插头 T3z 端子 2 与 ECU 线束插头 T60a 端子 40 之间的导线电阻，_____Ω。标准值≤ 1.5 Ω。

d．若阻值较大，说明该段导线存在虚接或断路。然后检查导线相互之间是否短路（不相接的导线间电阻应为无穷大）。如果导线有断路、短路故障，则应修复或更换。

③ 检测信号电压。

a．关闭点火开关，拔下燃油压力传感器线束插头 T3z，将线束插头 T3z 端子 2 的线束刺破，接好万用表表笔。

b．插上传感器线束插头 T3z，检测传感器线束插头 T3z 端子 2 与搭铁之间的电压为_____V。接通点火开关而不起动发动机时，电压约为 2.6 V。

c．起动发动机并急速运转，此时电压在 1.3 ～ 1.5 V 变化。随着节气门开度的增大，信号电压也随之增大。

d．将故障诊断仪连接到诊断座上，读取 106 组第 2 区（实际油压）的数据。将检测到的传感器信号电压与实际油压进行对照，应与燃油压力传感器特性曲线（图 7-26）相符合。否则，应更换燃油压力传感器。

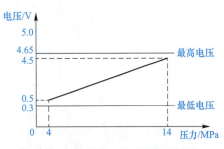

图 7-26　燃油压力传感器特性曲线

3．5S 工作

（1）工具与量具清洁、收纳、归位。

（2）零件清洁、归位。

（3）维修手册归位。

（4）清洁工作台，耗材按使用情况整理归位或丢入垃圾筒。

（5）实训用车辆清洁、关闭车窗、断电、锁车门。

（6）清扫实训场地并清空垃圾，关灯关门。

高压喷油器的检修

1．准备工作

（1）设备：实训车辆、工作台。

（2）工具与量具：万用表、解码器、成套工具等。

（3）发动机维修手册、车辆电路图。

（4）耗材、工单及其他：清洁用棉布、手套、车辆三件套等。

2．高压喷油器检修的工作过程

（1）电路分析。通过车辆电路图，查找高压喷油器控制电路路，如图 7-27 所示。高压喷油器及其控制电路出现故障后，会引起高压喷油器不能喷油、喷油量不足或高压喷油器漏油，从而导致发动机不能启动或启动困难、怠速抖动、加速无力、排放超标等故障现象。

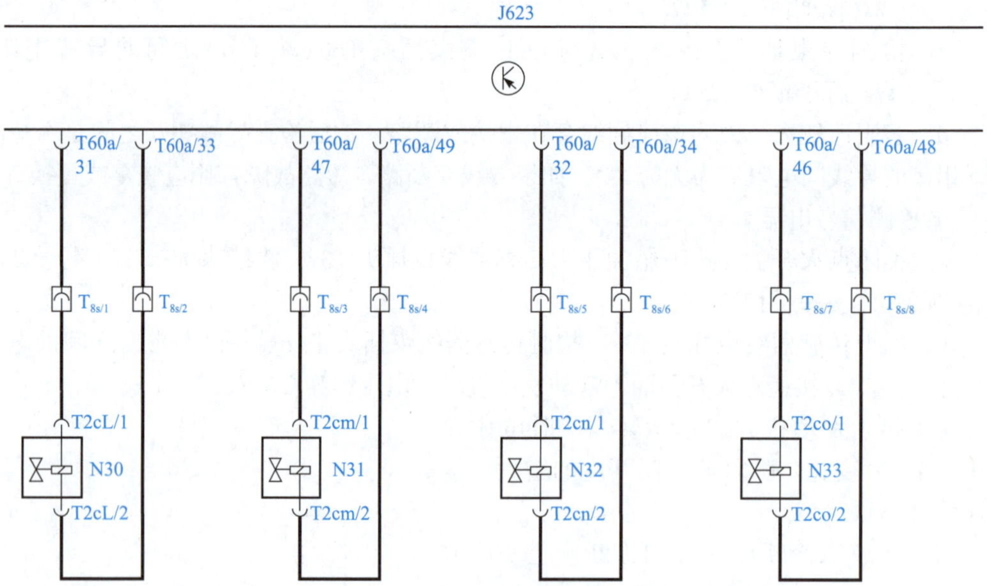

J623

图 7-27　大众燃油控制系统高压喷油器电流驱动控制电路

高压喷油器及其控制电路的主要故障原因涉及因素较多，既有可能是高压喷油器外部电路故障，又有可能是高压喷油器自身故障，还有可能是 ECU 故障。

外部电路故障主要有继电器故障及电路断路、短路或虚接等，高压喷油器自身故障既有如电磁线圈短路或断路等电气故障，又有高压喷油器脏污堵塞、卡滞、滴漏等机械方面的原因。由于发动机气缸内工作条件恶劣（高温、高压），高压喷油器因机械故障导致喷油器工作异常的可能性是比较大的。ECU 故障主要是 ECU 内部控制模块失效或者内部搭铁电路断路、短路。

（2）检测过程及结果记录。

①检查喷油器工作状态。起动发动机并怠速运转，用螺钉旋具接触高压喷油器，耳听时应有"嗒嗒"的响声。

②检测喷油器电阻。

a. 关闭点火开关，拔下高压喷油器 N30 线束插头 T2cl。

b. 用万用表检测各高压喷油器线束插座端子 1 与端子 2 之间电阻值为_____Ω。标准值为 $1.6 \sim 1.9\ \Omega$。如果电阻值与上述要求不符，则应更换喷油器。

③检测电路导通性。

a. 关闭点火开关，拔下喷油器 N30 线束插头 T2cl、ECU 线束插头 T60a。

b. 测喷油器线束插头 T2cl 端子 1 与 ECU 线束插头 T60a 端子 31 之间的电阻为_____Ω。标准值 $\leqslant 1.5\ \Omega$；若阻值较大，说明该段导线存在虚接或断路。然后检查导线相互之间是否短路（不相接的导线间电阻应为无穷大）。如果导线有断路、短路故障，则应修复或更换。

c. 检测喷油器线束插头 T2cl 端子 2 与 ECU 线束插头 T60a 端子 33 之间的电阻为_____Ω。标准值 $\leqslant 1.5\ \Omega$；若阻值较大，说明该段导线存在虚接或断路。然后检查导线相互之间是否短路（不相接的导线间电阻应为无穷大）。如果导线有断路、短路故障，则应修复或更换。

④利用故障诊断仪执行元件测试并读取喷油脉宽数据流。

a. 关闭点火开关，将故障诊断仪连接到诊断座上，接通点火开关。

b. 启动故障检测仪，进入发动机电子控制单元 01，选择功能 03（执行元件测试），选择喷油器 N30。

c. 能听到喷油器发出"嗒嗒"的响声，用手触摸喷油器阀体有振动感。

d. 起动发动机并怠速运转到正常温度，读取 101 组第 3 区的喷油脉宽，缓慢踩下和松开加速踏板时，喷油脉宽为_____ms。标准值在 $0.51 \sim 4\ ms$ 变化。

⑤基本设定。高压喷油器在清洗过后必须进行基本设定：

a. 起动发动机运转至正常工作温度，水温为_____℃。标准值为 $85 \sim 105\ ℃$。

b. 启动故障检测仪，进入发动机电子控制单元 01，选择功能 04（基本设定），选择通道 200，再单击确定。

c. 根据提示同时把加速踏板和制动踏板踩到底并保持，等到第 1 区数据变为 0，基本设定完成。

3. 5S 工作

（1）工具与量具清洁、收纳、归位。

（2）零件清洁、归位。

（3）维修手册归位。

（4）清洁工作台，耗材按使用情况整理归位或丢入垃圾筒。

（5）实训用车辆清洁、关闭车窗、断电、锁车门。

（6）清扫实训场地并清空垃圾，关灯关门。

评价项目	评价指标	分值	自评（20%）	互评（20%）	师评（60%）	合计
知识目标	熟悉汽油机燃油供给系统的组成	5				
	熟悉汽油机燃油供给系统各元件的结构	10				
	熟悉汽油机燃油供给系统的检测标准	10				
能力目标	能够检测汽油机燃油供给系统外观是否正常	5				
	能够正确分析汽油机燃油供给系统的电路	10				
	能够按照标准对汽油机燃油供给系统进行检测	20				
	能够规范安装汽油机燃油供给系统各元件	10				
素质目标	具备严谨、细致的工作态度	10				
	具备 5S 素质要求	10				
	具备责任意识和风险意识	10				

任务 2

曲轴与凸轮轴位置传感器的检修

一辆 2006 款 1.8 tsi 迈腾汽车，搭载 byj 发动机，自动变速箱，行驶里程为 100 000 km。据用户反映最近车辆在正常行驶中加速力偶尔消失，仪表显示为"发动机故障"，经诊断为凸轮轴位置传感器有故障。如果遇到这种故障的车辆，应该怎么排除故障？

知识目标

1. 了解曲轴与凸轮轴位置传感器的工作原理。

2. 掌握曲轴与凸轮轴位置传感器的结构特点及电路分析方法。

能力目标

1．能够在车辆上准确找到曲轴与凸轮轴位置传感器。

2．能够正确检修曲轴与凸轮轴位置传感器并排除故障。

素质目标

1．具备严谨、细致、认真工作的态度和高度的责任心。

2．具备勤俭节约、艰苦奋斗的良好品质。

在发动机 ECU 控制喷油器喷油和控制火花塞跳火时，首先需要知道究竟是哪一个气缸的活塞即将到达排气冲程上止点和压缩冲程上止点，然后才能根据曲轴转角信号控制喷油提前角与点火提前角。

曲轴位置传感器（Crankshaft Position Sensor，CPS）有时称为发动机转速传感器，用来检测曲轴转角和发动机转速信号，输送给 ECU，以便确定燃油喷射时刻和点火控制时刻。曲轴位置传感器是发动机控制系统中最主要的传感器之一，是确认曲轴转角位置和发动机转速不可缺少的信号之一，发动机 ECU 用此信号控制燃油喷射量、喷油正时、点火时刻、点火线圈充电闭合角、怠速转速和电动汽油泵的运行。

凸轮轴位置传感器（Camshaft Position Sensor，CMPS）用来检测凸轮轴位置信号，输送给 ECU，以便 ECU 确定第一缸压缩上止点，从而进行顺序喷油控制和点火时刻控制；同时，还用于发动机启动时识别第一次点火时刻，因此也称为判缸传感器。根据结构和工作原理不同，可分为磁感应式、霍尔式和光电式三种类型。

1. 磁感应式曲轴与凸轮轴位置传感器

磁感应式传感器主要由信号转子、传感线圈、永久磁铁和导磁磁轭组成。其工作原理如图 7-28 所示。永久磁铁的磁力线经转子、线圈、托架构成封闭回路，转子旋转时，由于转子凸起与托架间的磁隙不断发生变化，通过线圈的磁通也不断变化，线圈中便产生感应电压，并以交流形式输出。

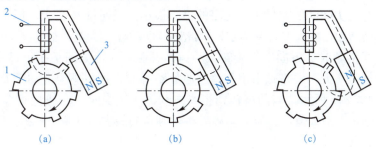

图 7-28　磁感应式传感器工作原理

（a）接近；（b）对正；（c）离去

1—信号转子；2—传感线圈；3—永久磁铁

磁力线穿过的路径：永久磁铁 N 极—定子与转子间的气隙—转子凸齿—信号转子—转子凸齿与定子磁头间的气隙—磁头—导磁板（磁轭）—永久磁铁 S 极。当信号转子旋转时，磁路中的气隙就会周期性地发生变化，磁路的磁阻和穿过信号线圈磁头的磁通量随之发生周期性的变化。根据电磁感应原理，传感线圈中就会感应产生交变电动势。当信号转子按顺时针方向旋转、转子凸齿接近磁头时，如图 7-29（a）所示，凸齿与磁头间的气隙减小，磁路磁阻减小，磁通量 Φ 增多，磁通变化率增大，感应电动势 E 为正（$E > 0$），如图 7-29 中曲线所示。当转子凸齿接近磁头边缘时，磁通量 Φ 急剧增多，磁通变化率最大，感应电动势 E 最高（$E = E_{max}$），如图 7-29 中曲线 b 点所示。转子转过 b 点位置后，虽然磁通量 Φ 仍在增多，但磁通变化率减小，因此，感应电动势 E 降低。

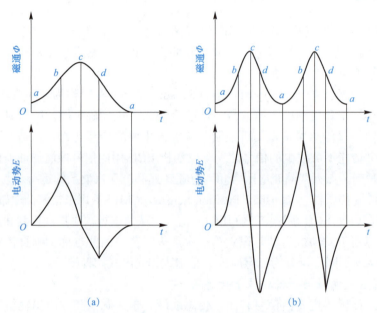

图 7-29　传感线圈中的磁通 Φ 和电动势 E 波形
（a）低速时输出的波形；（b）高速时输出的波形

当信号转子旋转到凸齿的中心线与磁头的中心线对齐时，如图 7-28（b）所示，虽然转子凸齿与磁头间的气隙最小，磁路的磁阻最小，磁通量 Φ 最大。但是，由于磁通量不可能继续增加，磁通变化率为零，因此感应电动势 E 为零，如图 7-29 中曲线 c 点所示。当转子沿顺时针方向继续旋转，凸齿离开磁头时，如图 7-28（c）所示，凸齿与磁头间的气隙增大，磁路磁阻增大，磁通量 Φ 减少，所以感应电动势 E 为负值，如图 7-29 中曲线 cda 所示。当凸齿转到将要离开磁头边缘时，磁通量 Φ 急剧变少，磁通变化率达到负向最大值，感应电动势 E 也达到负向最大值（$E = -E_{max}$），如图 7-29 中曲线上的 d 点所示。

由此可见，信号转子每转过一个凸齿，传感线圈中就会产生一个周期的交变电动势，即电动势出现一次最大值和一次最小值，传感线圈也就相应地输出一个交变电压信号。磁感应式传感器的突出优点是不需要外加电源，永久磁铁起着将机械能变换为电能的作用，其磁能不会损失。当发动机转速变化时，转子凸齿转动的速度将发生变化，铁芯中的磁通变化率也将随之发生变化。转速越高，磁通变化率就越大，传感线圈中的感应电动势也就越高。转速不同时，磁通量和感应电动势的变化情况如图7-29所示。由于转子凸齿与磁头之间的气隙直接影响磁路的磁阻和传感线圈输出电压的高低，因此转子凸齿与磁头之间的气隙在使用中不能随意变动。气隙如有变化，必须按规定进行调整，气隙大小一般设计为 0.2 ～ 0.4 mm。

捷达轿车发动机采用了磁感应式曲轴位置传感器，如图7-30所示。信号发生器用螺钉固定在发动机缸体上，由永久磁铁、传感线圈和线束插头组成。传感线圈又称为信号线圈，永久磁铁上带有一个磁头，磁头正对安装在曲轴上的齿盘式信号转子，磁头与磁轭（导磁板）连接而构成导磁回路。

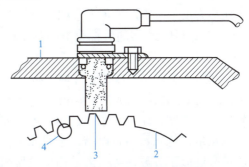

图7-30　捷达轿车曲轴位置传感器结构
1—缸体；2—大齿缺；3—传感器磁头；4—信号转子

信号转子为齿盘式，在其圆周上均匀间隔地制作有 58 个凸齿、57 个小齿缺和 1 个大齿缺。大齿缺输出基准信号，对应发动机气缸 1 或气缸 4 压缩上止点前一定角度。所以，信号转子圆周上的凸齿和齿缺所占的曲轴转角为 360°。

当齿盘随曲轴旋转时，信号转子每转过一个凸齿，传感线圈中就会产生一个周期性交变电动势（即电动势出现一次最大值和一次最小值），线圈相应地输出一个交变电压信号。因为信号转子上设有一个产生基准信号的大齿缺，所以当大齿缺转过磁头时，信号电压所占的时间较长，即输出信号为宽脉冲信号，如图7-31所示。该信号对应于气缸 1 或气缸 4 压缩上止点前一定角度。

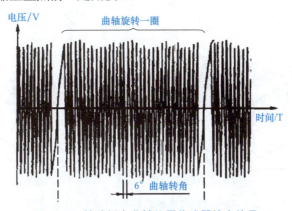

图7-31　捷达轿车曲轴位置传感器输出信号

电子控制单元（ECU）接收到宽脉冲信号时，便可知道气缸 1 或气缸 4 上止点位置即将到来，至于即将到来的是气缸 1 还是气缸 4，则需要根据凸轮轴位置传感器输入的信号来确定。由于信号转子上有 58 个凸齿，因此信号转子每转动一圈（发动机曲轴转一圈），传感线圈就会产生 58 个交变电压信号输入电子控制单元。

2. 霍尔式曲轴与凸轮轴位置传感器

霍尔博士于 1879 年发现，把一个通有电流 I 的长方形白金导体垂直于磁力线放入

磁感应强度为 B 的磁场中时，如图 7-32 所示，在白金导体的两个横向侧面上就会产生一个垂直于电流方向和磁场方向的电压 U_H，当取消磁场时电压立即消失。该电压称为霍尔电压，这种现象称为霍尔效应。霍尔电压 U_H 与通过白金导体的电流 I 和磁感应强度 B 呈正比。

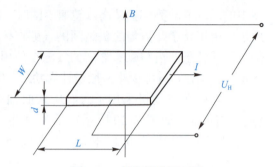

图 7-32　霍尔效应原理图

利用霍尔效应制成的元件称为霍尔元件；利用霍尔元件制成的传感器称为霍尔效应式传感器，简称霍尔式传感器或霍尔传感器。自 20 世纪 80 年代以来，汽车上应用的霍尔式传感器与日俱增，主要原因是霍尔式传感器有两个突出优点：一是输出电压信号近似于方波信号；二是输出电压高低与被测物体的转速无关。霍尔式传感器与磁感应式传感器不同的是需外加电源。

霍尔式传感器的基本结构和工作原理如图 7-33 所示，其主要由霍尔集成电路、触发叶轮、永久磁铁、磁轭和放大器等组成。触发叶轮安装在转子轴上，当叶轮随转子轴一同转动时，叶片便在霍尔集成电路与永久磁铁之间转动，霍尔集成电路中的磁场就会发生变化，霍尔元件中就会产生霍尔电压，经过信号处理电路处理后，就可输出方波信号。当叶片进入气隙时，霍尔集成电路中的磁场被叶片旁路，霍尔电压 U_H 为零，集成电路输出级的三极管截止，传感器输出的信号电压为高电平。当叶片离开气隙时，永久磁铁的磁通便经霍尔集成电路和导磁钢片构成回路，此时霍尔元件产生电压，霍尔集成电路输出级的三极管导通，传感器输出的信号电压为低电平。

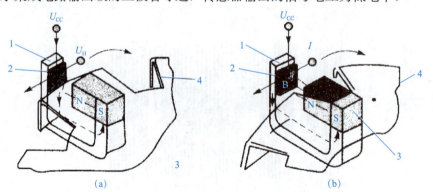

图 7-33　霍尔传感器的基本结构和工作原理图
（a）叶片进入气隙，磁场被旁路；（b）叶片离开气隙，磁场饱和
1—磁轭；2—霍尔集成电路；3—永久磁铁；4—触发叶轮

捷达轿车发动机采用了磁感应式曲轴位置传感器和霍尔式凸轮轴位置传感器。当发动机工作时，磁感应式曲轴位置传感器和霍尔式凸轮轴位置传感器产生的信号电压不断输入 ECU。当 ECU 同时接收到曲轴位置传感器大齿缺对应的低电平信号和凸轮轴位置传感器窗口对应的低电平信号时，便可判定第一缸活塞处于压缩冲程、第四缸活塞处于排气冲程，再根据曲轴位置传感器小齿缺对应输出的信号即可控制点火提前角

和喷油提前角，如图 7-34 所示。

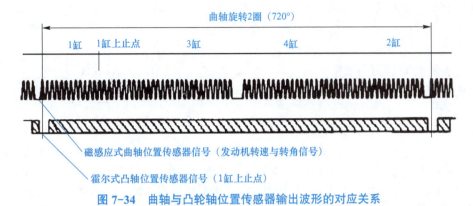

图 7-34　曲轴与凸轮轴位置传感器输出波形的对应关系

3．光电式曲轴与凸轮轴位置传感器

日产公司生产的光电式曲轴与凸轮轴位置传感器是由分电器改进而成的，结构如图 7-35（a）所示，其主要由信号发生器、信号盘（即信号转子）、分电器、传感器壳体和线束插头等组成。信号盘是传感器的信号转子，压装在分电器轴上，在靠近信号盘的边缘位置制作有间隔弧度均匀的内、外两圈透光孔，如图 7-35（b）所示。其中，外圈制作有 360 个长方形透光孔（缝隙），间隔角度为 1°（透光孔占 0.5°，遮光部分占 0.5°），用于产生曲轴转角与转速信号；内圈制作有 6 个透光孔（长方形孔），间隔角度为 60°，用于产生各个气缸的上止点位置信号，其中有 1 个长方形宽边稍长的透光孔，用于产生第一缸上止点位置信号。信号发生器固定在传感器壳体上，由 Ne 信号（曲轴位置信号）发生器、G 信号（凸轮轴位置信号）发生器及信号处理电路组成。Ne 信号发生器与 G 信号发生器均由一只发光二极管（LED）和一只光敏晶体管（三极管）组成，两只 LED 分别对着两只光敏三极管。

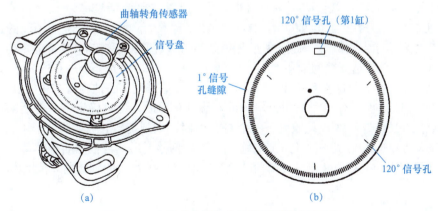

(a)　　　　　　　　　　　　　　(b)

图 7-35　光电式曲轴与凸轮轴位置传感器结构
（a）传感器结构；（b）信号盘

光电式传感器工作原理如图 7-36 所示。因为传感器轴上的斜齿轮与发动机配气机构凸轮轴上的斜齿轮啮合，所以当发动机带动传感器轴转动时，信号盘上的透光孔便

从信号发生器的发光二极管（LED）与光敏三极管之间转过。

当信号盘上的透光孔旋转到LED与光敏三极管之间时，LED发出的光线就会照射到光敏三极管上，此时光敏三极管导通，其集电极输出低电平（0.1～0.3 V）；当信号盘上的遮光部分旋转到LED与光敏三

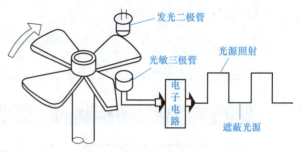

图7-36　光电式传感器工作原理

极管之间时，LED发出的光线就不能照射到光敏三极管上，此时光敏三极管截止，其集电极输出高电平（4.8～5.2 V）。如果信号盘连续旋转，光敏三极管的集电极就会交替地输出高电平和低电平。当传感器轴随曲轴和配气凸轮轴转动时，信号盘上的透光孔和遮光部分便从LED与光敏晶体管之间转过，LED发出的光线受信号盘透光和遮光作用就会交替照射到信号发生器的光敏三极管上，信号传感器中就会产生与曲轴位置和凸轮轴位置对应的脉冲信号。光电式曲轴与凸轮轴位置传感器输出波形如图7-37所示。

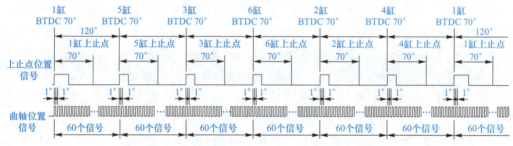

图7-37　光电式曲轴与凸轮轴位置传感器输出波形

由于曲轴旋转两圈，传感器轴带动信号盘旋转一圈，因此G信号传感器将产生6个脉冲信号，Ne信号传感器将产生360个脉冲信号，因为G信号透光孔间隔角度为60°，曲轴每旋转120°就会产生一个脉冲信号，所以通常G信号称为120°信号。设计安装保证120°信号在上止点前70°（BTDC70°）时产生，且长方形宽边稍长的透光孔产生的信号对应于发动机第一缸活塞上止点前70°，以便ECU控制喷油提前角与点火提前角。因为Ne信号透光孔间隔角度为1°（透光孔占0.5°，遮光部分占0.5°），所以在每个脉冲周期中，高、低电平各占1°曲轴转角，360个信号表示曲轴旋转720°。由图7-37可知，当ECU接收到G信号发生器输入的宽脉冲信号时，便可确定第一缸活塞处于压缩上止点前70°位置；ECU接收到下一个G信号时，则判定第五缸活塞处于压缩上止点前70°位置。ECU接收到每个上止点位置信号（G信号）后，再根据曲轴转角信号（Ne信号）便可将喷油提前角和点火提前角的控制精度控制在1°（曲轴转角）范围内。

 任务实施

曲轴与凸轮轴位置传感器的检测

1. 准备工作

（1）设备：卡罗拉汽车、工作台。

视频：凸轮轴位置传感器的检测

（2）工具与量具：万用表、示波器、扭力扳手、套筒、成套工具等。

（3）发动机维修手册、车辆电路图。

（4）耗材、工单及其他：清洁用棉布、手套、车辆三件套等。

2．曲轴与凸轮轴位置传感器的检测工作过程

（1）电路分析（图 7-38）。

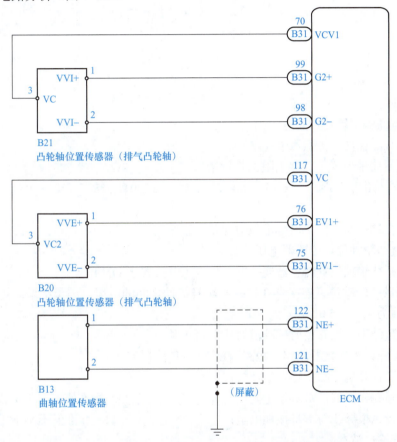

图 7-38 卡罗拉汽车曲轴位置、凸轮轴位置传感器电路

凸轮轴位置传感器由磁铁和 MRE 元件组成。凸轮轴有一个凸轮轴位置传感器正时转子。当凸轮轴旋转时，正时转子和 MRE 元件之间的空气间隙随之发生变化，从而影响磁铁。因此，MRE 材料的电阻上下浮动。凸轮轴位置传感器将凸轮轴旋转数据转换为脉冲信号，并据此判断凸轮轴角度，然后发送至 ECM。

曲轴位置传感器系统由曲轴位置传感器齿板和感应线圈组成。传感器齿板安装在曲轴上。感应线圈由缠绕的铜线、铁芯和磁铁构成。传感器齿板旋转，每个齿通过感应线圈时，产生脉冲信号。根据这些信号，ECM 计算曲轴位置及发动机转速。

（2）检测过程及结果记录。

①目测。

a．传感器、导线是否有明显损伤。　　　　　　　　　　　　　□是　　□否

b．传感器安装是否良好（图 7-39）。　　　　　　　　　　　□是　　□否

c．间隙是否合适。　　　　　　　　　　　　　　　　　　　□是　　　□否

d．插头连接是否良好。　　　　　　　　　　　　　　　　　□是　　　□否

e．拔出连接器，观察其端子是否锈蚀、松动。　　　　　　　□是　　　□否

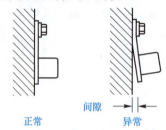

间隙

正常　　　　　　　异常

图 7-39　位置传感器的安装状况检查

②检查曲轴位置传感器电阻。

a．断开曲轴位置传感器端连接器。

b．测量曲轴位置传感器电阻。测量结果：_____kΩ。

c．参考标准值：冷态（－10～50 ℃）1.630～2.740 Ω；热态（50～100 ℃）2.065～3.225 Ω。

d．测量结果与维修手册标准值对比是否正常。　　　　　　□是　　　□否

③检查凸轮轴位置传感器电压。

a．断开凸轮轴位置传感器连接器，将点火开关置于 ON 位置。

b．测量凸轮轴位置连接器 3 号线与车身搭铁之间的电压。测量结果：_____V。参考标准值为 4.5～5.0 V。

c．测量结果与维修手册标准值对比是否正常。　　　　　　□是　　　□否

④检查线束和连接器断路、短路（ECM～传感器）。

a．脱开计算机端和传感器端连接器。

b．测量每根导线两端端子电阻：_____Ω。标准值不大于 1 Ω。

c．测量每根导线与车身接地电阻：_____Ω。标准值不小于 1 MΩ。

⑤检查输出波形。

在发动机怠速时，检查曲轴位置传感器与凸轮轴位置传感器输出波形。参考波形如图 7-40 所示。

示波器输出波形是否正常。　　　　　　　　　　　　　　　□是　　　□否

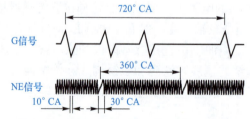

720° CA

G信号

360° CA

NE信号

10° CA　　30° CA

图 7-40　曲轴位置、凸轮轴位置传感器波形

⑤检查曲轴位置传感器信号盘齿。

a．曲轴位置传感器信号盘齿是否正常。　　　　　　　　　□是　　　□否

b. 凸轮轴位置传感器信号盘齿是否正常。 □是 □否

3. 5S 工作

（1）工具与量具清洁、收纳、归位。
（2）零件清洁、归位。
（3）维修手册和电路图归位。
（4）清洁实训车辆，耗材按使用情况整理归位或丢入垃圾筒。
（5）清洁工作台。

 任务评价

评价项目	评价指标	分值	自评（20%）	互评（20%）	师评（60%）	合计
知识目标	熟悉曲轴与凸轮轴位置传感器的工作原理	5				
	分析曲轴与凸轮轴位置传感器的工作电路	10				
	掌握曲轴与凸轮轴位置传感器的检测思路	10				
能力目标	能够检测曲轴与凸轮轴位置传感器的外观是否正常	5				
	能够按照标准拆卸曲轴与凸轮轴位置传感器	10				
	能够按照规范对曲轴与凸轮轴位置传感器进行检测	20				
	能够规范安装曲轴与凸轮轴位置传感器	10				
素质目标	具备严谨、细致的工作态度	10				
	具备 5S 素质要求	10				
	具备责任意识和风险意识	10				

🎯 任务 3

温度传感器的检修

🎯 **任务引入**

一辆型号为 1.8TSI 的奥迪 A4 汽车在运行过程中，出现了冷却液温度偏低的现象。车辆在正常行驶过程中，冷却液温度一直低于 80 ℃，经诊断为冷却液温度传感器有故障。如果遇到这种故障的车辆，应该怎么排除故障？

学习目标

知识目标

1. 了解温度传感器的工作原理。
2. 掌握温度传感器的结构特点及电路分析方法。

能力目标

1. 能够在车辆上准确找到温度传感器。
2. 能够正确检修温度传感器并排除故障。

素质目标

1. 具备团结协作的能力和集体责任感。
2. 具备勤俭节约、艰苦奋斗的良好品质。

温度是反映发动机热负荷状态的重要参数，为了保证电子控制单元能够精确地控制发动机正常运行，必须随时监测发动机的进气温度和冷却液温度，以便修正控制参数。

（1）进气温度传感器（Intake Air Temperature Sensor，IATS）的功能是检测进气温度，并将温度信号转换为电信号输入发动机电子控制单元。进气温度信号是多种控制功能的修正信号，包括燃油脉宽、点火正时、怠速控制和尾气排放等。

（2）冷却液温度传感器（Coolant Temperature Sensor，CTS）通常又称为水温传感器，安装在发动机冷却液出水管上，其功能是检测发动机冷却液的温度，并将温度信号转换为电信号传送给发动机电子控制单元，电子控制单元根据该信号修正喷油时间和点火时间，使发动机工况处于最佳运行状态。冷却液温度传感器信号是许多控制功能的修正信号，如喷油量修正、点火提前角修正、活性炭罐电磁阀控制等。冷却液温度信号也是汽车上其他电子控制系统的重要参考信号，如电子控制自动变速器系统、自动空调系统。

汽车上常用的是热敏电阻式温度传感器，属负温度系数型（NTC）热敏电阻式温度传感器，其阻值与温度的关系曲线如图7-41所示。NTC型热敏电阻具有温度升高阻值减小，温度降低阻值增大的特性，而且呈明显的非线性关系。

热敏电阻是利用陶瓷半导体材料的电阻随温度变化而变化的特性制成的，其突出的优点是灵敏度高、响应及时、结构简单、制造方便、成本低。

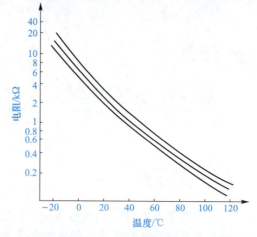

图7-41 负温度系数型热敏电阻式温度传感器的阻值与温度的关系曲线

热敏电阻式温度传感器主要由热敏电阻、金属或塑料壳体、接线插座与连接导线组成。其结构如图7-42所示。其分可为单端子和两端子两种。热敏电阻的外形制作成珍珠形、圆盘形、垫圈形、梳状芯片形、厚膜形等，放置在传感器的金属管壳内。在热敏电阻的两个端面各引出一个电极并连接到传感器插座上。传感器壳体上制作有螺纹，以便安装与拆卸。接线插座可分为

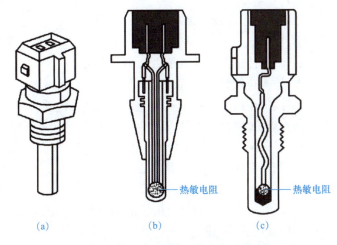

图 7-42　热敏电阻式温度传感器的结构
（a）外形；（b）两端子式；（c）单端子式

单端子和两端子式两种。中高档轿车燃油喷射系统一般采用两端子式热敏电阻式温度传感器，低档轿车燃油喷射系统及汽车仪表一般采用单端子式热敏电阻式温度传感器。如传感器插座上只有一个接线端子，则壳体为传感器的一个电极。

冷却液温度传感器的检测

1. 准备工作
（1）设备：实训车辆、工作台。
（2）工具与量具：万用表、扭力扳手、套筒、成套工具等。
（3）发动机维修手册、车辆电路图。
（4）耗材、工单及其他：清洁用棉布、手套、车辆三件套等。

视频：水温传感器的检测

2. 冷却液温度传感器检测的工作过程
（1）电路分析。通过车辆电路图，查找冷却液温度传感器的电路，如图7-43所示。冷却液温度传感器的两个电极用导线与ECM插座连接。ECM内部串联一只分压电阻，ECU向热敏电阻和分压电阻组成的分压电路提供一个稳定的电压（5 V），传感器输入ECU的信号电压等于热敏电阻上的分压值，温度传感器的工作电路如图7-43所示。

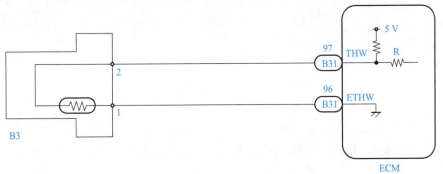

图 7-43　冷却液温度传感器电路

（2）检测过程及结果记录。

①目测。

a．温度传感器、导线是否有明显损伤。　　　　　　　　□是　　　□否

b．插头连接是否良好。　　　　　　　　　　　　　　　□是　　　□否

c．拔出连接器，观察其端子是否锈蚀、松动。　　　　　□是　　　□否

②检查 ECM 处信号电压。

a．点火开关拧到 ON 位置。测量 1 和 2 之间的电压。

b．测量结果：冷却液温度 20 ℃，电压为_____V。参考标准值为 0.5 ～ 3.4 V。

　　　　　　　冷却液温度 60 ℃，电压为_____V。参考标准值为 0.2 ～ 1.0 V。

c．将测量结果与维修手册标准值对比是否正常。□是　　　□否

③检查传感器电阻。

a．脱开冷却液温度传感器连接器，测量端子间电阻。

b．测量结果：冷却液温度 20 ℃，电阻_____kΩ。参考标准值为 2.376 ～ 2.624 kΩ。

　　　　　　　冷却液温度 80 ℃，电阻_____kΩ。 参考标准值为 0.316 ～ 0.329 kΩ。

c．将测量结果与维修手册标准值对比是否正常。　　　　□是　　　□否

④检查线束和连接器断路、短路（ECM ～传感器）。

a．点火钥匙置"OFF"挡，脱开计算机端和传感器端连接器。

b．测量每根导线两端端子电阻：_____Ω；_____Ω。标准值不大于 1 Ω。

c．测量两根导线同侧端子电阻：_____Ω。标准值不小于 1 MΩ。

d．测量信号线与车身接地电阻：_____Ω。标准值不小于 1 MΩ。

e．正确安装冷却液温度传感器连接器插头与计算机端插头。

3．5S 工作

（1）工具与量具清洁、收纳、归位。

（2）零件清洁、归位。

（3）维修手册和电路图归位。

（4）清洁实训车辆，耗材按使用情况整理归位或丢入垃圾筒。

（5）清洁工作台。

任务评价

评价项目	评价指标	分值	自评（20%）	互评（20%）	师评（60%）	合计
知识目标	熟悉温度传感器的工作原理	5				
	分析温度传感器的工作电路	10				
	掌握温度传感器的检测思路	10				
能力目标	能够检测温度传感器的外观是否正常	5				
	能够按照标准拆卸温度传感器	10				
	能够按照规范对温度传感器进行检测	20				
	能够规范安装温度传感器	10				

评价项目	评价指标	分值	自评（20%）	互评（20%）	师评（60%）	合计
素质目标	具备严谨、细致的工作态度	10				
	具备 5S 素质要求	10				
	具备责任意识和风险意识	10				

任务 4

氧传感器的检修

任务引入

一辆 2012 款 1.6 L 速腾汽车，行驶里程辆 98 684 km，据用户反映该车最近出现行驶无力、加速不良的现象，车辆送到维修点通过诊断仪调取故障码显示混合气过稀，经诊断是氧传感器有故障。如果遇到这种故障的车辆，应该怎么排除故障？

学习目标

知识目标

1. 了解氧传感器的工作原理。
2. 掌握氧传感器的结构特点及电路分析方法。

能力目标

1. 能够在车辆上准确找到氧传感器。
2. 能够正确检修氧传感器并排除故障。

素质目标

1. 具备团结协作的能力和集体责任感。
2. 具备环保意识和节约意识。

知识链接

氧传感器（O_2S）安装在排气管上，在使用三元催化转换器降低排放污染的发动机上，氧传感器是必不可少的。三元催化转换器安装在排气管的中段，它能净化排气管中 CO、HC 和 NO_x 三种主要的有害成分，但只在混合气的空燃比处于接近理论空燃比的一个狭小范围内，三元催化转换器才能有效地起到净化作用。故在排气管中插入氧传感器，通过检测废气中的氧浓度判定空燃比，并将其转换成电压信号或电阻信号，

项目 **7** 汽油机燃油供给系统的检修

197

反馈给 ECU，ECU 控制空燃比收敛于理论值。

目前，使用的氧传感器有氧化锆（ZrO_2）式和氧化钛（TiO_2）式两种。其中，应用最多的是氧化锆式氧传感器。

1. 氧化锆式氧传感器

氧化锆式氧传感器的基本元件是氧化锆（ZrO_2）陶瓷管（固体电解质），也称锆管，如图 7-44 所示。锆管固定在带有安装螺纹的固定套中，内外表面均覆盖着一层多孔性的铂膜，其内表面与大气接触，外表面与废气接触。氧传感器的接线端有一个金属护套，其上开有一个用于锆管内腔与大气相通的孔；电线将锆管内表面的铂极经绝缘套从此接线端引出。

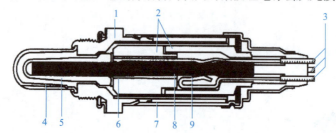

图 7-44　氧化锆式氧传感器的结构

1—安装法兰；2—隔热陶瓷管；3—连接电缆；4—护套；5—氧化锆管；
6—信号电压引出套；7—外壳；8—加热元件；9—加热元件接电片

氧化锆在温度超过 300 ℃后，才能进行正常工作。所以，大部分汽车使用带加热器的氧传感器，传感器内有一个电加热元件，可在发动机启动后的 20 ～ 30 s 内迅速将氧传感器加热至工作温度。

锆管的陶瓷体是多孔的，渗入其中的氧气在温度较高时发生电离。由于锆管内、外侧氧气含量不一致，存在浓度差，因此氧离子从大气侧向排气一侧扩散，从而使锆管成为一个微电池，在两铂极间产生电压，如图 7-45 所示。当混合气的实际空燃比小于理论空燃比，即发动机以较浓的混合气运转时，排气中氧含量少，但 CO、HC、NO_x 等较多。这些气体在锆管外表面的铂催化作用下与氧发生反应，将耗尽排气中残余的氧，使锆管外表面氧气浓度变为零，这就使锆管内、外侧氧浓度差加大，两铂极间电压陡增。因此，锆管传感器产生的电压将在理论空燃比时发生突变：稀混合气时，输出电压几乎为零；浓混合气时，输出电压接近 1 V。氧化锆式氧传感器的输出特性如图 7-46 所示。

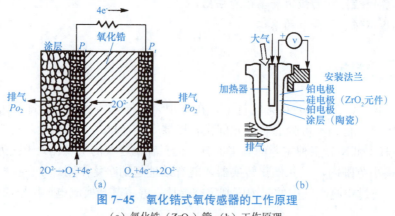

(a)　　　　　　　　　　(b)

图 7-45　氧化锆式氧传感器的工作原理

（a）氧化锆（ZrO_2）管；（b）工作原理

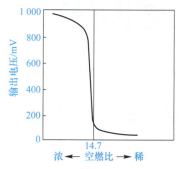

图 7-46　氧化锆式氧传感器
的输出特性图

要准确地保持混合气浓度为理论空燃比是不可能的。实际上的反馈控制只能使混合气在理论空燃比附近一个狭小的范围内波动，故氧传感器的输出电压在 0.1 ～ 0.8 V 不断变化（通常每 10 s 内变化 8 次以上）。如果氧传感器输出电压变化过缓（每 10 s 少于 8 次）或电压保持不变（无论保持在高电位或低电位），则表明氧传感器有故障，需要检修。

2. 氧化钛式氧传感器

氧化钛式氧传感器是利用二氧化钛（TiO_2）材料的电阻值随排气中氧含量的变化而变化的特性制成的，故又称电阻型氧传感器。氧化钛式氧传感器的外形和氧化锆式氧传感器相似。在传感器前端的护罩内是一个二氧化钛厚膜元件，如图 7-47 所示。纯二氧化钛在常温下是一种高电阻的半导体，但表面一旦缺氧，其晶格便出现缺陷，电阻随之减小。由于二氧化钛的电阻也随温度不同而变化，因此在氧化钛式氧传感器内部也有一个电加热器，以保持氧化钛式氧传感器在发动机工作过程中的温度恒定不变。

如图 7-48 所示，氧化钛式氧传感器的三个端子分别是基准电源、传感器输出端和接地端。由于二氧化钛的电阻随温度变化，因此串联热敏电阻后具有温度补偿作用。在低温状态下，二氧化钛电阻值增大，影响其正常的性能，为使其快速升温以活化其性能，可装有加热线圈。

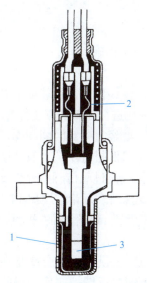

图 7-47　氧化钛式氧传感器的结构

1—保护套管；2—连接线；3—二氧化钛厚膜元件

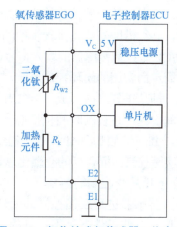

图 7-48　氧化钛式氧传感器工作电路

氧化钛式氧传感器虽然比氧化锆式氧传感器结构简单、体积小、价格低，但电阻随温度的变化大。因此，需要加设温度修正回路，内装加热器，以便使高温下的氧化钛式氧传感器检测特性比较稳定。在实际的反馈控制过程中，氧化钛式氧传感器与

ECU 连接的 OX 端子上的电压也是在 0.1～0.9 V 不断变化，这一点与氧化锆式氧传感器是相似的。图 7-49 所示为氧化钛式氧传感器的输出特性。

3．空燃比反馈控制

为了获得三元催化转换器所要求的空燃比，必须十分精确地控制喷油量。但在如下情况下，仅凭空气流量计测得进气量信号达不到较

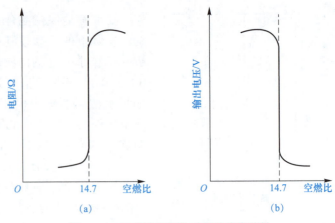

图 7-49　氧化钛式氧传感器的输出特性
（a）电阻特性；（b）输入电压

高的控制精度，会造成燃烧后排出的 CO、HC、NO_x 在排气管中的混合比例不正确，三元催化转换效率下降，造成排放污染严重。

（1）如喷油器漏油或堵塞时会造成实际混合气过浓或过稀。

（2）点火系统缺火或火花能量不足会使没有燃烧完的混合气直接进入三元催化转换器燃烧，造成动力性、经济性和排放性下降。

（3）气门正时不对，混合气也会直接进入三元催化转换器燃烧。

（4）空气流量计后的进气歧管漏气会造成生成的 NO_x 过多或空气流量计有故障后的输出曲线有偏差。

（5）水温传感器输出曲线有偏差。

（6）燃油系统喷油压力调节装置失效，使系统压力不正确。

（7）进气温度传感器信号输出曲线有偏差等。

因此，必须借助安装在排气管中的氧传感器送来的反馈信号，对理论空燃比进行反馈控制。ECU 根据氧传感器的输入信号，对混合气空燃比进行控制的方法称为闭环控制。它是一个简单而实用的闭环控制系统。这个控制系统需要经过一定时间间隔，控制过程才能响应，即从进气管内形成混合气开始，至氧传感器检测排气中的含氧浓度，需要经过一定时间。这一过程的时间包括混合气吸入气缸、排气流过氧传感器及氧传感器的响应时间等。由于存在滞后时间，要完全准确地使空燃比保持在理论空燃比 14.7 是不可能的，因此实际控制的混合气的空燃比总是保持在理论空燃比 14.7 附近的一个狭小范围内。

4．空燃比反馈控制的解除

采用氧传感器进行反馈控制即闭环控制期间，原则上供给的混合气是在理论空燃比附近。但在有些条件下是不适宜的，一般遇到以下情况反馈控制作用解除，即进入开环控制状态：

（1）发动机启动时。

（2）冷启动后暖机过程。

（3）汽车大负荷或超速行驶时。

（4）燃油中断停供时。

（5）从氧传感器送来的空燃比过稀信号持续时间大于规定值（如 10 s 以上）时。

（6）从氧传感器送来的空燃比过浓信号持续时间大于规定值（如 4 s 以上）时。

（7）氧传感器的温度在 300 ℃ 以下不会产生电压信号，反馈控制也不会发生作用。

5. 空燃比反馈控制的实施条件

空燃比开环控制状态后，如果满足以下条件，发动机电控单元 ECU 会对空燃比实施反馈控制（闭环控制）：

（1）发动机冷却液温度达到正常工作温度（80 ℃）。

（2）发动机运行在怠速工况或部分负荷工况。

（3）氧传感器温度达到正常工作温度。氧化锆式氧传感器温度达到 300 ℃，氧化钛式氧传感器温度达到 600 ℃，因为此时氧传感器才能正常输出信号。

（4）氧传感器输入 ECU 的信号电压变化频率不低于 10 次 /min，这是因为信号电压保持不变或变化频率过低，说明氧传感器失效。

 任务实施

氧传感器的检测

1. 准备工作

（1）设备：卡罗拉轿车、工作台。

（2）工具与量具：常用、专用拆装工具、万用表、解码器、示波器。

（3）发动机维修手册、车辆电路图。

（4）耗材、工单及其他：清洁用棉布、工单、手套、车辆三件套等。

2. 氧传感器检测的工作过程

（1）电路分析。通过车辆电路图，查找氧传感器的电路，如图 7-50 所示。

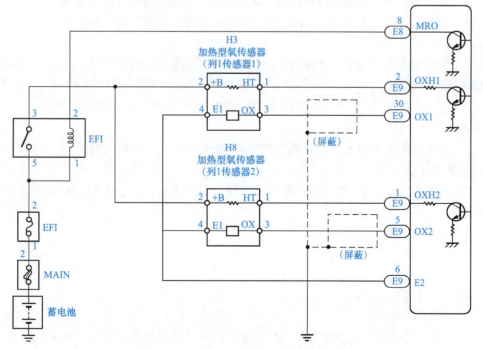

图 7-50　卡罗拉轿车氧传感器连接电路

（2）检测过程及结果记录。

①目测。

a. 氧传感器、导线是否有明显损伤。　　　　　　　　　　　□是　　□否

b. 插头连接是否良好。　　　　　　　　　　　　　　　　　□是　　□否

c. 拔出连接器，观察其端子是否有锈蚀、松动。　　　　　　□是　　□否

d. 拆下氧传感器检查氧传感器保护外壳上的气孔是否被堵塞。　□是　　□否

e. 观察氧传感器顶尖部位的颜色：

□呈淡灰色：氧传感器工作正常。

□呈棕色：氧传感器铅中毒，严重时应更换氧传感器。

□呈白色：氧传感器硅中毒，应更换氧传感器。

□呈黑色：积碳严重，在排除发动机积碳故障后，传感器可以继续使用。

②正确安装氧传感器，连接解码器，起动发动机，读取水温读数和氧传感器数据流，当水温达到 30 ℃左右时，前氧传感器信号每 10 s 跳变_____次，后氧传感器信号_____。当水温达到 80 ℃左右时，前氧传感器信号每 10 s 跳变_____次，后氧传感器信号_____。

③熄火，打开点火开关，用万用表检测氧传感器线束 4 条线对地电压，1 号线对地电压为_____V，2 号线对地电压为_____V，3 号线对地电压为_____V，4 号线对地电压为_____V。

④测量加热电阻：关闭点火开关，脱开传感器连接器插头，使用万用表检测氧传感器端 1 号与 2 号端子之间的电阻值为_____Ω。

⑤检查线束和连接器断路、短路（ECM ～传感器）。

a. 关闭点火开关，脱开计算机端和传感器端连接器，拔下 EFI 继电器。

b. 测量 EFI 继电器端子 3 与传感器端连接器端子 2 之间的电阻：_____Ω；标准值不大于 1 Ω。

c. 测量线束 1 号端子与计算机连接线束 E9-2 号端子之间的电阻值_____Ω；标准值不大于 1 Ω。

d. 测量线束 3 号端子与计算机连接线束 E9-30 号端子之间的电阻值_____Ω；标准值不大于 1 Ω。

e. 测量线束 4 号端子与计算机连接线束 E9-6 号端子之间的电阻值_____Ω；标准值不大于 1 Ω。

f. 测量线束 1、2、3、4 号端子与车身接地电阻：_____Ω。标准值不小于 1 MΩ。

g. 正确安装继电器与各连接器。

3. 5S 工作

（1）工具与量具清洁、收纳、归位。

（2）零件清洁、归位。

（3）维修手册归位。

（4）清洁工作台、台架发动机，耗材按使用情况整理归位或丢入垃圾筒。

（5）实训用车辆清洁、关闭车窗、断电、锁车门。

（6）清扫实训场地并清空垃圾，关灯关门。

 任务评价

评价项目	评价指标	分值	自评（20%）	互评（20%）	师评（60%）	合计
知识目标	熟悉氧传感器的工作原理	5				
	分析氧传感器的工作电路	10				
	掌握氧传感器的检测思路	10				
能力目标	能够检测氧传感器的外观是否正常	5				
	能够按照标准拆卸氧传感器	10				
	能够按照规范对氧传感器进行检测	20				
	能够规范安装氧传感器	10				
素质目标	具备严谨、细致的工作态度	10				
	具备 5S 素质要求	10				
	具备责任意识和风险意识	10				

🎯 任务5

电子控制系统的检修

 任务引入

一辆 2007 款 1.6 L 卡罗拉自动挡轿车，在一段颠簸的路上行驶时突然熄火，熄火后再也无法启动，但起动机带动发动机有力。经诊断为与发动机计算机通信出现中断。如果遇到这种故障，应该从哪个方面排除故障？

 学习目标

知识目标

1. 了解电子控制系统的工作原理。

2. 掌握电子控制系统的电路分析方法。

能力目标

1. 能够在车辆上准确找到电子控制系统。

2. 能够对发动机电子控制系统进行检修并排除故障。

素质目标

1．具备严谨、细致、认真工作的态度和高度的责任心。

2．具备勤俭节约、艰苦奋斗的良好品质。

　　燃油喷射电子控制系统的功能是根据发动机运转状况和车辆运行情况，确定最佳喷油时间和喷油量。该系统由传感器、电子控制单元（ECU 或 ECM、PCM）和执行器组成，如图 7-51 所示。

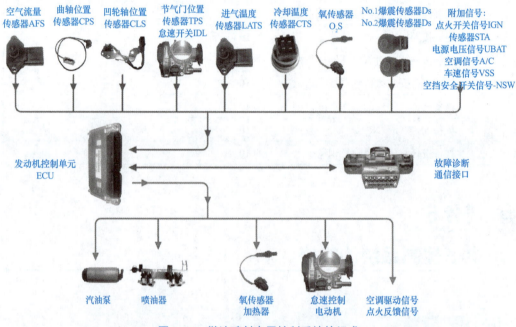

图 7-51　燃油喷射电子控制系统的组成

　　汽车发动机上采用的传感器与执行器，在前面已阐述过，这里主要介绍电子控制单元及燃油喷射的控制。

7.5.1　电子控制单元

　　发动机燃油喷射系统 ECU 的功能：接收各种传感器及开关信号输入的发动机工况信号，根据 ECU 内部预先编制的控制程序和存储的试验数据，通过数学计算和逻辑判断确定适应发动机工况的喷油量、喷油时间等参数，并将这些数据转变为电信号控制各种执行元件动作，从而使发动机保持最佳运行状态。ECU 主要由输入回路、微型计算机（单片机）和输出回路三部分组成，如图 7-52 所示。

1．输入回路

　　输入回路又称为输入接口或输入电路，其作用是将输入的各种传感器及开关信号进行处理，以便于单片机或数字信号处理器识别。传感器输入的信号不同，处理的方法也不同，一般是先将输入信号滤除杂波和将正弦波转变为矩形波后，再转换成输入电平。传感器给电控单元输入的模拟信号微机不能直接处理，要用 A/D（模 / 数）转换器转换成数字信号后再输入微机。

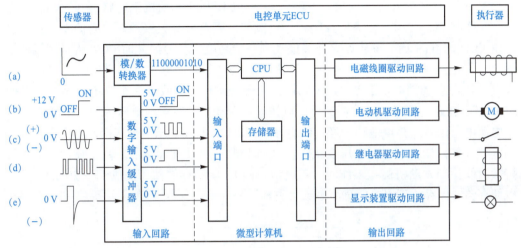

图 7-52　ECU 内部结构

2．微型计算机

微型计算机是单片机或数字信号处理器，是发动机电子控制的中心。它能根据需要把各种传感器送来的信号，用内存程序和数据进行运算处理，并将处理结果送往输出回路。微处理器主要由中央处理器（CPU）、存储器（RAM、ROM）、输入 / 输出接口（I/O）等组成。

3．输出回路

输出回路的主要功能是将微型计算机的处理结果放大，生成能控制执行元件工作的控制信号。根据控制元件不同有相应的集成电路，根据微型计算机的指令通过导通或截止来执行元件的搭铁回路。

7.5.2　发动机燃油喷射的控制

虽然各种发动机燃油喷射系统采用传感器和执行器的数量与形式各不相同，但是，燃油喷射的控制过程大同小异。下面以 L 型燃油喷射系统为例进行介绍。

1．燃油喷射系统的控制原理

L 型燃油喷射系统的控制原理如图 7-53 所示。

在发动机工作过程中，凸轮轴位置传感器向ECU提供反映活塞上止点位置的信号，以便计算确定喷油提前角（提前时间）；曲轴位置传感器向 ECU 提供反映发动机曲轴转速和转角的信号，空气流量传感器（或进气歧管绝对压力传感器）向 ECU 提供反映进气量多少的信号，ECU 根据这两个信号计算喷油量（喷油时间）；节气门位置传感器向 ECU 提供反映发动机负荷大小的信号，ECU 根据这个信号确定增加或减少喷油量；冷却液温度传感器向 ECU 提供发动机冷却液温度信号，以便计算确定喷油量的修正值；氧传感器向ECU提供反映发动机可燃混合气浓度的信号，以便增减喷油量的大小，实现空燃比反馈控制，降低废气排放量；车速传感器向 ECU 提供反映汽车车速的信号，以便判断发动机运行在怠速状态（节气门关闭、车速为零）还是运行在减速状态（节气门关闭、车速不为零），从而确定是否停止供油；点火开关信号包括点火开关接通信号 IGN 和启动开关接通信号 STA，用于 ECU 判断发动机工作状态（启动状态或正常工作状态）并运行相应的控制程序。例如，当点火开关接通时，有的发动机控制系统 ECU 的 IGN 端子将从点火开关接收到一个高电平信号，此时 ECU 将自动接通电动燃油泵电路使油泵工作 1 ~ 2 s，以便发动机启动时油路中具有足够的燃油；当点火开关接通启动挡时，ECU 的 STA 端子将从点火开关接收到一个高电平信号，此时 ECU 将运行启动程序，增大喷油量，以便起动发动机。蓄电池电压信号 UBAT 就是汽车电源电压信号，蓄电池正极经导线直接与 ECU 的电源电压端子连接，不受点火开关和其他开关控制。当电源电压变化时，ECU 将改变喷油脉冲宽度，修正喷油器的喷油持续时间；当发动机停止工作时，蓄电池将向 ECU 和存储器等提供 5 ~ 20 mA 电流，以便存储器保存故障码等信息而不致丢失。

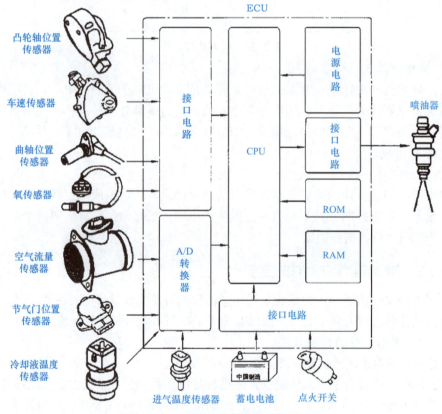

图 7-53　L 型燃油喷射系统的控制原理

2. 喷射正时控制

喷射正时就是指喷油器在什么时刻（相对于发动机曲轴转角位置）开始喷油。曲轴每转动两圈，各缸的喷油器按照发动机的点火顺序，依次在最合适的曲轴转角位置进行燃油喷射。对于采用多点燃油喷射方式的发动机来说，ECU 根据发动机各缸工作循环，在既定的曲轴位置进行喷油。各缸喷油器分别由发动机 ECU 的一个功率放大电路控制。功率放大器回路的数量与喷油器的数目相等。采用顺序燃油喷射方式的发动机 ECU 需要"知道"在哪一时刻该向哪一缸喷射燃油，因此必须具备气缸识别信号，通常称为判缸信号，该信号大多来自曲轴位置传感器和凸轮轴位置传感器。采用顺序燃油喷射控制时，应具有正时和缸序两个控制功能。发动机 ECU 工作时，通过曲轴位置传感器输入的信号就可以知道活塞在上止点前的具体位置，再与凸轮轴位置传感器的判缸信号相配合，可以确定是哪一缸在上止点，同时，还可以判定是处于压缩行程还是排气行程。因此，当发动机 ECU 根据判缸信号、曲轴位置信号，确定该缸处于排气行程且活塞运动至上止点前某一位置时，便输出喷油控制指令，接通喷油器电磁线圈的搭铁电路，该缸喷油器即开始进行燃油喷射。图 7-54 所示为顺序燃油喷射正时控制图。

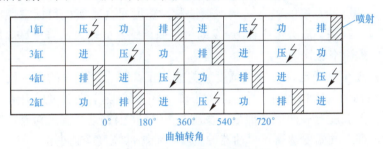

图 7-54 顺序燃油喷射正时控制

3. 喷油量的控制

喷油量的控制是电控燃油喷射系统最主要的控制功能之一。其目的是使发动机在各种运行工况下，都能获得最佳的混合气浓度，以提高发动机的经济性，降低排放污染。当喷油器的结构和喷油压差一定时，喷油量的大小就取决于喷油持续时间，所以，喷油量的控制是通过对喷油器喷油时间的控制来实现的。喷油器的喷油持续时间又称喷油脉冲宽度，简称喷油脉宽。

（1）启动时喷油脉冲宽度的控制。发动机启动时，发动机 ECU 主要根据启动信号状态或发动机的转速（如 400 r/min 以下），判定发动机是否处于启动工况。冷车启动时，由于发动机冷却液的温度和转速都很低，喷入的燃油不易雾化，所以会引起混合气变稀。为了能够产生足够浓度的可燃混合气，使发动机顺利启动，在启动时应该延长喷油脉冲宽度，即增大燃油喷射量。启动时一般不根据吸入的空气质量来计算喷油脉冲宽度，而是根据当时发动机冷却液的温度、进气温度和蓄电池电压等来确定喷油脉冲宽度，如图 7-55 所示。

（2）启动后喷油脉冲宽度的控制。发动机启动后正常运转时，喷油器的喷油脉冲宽度是以一个进气行程中吸入气缸的空气质量为基准计算出来的。发动机 ECU 根据空气流量传感器

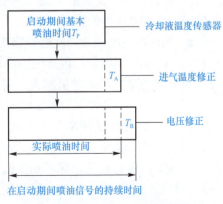

图 7-55 启动时喷油脉宽的控制

或进气压力传感器、冷却液温度传感器、进气温度传感器、大气压力传感器和发动机转速传感器等输入的信号计算出一个进气行程中吸入气缸的空气质量和基本的喷射脉冲宽度，再综合考虑发动机的动力性、经济性、排放性等因素，对基本喷油脉冲宽度进行修正，即按照发动机 ECU 内存储的针对各种工况的最理想目标空燃比来决定喷油脉冲宽度。喷油器的每次喷油量仅与喷油器的开启时间呈正比，所以，在发动机的实际控制过程中，每次燃烧所需要的燃油量，是通过控制喷油器的开启时间，即喷油脉冲宽度来实现的。由目标空燃比决定的喷油脉冲宽度可用下式计算：

喷油脉冲宽度（ms）＝基本喷油脉冲宽度（ms）×基本喷油脉冲宽度修正系数＋无效喷油时间（ms）

不同燃烧喷射系统的软件设计不同，计算方式可能也有所不同。

①基本喷油脉冲宽度的确定。基本喷油脉冲宽度是为了实现目标空燃比，利用空气流量传感器（或进气压力传感器）、发动机转速传感器的输入信号计算出理论喷油脉冲宽度（对应理论空燃比 14.7）。

②喷油修正量的确定。与进气温度有关的修正。因为冷空气的密度比热空气的密度大，因此在其他因素相同时，吸入发动机的空气质量随空气温度的升高而减少，为了避免混合气随温度升高而逐渐加浓，发动机 ECU 将根据进气温度对基本喷油脉冲宽度进行修正，即进气温度越高，喷油器的基本喷油脉冲宽度就越小。

与大气压力有关的修正。因为大气压力和密度随着海拔高度的增加而降低，所以汽车在高原地区行驶时传感器检测到同样的控制流量时，实际进入发动机的空气质量流量降低。为了避免混合气过浓与油耗过高，应根据大气压力传感器输入的信号，对基本喷油脉冲宽度进行修正。

与发动机温度有关的喷油脉冲宽度的修正。图 7-56 所示为发动机 ECU 根据冷却液温度传感器等相应传感器的信号确定对喷油量的修正。从图中可以看出，随着发动机温度的升高，喷油量的修正在减小。

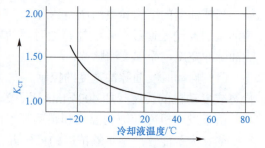

图 7-56　ECU 根据冷却液温度信号修正

下面分三种情况介绍与发动机温度有关的喷油脉冲宽度的修正。

a．刚启动后喷油脉冲宽度的修正。在发动机冷启动后的数十秒内，由于空气流动速度低，发动机温度低，因此燃油的雾化能力很差，此时应对喷油脉冲宽度进行修正。发动机温度越低，燃油增量越大，需要修正的时间也越长。发动机冷启动后的增量修正，实际是对此时燃油供给不足的一种补偿措施。

b．暖机时喷油脉冲宽度的修正。发动机启动后，为了尽快使发动机、三元催化转换器和氧传感器达到正常工作温度，使控制系统进入闭环工作状态，需要对暖机时的喷油脉冲宽度进行修正，即增加燃油喷射量，这也是对发动机冷态时燃油供给不足的一种补偿措施。在进行启动后燃油增量修正的同时，也进行暖机燃油增量修正。一直要持续到冷却液温度达到规定值才会停止。

c. 高温时喷油脉冲宽度的修正。一般汽车在高速行驶时，由于行驶中风冷作用且燃油一直在流动，因此燃油温度不会太高，一般在 50 ℃ 左右。但如果发动机熄火，燃油停止流动，此时发动机就会成为热源，使燃油温度升高，一旦达到 80 ～ 100 ℃，油箱和油管内的燃油就会出现沸腾，产生燃油蒸气。这样在喷油器喷射的燃油中，因还有燃油蒸气而使喷油量减少，造成混合气变稀。为了解决燃油蒸气引起的混合气变稀问题，应采取高温启动时燃油喷射脉冲宽度修正的措施。一般是当冷却液温度上升到设定值（如 100 ℃）以上时，进行高温燃油增量修正。

蓄电池电压变化对喷油脉冲宽度的修正。喷油器的电磁线圈为感应性负载，其电流按指数规律变化，因此当喷油脉冲到来时，喷油器阀门开启和关闭都将滞后一定时间。蓄电池电压的高低对喷油器开启滞后的时间影响较大，电压越低，开启滞后时间越长，在开启和关闭过程中的喷射为无效喷射期，所以要考虑蓄电池电压变化对无效喷油时间的影响，对喷油时间加以修正，即当蓄电池电压降低时，增加喷油脉冲宽度；当蓄电池电压升高时，减小喷油脉冲宽度，如图 7-57 所示。

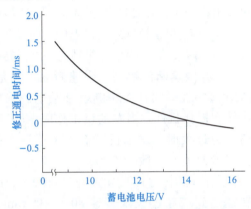

图 7-57　蓄电池电压变化对喷油脉冲宽度的修正

加速时喷油增量的修正。当汽车加速时，为了保证发动机能够输出足够的转矩，改善加速性能，必须增大喷油量。在发动机运转过程中，ECU 将根据节气门位置传感器信号和进气量传感器信号的变化速率，判定发动机是否处于加速工况。汽车加速时，节气门突然开大，节气门位置传感器信号的变化速率增大，与此同时，空气流量突然增大，或歧管压力突然增大，进气量传感器信号突然升高，ECU 接收到这些信号后，立即发出增大喷油量的控制指令，使混合气加浓。

4. 发动机断油控制过程

断油控制是指在某些特殊工况下，燃油喷射系统暂时中断喷油器喷油，以满足发动机运行的特殊要求。断油控制包括发动机减速断油控制、限速断油控制、清除溢流断油控制和升挡断油控制。

（1）减速断油控制。减速断油控制是指当发动机在高速运转过程中突然减速时，ECU 自动控制喷油器中断燃油喷射。当高速行驶的汽车突然松开加速踏板减速时，发动机将在汽车惯性力的作用下高速旋转，由于节气门已经关闭，进入气缸的空气很少。因此，如不停止喷油，混合气将会很浓而导致燃烧不完全，有害气体的排放量将急剧增加。减速断油的目的就是节约燃油，并减少有害气体的排放量。减速断油控制的曲线如图 7-58 所示。

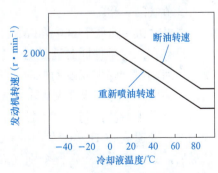

图 7-58　减速断油控制的曲线

ECU 根据节气门位置、曲轴位置和冷却液温度等传感器信号，判断是否满足以下三个减速断油控制条件：

①节气门位置传感器的怠速触点闭合。

②冷却液温度已经达到正常温度。

③发动机转速高于某一转速。

当三个条件全部满足时，ECU 立即发出停止喷油指令，控制喷油器停止喷油。当喷油停止、发动机转速降低到燃油复供转速或节气门开启（怠速触点断开）时，ECU 再发出指令控制喷油器恢复喷油。燃油停供转速和复供转速与冷却液温度和发动机负荷有关，由 ECU 根据发动机温度、负荷等参数确定。冷却液温度越低，发动机负荷越大（如空调接通），燃油停供转速和复供转速就越高。

（2）限速断油控制。限速断油控制是指当发动机转速超过允许的极限转速时，ECU 立即控制喷油器中断燃油喷射。采用限速断油控制的目的是防止发动机超速运转而损坏机件。当发动机工作时，转速越高，曲柄连杆机构的离心力就越大。当离心力过大时，发动机就有"飞车"而损坏的危险。因此，每台发动机都有一个极限转速值，一般为 6 000 ～ 7 000 r/min。在发动机运转过程中，ECU 随时都将曲轴位置传感器测得的发动机实际转速与存储器中存储的极限转速进行比较。当实际转速达到或超过极限转速 80 ～ 100 r/min 时，ECU 就发出停止喷油指令，控制喷油器停止喷油，限制发动机转速进一步升高。喷油器停止喷油后，发动机转速将降低。当发动机转速下降至低于极限转速 80 ～ 100 r/min 时，ECU 将控制喷油器恢复喷油。

（3）清除溢流断油控制。在装备燃油喷射式发动机的汽车上起动发动机时，燃油喷射系统将向发动机供给较浓的混合气，以便顺利启动。如果多次启动未能成功，那么淤积在气缸内的浓混合气就会浸湿火花塞，使其不能跳火而导致发动机不能启动。火花塞被混合气浸湿的现象称为"溢流"或"淹缸"。当出现溢流现象时，发动机将不能正常启动。这时可将发动机加速踏板踩到底，接通启动开关起动发动机，ECU 自动控制喷油器停止喷油，以便排除气缸内的燃油蒸气，使火花塞干燥并能跳火，这种控制称为清除溢流断油控制。清除溢流断油控制的条件有以下三个：

①点火开关处于启动位置。

②节气门全开。

③发动机转速低于 500 r/min。

只有在三个条件同时满足时，断油控制系统才能进入清除溢流状态工作。由此可见，在启动燃油喷射式发动机时，不必踩下节气门踏板，直接接通启动开关即可。否则，断油控制系统可能进入清除溢流状态而使发动机无法启动。

（4）升挡断油控制。电子控制自动变速器汽车在行驶过程中，如果变速器需自动升挡时，变速器 ECU 会向发动机 ECU 发出扭矩传感器信号，发动机 ECU 接收到这个信号后，立即发出指令，使个别气缸停止喷油，以便降低发动机转速，减轻换挡冲击，这种控制称为升挡断油控制。

7.5.3 发动机电控系统的故障自诊断系统

自诊断系统是发动机管理系统的主要功能之一，不但有效地控制了车辆的排放污染，还是维修技术人员诊断和维修车辆的重要辅助工具；发动机控制模块不断地检测各个传感器的信号，一旦发现有不正常的信号（传感器信号中断、信号值超出正常范围等），无论是由机械故障还是由传感器、执行器、线路、发动机控制模块故障引起的，系统都将设置故障码，并可能点亮仪表板上的故障指示灯以提示驾驶员立即进行维修。通过读取故障码，维修技术人员就很容易了解大概的故障位置。但是发动机管理系统线路复杂，元件和可能故障原因较多，单靠经验来分析的排除故障难度很大，因此，必须掌握相关的理论知识，具备相应的检测设备和工具，借助准确的维修资料，按照科学的诊断步骤逐步排查，才能有效正确的排除故障。

1. 自诊断系统的功能

OBD 是"On-Board Diagnostics"的英文缩写，即随车诊断系统。自诊断系统具有以下几个功能：

（1）及时的检测出发动机管理系统出现的故障，并可能有默认值代替不正常的传感器数据，以保证发动机能够保持运转。

（2）将故障信息以故障码形式存储在发动机控制模块的存储器内，同时，还可能存储故障出现的相关参数。

（3）通知驾驶员发动机管理系统已出现故障，通常点亮仪表板上专设的CHECK 灯。

（4）允许维修技术人员读取故障码和数据流，以快速诊断出故障位置。

2. OBD-Ⅱ标准

OBD-Ⅱ作为新一代车载诊断系统，比 OBD-Ⅰ有更多的控制内容，同时，为了控制车辆的排放污染，方便诊断和维护，OBD-Ⅱ在标准化和规范化方面做了很多工作。OBD-Ⅱ系统要求所有汽车厂必须遵循以下标准：驾驶员侧仪表板下安装标准的OBD-Ⅱ诊断接头；维修时采用统一的 OBD-Ⅱ诊断仪来读取 OBD-Ⅱ诊断数据；故障码结构及含义统一；诊断仪和车辆之间采用标准通信协议；诊断测试模式和串行数据流标准化；各设备生产厂商采用标准的技术缩写术语，定义系统的工作元件。

（1）OBD-Ⅱ故障码。OBD-Ⅱ故障码由五位数字和字母组合而成，如 P0351，分述如下：

第一位为英文字母，是系统代码，如：

P——代表发动机和变速器组成的动力传动系统；

B——代表车身电控系统；

C——代表汽车底盘电控系统；

U——代表网络联系相关内容。

第二位数字表示由谁定义的 DTC。目前有 0 和 1 或 2、3。

0——代表定义的故障码；

1——代表汽车制造厂自定义故障码。

第三位数字表示定义的故障范围代码。

第四、五位为数字，代表设定的故障码。

（2）故障诊断接头。在 OBD-Ⅱ中对诊断接头各引脚的功能做出了统一规定，如图 7-59 所示。

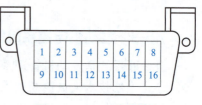

图 7-59　OBD 诊断接头

16 个引脚功能规定如下：

引脚 1、3、8、9、10、11、12、13——提供制造厂应用；

引脚 2——SAEJ1850 所制定的资料传输线；

引脚 4——直接车身搭铁；

引脚 5——信号回路搭铁；

引脚 6——CAN ＋（2007 年以后）；

引脚 7——ISO-9141-2 所制定的资料传输线 K；

引脚 14——CAN-（2007 年以后）；

引脚 15——ISO-9141-2 所制定的资料传输线 L；

引脚 16——蓄电池正极。

3．故障码的设置条件

故障码的设置条件，即 ECU 中预先标定好的设置故障码的条件，不同车型对于同一故障码的设置条件可能不同。在诊断故障码时，必须仔细查阅相关的维修资料，根据设置条件排查故障原因。

发动机管理系统控制计算机在系统工作时，不断接收到各个传感器输入的各种信号，如果计算机在一段时间里接收不到某一传感器的输入信号或输出信号，在一段时间内就不会发生变化，即判断为故障信号。如当发动机在正常工作温度下运转时，若计算机在 1 min 以上检测不到氧传感器的输出信号或氧传感器信号在 0.3 ～ 0.6 V 1 min 以上没有变化，即判断氧传感器电路有故障，并设定故障码。

发动机工作中，如果偶然出现一次不正常信号，诊断系统不会判断为故障。只有当不正常信号持续一定时间或多次出现时，计算机才判定为故障。如发动机转速在 1 000 r/min 时，转速信号丢失 3 ～ 4 个脉冲信号，计算机不会判定为转速信号故障，故障指示灯也不会点亮，转速信号的故障码也不会存入存储器内。

故障信号的出现并不一定都是由传感器或执行器本身的故障引起的，更常见的是与相应的电路或接头故障有关；因此，通过故障本身只能判断出故障的性质和范围，最后要确定是传感器、执行器故障还是相应线路故障，还应根据维修资料提供的步骤进一步检查配线、插头、ECU 和相关元件。

4．故障码的读取与清除

在故障诊断开始时要读取故障码，在诊断过程中和排除故障后要清除故障码，但不同的车型读取和清除故障码的方法却不尽相同。故障码的读取方式有人工读取和外接设备两种，即利用解码器。

故障码的清除同样也有两种方式，即人工清除和自动清除。人工清除是按照一定步骤用人工或仪器清除。故障码的自动清除则是在故障已经完全清除后，在点火开关开闭一定次数（通常是 50 ～ 80 次）以上且该故障未再次出现时，控制计算机将自动清除存储的故障码。人工清除可以清除所有的间歇性故障码和持续性故障码，而自动清除只能清除在一段时间内没有出现的间歇性故障的故障码和已经被排除的持续性故障的故障码。

注意：在读取与清除故障码时，应参照相应的维修数据，按照正确的操作步骤进行。在使用故障诊断仪时，一定要详细阅读使用说明书。清除故障码只是诊断故障过程中的一个步骤，只清除故障码而不对故障本身进行维修的行为是不正当和不道德的。

对于大多数 OBD 系统，断开计算机的电源线或蓄电池电缆即可清除故障码，计算机掉电使临时存储器中的数据（如燃油修正数据、怠速学习数据等）全部丢失，故障指示灯也将临时熄灭。但是，一旦故障重新出现，故障码又会重新设置，故障指示灯又会重新点亮。但是断开蓄电池电缆或计算机电源是有风险的，可能会造成意想不到的后果，因为音响系统和自动气候控制系统的预设置信息（包括防盗密码），以及发动机计算机"学习到的"记忆信息都将丢失。对于自动变速器车型，可能还需要经过特殊的自学习步骤才能恢复到原来的工作性能。

5. 故障、故障症状、故障码的关系

有故障码存在，在大多数情况下是确有故障，也会有不同程度的故障症状。例如，空气流量传感器的故障码，表明空气流量传感器信号有故障，而作为重要传感器的空气流量传感器信号出现故障，会产生比较明显的故障现象，如发动机加速不良，动力下降，排放超标等。但有些故障的故障症状并不明显，如出现空气流量传感器的故障码，则表示空气流量传感器信号可能有短路或断路故障发生，但这个故障所带来的影响往往单凭驾驶员感觉不一定能发现。而在某些情况下，有故障码却不一定有故障，这主要是因为：

（1）外界各种干扰源的干扰。

（2）检测人员的误操作。

（3）相关故障的影响。

（4）虚假的故障码等。

在有些情况下，当有故障症状出现时，一定有故障，但不一定有故障码，因为故障码是由控制计算机的自诊断系统定义的，凡不受控制计算机约束的故障点，均无法设定故障码。例如，未被控制系统监测的机械性故障或参数数值漂移但又未超出设定条件的，自诊断系统就无法识别，但发动机会表现出不良的故障症状。另外，实际上一个系统在出厂时，设计人员只能按照设计要求，根据传感器、执行器及控制计算机可能出现的问题及试制和试验过程中可能出现的所有故障。所以，有故障码不一定有故障，没有故障码不一定没有故障。不要以为能读出故障码就可修理好车，而读不出故障码就一定没有故障。

6. 故障码的分类

根据故障是否对排放有影响及其严重程度，故障码有以下分类：

（1）影响排放故障码：

A 类：发生一次就会点亮 OBD 故障指示灯和记录故障码。

B 类：两个连续行程中各发生一次，才会点亮 OBD 故障指示灯和记录故障码。

E 类：三个连续行程中各发生一次，才会点亮 OBD 故障指示灯和记录故障码。

OBD 要求任何影响排放的故障都必须在三个连续行程中诊断出，且点亮 OBD 故

障指示灯，记录故障码和故障发生时的定格数据。

注意：一个行程是指 OBD 测试都能得以完成的驱动循环，对 OBD 可以按照欧Ⅲ排放的测试程序为基准。

（2）不影响排放故障码：

C 类：故障发生时记录故障码，但不点亮 OBD 故障指示灯。厂家可根据需要点亮另外一个报警灯。

D 类：故障发生时记录故障码，但不点亮任何警告灯。

7. 如何利用故障码诊断故障

利用故障码诊断故障只是多种故障诊断手段中的一种重要手段，也仅是一个完整故障诊断步骤中的一个环节。对于不同的车型、不同的故障码，其诊断和排除故障的方法不尽相同，因此，在利用故障码进行诊断时必须查阅相应车型的维修资料。

在整个分析和检查过程中，应明确重要的一点：整个控制系统是由许多子系统（各个传感器、执行器、电源及计算机中的各部分电路等）组成的，而每个子系统电路是由传感器或执行器、插接头、线路和计算机内部的该子系统电路所组成的，因此，反映某个子系统故障的故障码并不一定指该传感器或执行器出现故障，而是表示该子系统的信号出现不正常的现象，至于不正常的原因则可能出现在组成子系统的任何一部分上——元件、接头、线路或计算机上。所以，故障码仅为维修技术人员提供了进一步检查的大方向，而并不能明确指出究竟什么地方和什么元件出现故障。

8. 自诊断系统的局限性

虽然 OBD-Ⅱ自诊断系统已经很先进，但在诊断发动机控制系统故障时，应当时刻铭记自诊断系统有其局限性。首先，并不是所有的发动机控制系统的电路都被监测。因此，不是所有的故障都能点亮故障指示灯或在 ECU 存储器中保存故障码。其次，故障码仅表示传感器、执行器、控制模块或其电路中的某个地方存在故障，具体的故障位置必须按照规定的步骤进行诊断和分析。有些间发性故障 ECU 可能无法检测到，因为其诊断程序不能检测到这些故障。在这些情况下，即使发动机控制系统顺利通过了"自诊断检查"，系统也不一定就没有故障，因此最好采用症状检测的方法进行故障诊断。

发动机故障码、数据流的读取与主动测试

1. 准备工作

（1）设备：实训车辆、工作台。

（2）工具与量具：常用、专用拆装工具、专用诊断仪、通用诊断仪。

（3）发动机维修手册、车辆电路图。

（4）耗材、工单及其他：清洁用棉布、工单、手套、车辆三件套等。

2. 人工读取、清除故障码的工作过程

（1）读取故障码。

①实训车辆诊断接口位于_____。

②将点火开关旋到 ON 位置。

③用短接线将诊断接口 TC（13 号）和 CG（4 号）短接。

④观察仪表盘故障警告灯闪烁情况，读取并记录故障码。

故障码为_____。

⑤若故障警告灯以固定间隔连续闪烁，说明_____。

⑥查阅维修手册确认故障为_____

_____。

⑦对故障部位进行检查并排除故障。

（2）清除故障码。

①将点火开关旋到 OFF 位置。

②将短接线从诊断接口 TC（13 号）和 CG（4 号）拔下。

③拆下 EFI 保险（或电瓶负极）30 s 以上，再重新装回。

（3）复检。

①起动发动机，观察仪表盘故障警告灯是否熄灭。　　　　　　　□是 □否

②重复以上步骤，直到确认无故障码储存。

（4）思考：拆下 EFI 保险与拆下电瓶负极有何区别？

3. 使用诊断仪读取、清除故障码的工作过程

（1）认识所使用的手持式汽车诊断仪_____。

（2）诊断仪的连接。

①将点火开关旋到 OFF 位置。

②将测试主线与诊断仪正确连接。

③将诊断仪与车辆诊断接口正确连接。

④将点火开关旋到 ON 位置。

⑤将诊断仪主开关接通，进入主界面。

（3）诊断仪的拆下。

①将诊断仪退回到主界面。

②将点火开关旋到 OFF 位置。

③切断诊断仪主开关。

④将诊断仪主测试线从诊断接口拔下。

特别提醒：不要在点火开关 ON 位置时插、拔诊断仪，否则会烧坏诊断接口的 16 号端子供电电源的保险丝，造成不能给诊断仪供电，使诊断仪不能工作。

（4）故障码的读取与清除。

①故障码的读取。

正确连接解码器，进入主界面后选择汽车厂商、车型、系统。

选择读取故障码功能，读取并记录故障码。

故障码 1：_____，故障部位：_____。

故障码 2：_____，故障部位：_____。

故障码 3：_____，故障部位：_____。

故障码4：_____，故障部位：_____。

故障码5：_____，故障部位：_____。

②清除故障码。选择清除故障码功能，清除故障码。

③复检。再次读取故障码，以确认故障码完全清除。

4．使用诊断仪读取数据流的工作过程

选择读取数据流功能，操作发动机，读取下面不同工况下的数据并填入表格。

（1）点火开关ON，不起动发动机，读取数据并记录在表7-1中。

（2）点火开关ON，起动发动机，读取数据并记录在表7-1中。

表 7-1　数据 1

点火开关 ON，不起动发动机			起动发动机（怠速、冷车）		
项目	数据结果	是否有变化	项目	数据结果	是否有变化
喷油脉宽	ms	□有　□无	喷油脉宽	ms	□有　□无
点火提前角	°	□有　□无	点火提前角	°	□有　□无
空气流量□ 进气压力□	g/min kPa	□有　□无 □有　□无	空气流量□ 进气压力□	g/min kPa	□有　□无 □有　□无
发动机转速	r/min	□有　□无	发动机转速	r/min	□有　□无
节气门开度	%	□有　□无	节气门开度	%	□有　□无
冷却液温度	℃	□有　□无	冷却液温度	℃	□有　□无
进气温度	℃	□有　□无	进气温度	℃	□有　□无
IDL		□有　□无	IDL		□有　□无

（3）发动机暖机，读取数据并记录在表7-2中。

（4）节气门打开30%，读取数据并记录在表7-2中。

表 7-2　数据 2

发动机暖机后			节气门打开30%		
项目	数据结果	是否有变化	项目	数据结果	是否有变化
喷油脉宽	ms	□有　□无	喷油脉宽	ms	□有　□无
点火提前角	°	□有　□无	点火提前角	°	□有　□无
空气流量□ 进气压力□	g/min kPa	□有　□无 □有　□无	空气流量□ 进气压力□	g/min kPa	□有　□无 □有　□无
发动机转速	r/min	□有　□无	发动机转速	r/min	□有　□无
节气门开度	%	□有　□无	节气门开度	%	□有　□无
冷却液温度	℃	□有　□无	冷却液温度	℃	□有　□无
进气温度	℃	□有　□无	进气温度	℃	□有　□无
IDL		□有　□无	IDL		□有　□无

5. 使用诊断仪进行主动测试的工作过程

选择诊断仪的主动测试功能，对执行器进行主动测试。

（1）对活性炭罐电磁阀进行主动测试。

点火开关 ON，使用诊断仪控制活性炭罐电磁阀的动作。

测试结果：_____；正常状态：应听到电磁阀"咔咔"声。

起动发动机，怠速状态，使用诊断仪控制活性炭罐电磁阀的动作。有何现象？

测试结果分析：_____

_____

（2）对汽油泵进行主动测试。

点火开关 ON，使用诊断仪控制汽油泵的动作。

听燃油泵是否有转动的声音：_____

用手摸燃油管路软管，是否感觉发胀？_____

如果装有油压表，观察油压表读数变化：_____

6. 5S 工作

（1）工具与量具清洁、收纳、归位。

（2）零件清洁、归位。

（3）维修手册归位。

（4）清洁工作台、台架发动机，耗材按使用情况整理归位或丢入垃圾筒。

（5）实训用车辆清洁、关闭车窗、断电、锁车门。

（6）清扫实训场地并清空垃圾，关灯关门。

 任务评价

评价项目	评价指标	分值	自评（20%）	互评（20%）	师评（60%）	合计
知识目标	熟悉电子控制单元的工作原理	5				
	分析电子控制单元的工作电路	10				
	掌握电子控制单元的检测思路	10				
能力目标	能够检测电子控制单元的外观是否正常	5				
	能够按照标准拆卸电子控制单元	10				
	能够按照规范对电子控制单元进行检测	20				
	能够规范安装电子控制单元	10				
素质目标	具备严谨、细致的工作态度	10				
	具备 5S 素质要求	10				
	具备责任意识和风险意识	10				

习　题

一、填空题

1. 燃油喷射系统由三个子系统组成，即_____、_____和_____。

2. 空气供给系统由_____、_____、_____和_____等组成。

3. 燃油供给系统主要由燃油箱、_____、输油管、_____、_____、燃油分配管、喷油器和回油管等组成。

4. 燃油停供控制主要包括_____、_____、_____和_____。

5. 燃油流经燃油泵内腔，对燃油泵电动机起到_____、_____的作用。

6. 燃油泵的出口一般有两个单向阀，分别是_____阀和_____阀，前者的作用是_____，后者的作用是_____。

7. 燃油压力调节器的作用是_____恒定，无回油管系统没有_____，其系统油压为_____。

8. 凸轮轴／曲轴位置传感器可分为_____、_____和_____三种类型。

9. 节气门位置传感器是用来检测_____。

10. 在安装燃油滤清器时，要注意燃油滤清器壳体上标有_____方向。

11. 热丝（膜）式空气流量计安装在_____，一般有_____条线，其电源是_____V。

12. 进气压力传感器一般安装在_____，一般有_____条线，其电源是_____V。

13. 汽车上常用的温度传感器属负温度系数型（NTC）热敏电阻式，具有温度升高阻值_____，温度降低阻值_____的特性，而且呈_____关系。

14. 氧传感器信号电压的变化规律为稀混合气时，输出电压_____；浓混合气时，输出电压_____。

15. 基本喷油时间与_____传感器和_____传感器的输入信号有关。

16. 发动机启动后，为了尽快使三元催化转换器和氧传感器达到正常工作温度，需要_____燃油喷射量。

17. 蓄电池电压降低时，_____喷油脉冲宽度；当蓄电池电压升高时，_____喷油脉冲宽度。

18. 清除溢流断油控制的条件有_____、_____、发动机转速低于 500 r/min。

19. 喷油器按其线圈的电阻值可分为_____和_____两种类型。

二、判断题

1. 汽油的标号越高，抗爆性就越好。　　　　　　　　　　　　　　　　　　（　　）

2. A/F 大于 14.7 时混合气浓，$\lambda > 1$ 时混合气稀。　　　　　　　　　　（　　）

3. 冷车启动时，因为汽油与空气的温度很低，汽油不易蒸发，为了保证冷启动顺利，发动机要求供给很浓的混合气。　　　　　　　　　　　　　　　　　（　　）

4. 热线和热膜式空气流量计可直接测得进气空气的质量流量。　　　　　　（　　）

5. 进气歧管压力传感器可直接测得进气空气的质量流量。　　　　　　　　（　　）

6．进气歧管的真空度越高，进气压力传感器输出信号电压越高。　　　（　　）

7．连接进气压力传感器的真空管破裂，进气压力传感器检测的进气压力偏高，混合气偏浓。　　　（　　）

8．进气温度传感器的信号电压随温度的增大而增大。　　　（　　）

9．线性式节气门位置传感器的信号电压随节气门开度的增大而增大。　　（　　）

10．当空燃比 A/F 小于 14.7 时，氧化锆式氧传感器的输出电压应为 0.1 V 左右。
　　　　　　　　　　　　　　　　　　　　　　　　　　　　　（　　）

11．汽车若装有三元催化转化器，可以不再装氧传感器。　　　（　　）

12．发动机 ECU 对启动工况的空燃比控制采用闭环控制。　　　（　　）

13．判缸信号由凸轮轴位置传感器产生。　　　（　　）

14．霍尔式曲轴（凸轮轴）位置传感器信号的电压幅值和频率随发动机转速的增大而增大。　　　（　　）

15．卡罗拉轿车曲轴位置传感器失效时，发动机不能启动。　　　（　　）

16．无回油管的燃油供给系统不装油压调节器。　　　（　　）

17．油压调节器膜片破裂会造成可燃混合气过浓。　　　（　　）

18．高阻型喷油器的阻值范围一般为 12～17 Ω。　　　（　　）

19．发动机启动时的基本喷油量由冷却液温度传感器信号确定。　　　（　　）

三、选择题

1．以下汽油机汽油压力过高的原因正确的是（　　）。
　　A．电动汽油泵的电刷接触不良　　　　B．油压调节器回油管堵塞
　　C．电动汽油泵出油阀密封不严　　　　D．以上都正确

2．当进气歧管内真空度降低时，真空式汽油压力调节器将汽油压力（　　）。
　　A．提高　　　　B．降低　　　　C．保持不变　　　D．以上都不正确

3．在多点电控汽油喷射系统中，喷油器的喷油量主要取决于喷油器的（　　）。
　　A．针阀升程　　　　　　　　　　　　B．喷孔大小
　　C．内外压力差　　　　　　　　　　　D．针阀开启的持续时间

4．讨论 EFI 系统时，甲说，ECU 通过控制燃油压力提供合适的空燃比；乙说，ECU 通过控制喷油器脉冲宽度提供合适的空燃比。下列正确的是（　　）。
　　A．甲正确　　　　B．乙正确　　　　C．两人均正确　　D．两人均不正确。

5．在讨论发动机电喷系统时，甲说在电喷系统中，若燃油压力高于正常值，则导致稀空燃比；乙说在电喷系统中，若燃油压力高于正常值，则导致浓空燃比。正确的是（　　）。
　　A．甲正确　　　　B．乙正确　　　　C．两人均正确　　D．两人均不正确

6．发动机转动时，用万用表检查霍尔传感器的输出信号的电压应为（　　）V。
　　A．5　　　　B．0　　　　C．0～5　　　　D．4

7．热线式空气流量传感器和热膜式空气流量传感器的主要不同是（　　）。
　　A．工作原理不同　　　　　　　　　　B．检测方法不同
　　C．敏感元件的结构不同　　　　　　　D．工作性能不同

8. 采用空气流量计的发动机节气门下游漏气，发动机（　　）。

    A. 转速偏高　　　　　B. 转速偏低　　　　　C. 正常　　　　　D. 不能确定

9. 冷却液温度传感器信号线路断路，ECU检测到的信号电压为（　　）。

    A. 5 V　　　　　　B. 0 V　　　　　　C. 12 V　　　　　D. 不能确定

10. 发动机工作时若燃烧浓混合气，则氧传感器的信号电压将（　　）。

    A. 变小　　　　　　B. 变大　　　　　　C. 不变　　　　　D. 不确定

11. 燃油泵单向阀泄漏，会引起（　　）。

    A. 无保持油压　　　　　　　　　　B. 发动机不启动

    C. 发动机怠速油压下降　　　　　　D. 发动机加速油压下降

12. 对喷油量起决定性作用的是（　　）。

    A. 空气流量计　　　　　　　　　　B. 水温传感器

    C. 氧传感器　　　　　　　　　　　D. 节气门位置传感器

13. 当节气门开度突然加大时，燃油分配管内油压（　　）。

    A. 升高　　　　　　B. 降低　　　　　　C. 不变　　　　　D. 先降低再升高

14. 负温度系数的热敏电阻，其阻值随温度的升高而（　　）。

    A. 升高　　　　　　B. 降低　　　　　　C. 不受影响　　　　D. 先高后低

15. 下列不用电源就可以工作的传感器是（　　）。

    A. 热线式空气流量计　　　　　　　B. 进气温度传感器

    C. 霍尔式曲轴位置传感器　　　　　D. 电磁式曲轴位置传感器

四、简答题

1. 如何诊断喷油器故障？

2. 如何通过测量燃油压力检查燃油供给系统的故障？

3. 进气流量传感器故障对发动机性能有何影响？

4. 如何检查进气流量传感器及其电路？

5. 如何检查进气压力传感器及其电路？

6. 曲轴（凸轮轴）位置传感器发生故障对发动机性能有何影响？

7. 节气门位置传感器发生故障对发动机性能有何影响？

8. 如何检查节气门位置传感器及其电路？

9. 冷却液（进气）温度传感器故障对发动机性能有何影响？

10. 如何检查冷却液（进气）温度传感器及其电路？

11. 氧传感器信号电压的特点是什么？

12. 影响氧传感器信号的因素有哪些？

13. 发动机在什么条件下进行空燃比闭环控制？

14. 什么情况下ECU执行断油控制？

项目 8
点火控制系统的检修

项目描述

　　汽车发动机点火控制系统是发动机电控系统的重要组成部分。在熟悉点火控制系统主要组成元件的布置和结构基础上，了解点火控制系统主要元件的作用及类型、结构及原理；同时，掌握点火控制系统主要元件的拆装与检测、维护与修理，只有这样才能够根据点火控制系统的故障现象分析原因所在，同时，也应该具备严谨细致、精益求精的工匠精神。

🎡 任务 1

点火控制系统主要元件的检修

任务引入

　　一辆 2003 款丰田大霸王多功能汽车，装备 2AZ-FE 发动机，据用户反映早上启动后发动机怠速抖动。经诊断是点火控制系统元件有故障。如果遇到这种故障，应该怎么排除故障？

学习目标

知识目标

1. 了解点火控制系统的工作原理。
2. 掌握点火控制系统的结构特点及电路分析方法。

能力目标

1. 能够在车辆上准确找到点火控制系统。

2．能够对点火控制系统进行检修并排除故障。

素质目标

1．具备严谨、细致、认真工作的态度和高度的责任心。

2．具备勤俭节约、艰苦奋斗的良好品质。

8.1.1　点火控制系统概述

1．点火控制系统的作用

点火控制系统简称点火系统，其作用是在气缸内适时、准确、可靠地产生电火花，以点燃可燃混合气，使汽油发动机实现做功。当点火系统发生故障时，可能引起发动机个别气缸点火失败，俗称缺缸，甚至全部气缸不能点火，导致发动机运转不良，甚至不能启动。

2．发动机对点火控制系统的要求

点火系统应在发动机各种工况和使用条件下都能保证可靠而准确地点火。为此，点火系统应满足以下基本要求：

（1）能产生足以击穿火花塞两电极间隙的电压。火花塞击穿电压是指使火花塞两电极之间的间隙击穿并产生电火花所需要的电压。火花塞击穿电压的大小与中心电极和侧电极之间的距离（火花塞间隙）、气缸内的压力和温度、电极的温度、发动机的工作状况等因素有关。

试验表明，发动机正常运行时，火花塞的击穿电压为 $7 \sim 8 \, kV$，发动机冷启动时达 $19 \, kV$。为了使发动机在各种不同的工况下均能可靠地点火，要求火花塞击穿电压应在 $15 \sim 30 \, kV$。

（2）电火花应具有足够的点火能量。为了使混合气可靠点燃，火花塞产生的火花应具备一定的能量。发动机正常工作时，由于混合气压缩时的温度接近自燃温度，因此所需的火花能量较小，火花能量为 $15 \sim 50 \, mJ$，足以点燃混合气。但在启动、怠速以及突然加速时需要较高的点火能量。为保证可靠点火，一般应保证 $50 \sim 80 \, mJ$ 的点火能量，启动时应能产生大于 $100 \, mJ$ 的点火能量。

（3）点火时刻应与发动机的工作状况相适应。首先发动机的点火时刻应满足发动机工作循环的要求；其次可燃混合气在气缸内从开始点火到完全燃烧需要一定的时间（千分之几秒），所以要使发动机产生最大的功率，就不应在压缩行程终了（上止点）点火，而应适当地提前一个角度。这样，当活塞到达上止点时，混合气已经接近充分燃烧，发动机才能发出最大功率。

3．点火控制系统的分类

按点火方式的不同可分为双缸同时点火式和独立点火式。

（1）双缸同时点火式。双缸同时点火式点火系统两个气缸共用一个点火线圈，该点火线圈的高压电同时送往两缸的火花塞，同时跳火，在设计上将活塞同时到达上止点的两个气缸（一个为压缩行程的上止点，另一个为排气行程的上止点）分为一组，

共用一个点火线圈。

（2）独立点火式。独立点火也称顺序点火，点火系统为每个缸配备一个点火线圈，直接安装在火花塞上方，省去了高压线，点火能量损失少。

4．点火控制系统的组成与工作原理

现代汽车的发动机大多采用微机控制点火系统，其主要由传感器、电子控制单元（ECU）、点火控制器（点火器）、点火线圈和火花塞等组成，如图 8-1 所示。

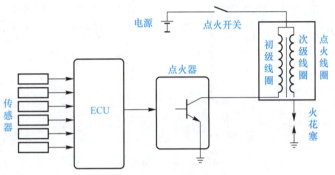

图 8-1　点火系统的组成

微机控制点火系统的工作原理：发动机运行时，ECU 不断地接收来自各种传感器的信号，监测发动机的工作状态，ECU 根据存储器 ROM 中存储的有关程序与有关数据，确定该工况下最佳点火提前角和初级电路的最佳导通角，并向点火控制模块发出指令。点火控制模块根据 ECU 的点火指令，控制点火线圈初级回路的导通和截止。当电路导通时，有电流从点火线圈中的初级线圈通过，点火线圈此时将点火能量以磁场的形式储存起来。当初级线圈中电流被切断时，在其次级线圈中将产生很高的感应电动势，送至工作气缸的火花塞，点火能量被瞬间释放，并迅速点燃气缸内的混合气，发动机完成做功过程。ECU 还会根据爆震、冷却液温度、进气温度、车速等信号来判断发动机的爆震程度，将点火提前角控制在爆震界限的范围内，使发动机始终处于最佳燃烧状态。

8.1.2　点火控制系统主要元件的结构

1．传感器

传感器检测与点火相关的发动机工况信息，并将检测结果输入 ECU，作为计算和控制点火时刻的依据。虽然各种类型汽车采用的传感器的类型、数量、结构及安装位置不尽相同，但是其作用都基本相同，而且这些传感器大多与燃油喷射系统、急速控制系统等共用。这些传感器主要有发动机转速传感器、曲轴位置传感器、凸轮轴位置传感器、空气流量传感器（进气压力传感器）、冷却液温度传感器、进气温度传感器、爆燃传感器、节气门位置传感器、车速传感器和氧传感器等。

2．电子控制单元

电子控制单元（ECU）是点火系统的中枢。在发动机工作时，不断地采集传感器的信息，按事先设置的程序计算出最佳点火提前角，并向点火控制装置发出点火指令。

3．点火线圈

点火线圈内有初级线圈和次级线圈，它们缠绕在共同的一个铁芯上，如图 8-2 所示。当初级线圈接通电源时，随着通电时间的延长在周围产生很强的磁场，使铁芯储存磁场能。当初级线圈电路断开时，磁场迅速衰减，次级线圈就会在一瞬间感应出很高的电压。

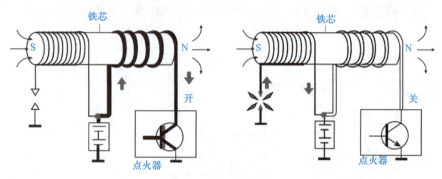

图 8-2　高压电的产生

单独点火方式所用的点火线圈如图 8-3 所示。每个气缸分配一个点火线圈，点火线圈直接安装在火花塞的顶上。

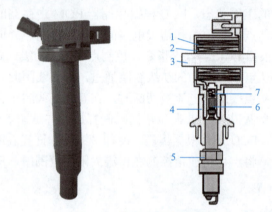

图 8-3　点火线圈的结构

1—次级线圈；2—初级线圈；3—铁芯；4—外壳；5—火花塞；6—高压端子；7—弹簧

4．点火控制器

点火控制器简称点火器，是发动机控制系统的执行器。其作用是根据微机发出的指令信号，通过内部大功率三极管的导通与截止来控制点火线圈初级绕组电路的通断，使点火线圈产生高压电。现代汽车发动机的点火控制器常与点火线圈或电子控制单元制成一体。

5．火花塞

火花塞主要由接线螺杆、绝缘体、壳体及电极等部分组成，如图 8-4 所示。最上面的部分是接线螺杆，它与缸线相连，同时，也是接收电能的地方。火花塞的绝缘体通常由陶瓷制成，原因是陶瓷绝缘、耐热、导热，并且使中心电极与侧电极之间保持足够的绝缘强度。火花塞中心电极与侧电极之间的间隙称为火花塞间隙，正常值一般为 0.9 ～ 1.1 mm。火花塞间隙过小时，可能发生熄弧效应；火花塞间隙过大时，火花塞不易跳过该间隙，发动机可能会因此而熄火。

在中心电极和与其相对的接地电极都覆盖一层白金和铱金的薄层的火花塞称为白金火花塞和铱金火花塞（图 8-5）。这样的火花塞使用寿命较常规火花塞更长。由于白金和铱金都耐磨，因此这些火花塞的中心电极可以制作得很小，仍能具有优良的引燃火花性能。

白金火花塞上，白金是焊接在中心电极和接地电极的顶端的。中心电极的直径较常规火花塞的要小。

铱金火花塞上，铱（较铂有更高的耐磨能力）是焊接在中心电极顶端的，但焊接在接地电极上的仍是白金。中心电极的直径较白金火花塞得更小。

图 8-4　火花塞的结构

1—接线螺杆；2—绝缘体；3—六角螺旋；
4—中心电极；5—火花塞间隙；6—侧电极；
7—固定螺纹

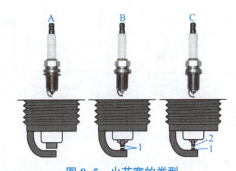

图 8-5　火花塞的类型

A—普通火花塞；B—白金火花塞；C—铱金火花塞

1—白金电极；2—铱电极

 任务实施

点火控制系统主要部件的检修

1. 准备工作

（1）设备：实训车辆、工作台。

（2）工具与量具：万用表、扭力扳手、火花塞扳手、火花塞间隙规、套筒、成套工具等。

（3）发动机维修手册、车辆电路图。

（4）耗材、工单及其他：清洁用棉布、手套、车辆三件套等。

2. 火花塞检测的工作过程

（1）检测前，起动发动机，加速发动机转速到 3 000 r/min 至少 3 次，停止发动机。

（2）拆卸点火线圈总成。

（3）用火花塞扳手拆下火花塞。

（4）观察火花塞电极是否干燥。如果火花塞电极干燥，说明火花塞正常；如果火花塞电极湿润，则应对火花塞进行以下各项检测：

①火花塞外观检查：绝缘体是否有破裂；电极是否有燃蚀；衬垫是否有损坏或磨损；固定螺纹是否有损坏；是否存在积碳。如果有任何损坏，应更换火花塞；如果有积碳存在，应清洁火花塞，找到积碳原因并排除。

②火花塞间隙检测。用火花塞间隙规检测火花塞间隙（图8-6），如果超过规定值，应更换火花塞。火花塞间隙大小可参考发动机维修手册。1ZR发动机新火花塞的间隙为1.0～1.1 mm，旧火花塞的最大间隙为1.3 mm。

③火花塞电极绝缘性检测。用兆欧表测量火花塞电极绝缘电阻（图8-7）。标准电阻应为10 MΩ或更大。如果结果不符合规定，用火花塞清洁器清洁后再测量。如果火花塞电极绝缘电阻值不符合要求，应更换火花塞。

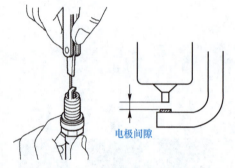

电极间隙

图8-6　火花塞间隙的检测

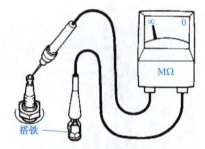

搭铁

图8-7　火花塞电极绝缘性的检测

3．执行点火线圈和火花测试的工作过程

（1）拆卸点火线圈，断开4个喷油嘴连接器。

（2）用火花塞扳手拆卸火花塞。

（3）将火花塞安装到各点火线圈上，并连接点火线。

（4）将火花塞侧电极搭铁。

（5）转动发动机，检查火花塞是否产生火花。

注意：发动机转动不要超过2 s。

（6）如果火花塞不产生火花，按图8-8所示的步骤进行检测。

（7）检测完并排除故障后，正确安装拆下的零件，恢复车辆的正常状态。

4．5S工作

（1）工具与量具清洁、收纳、归位。

（2）零件清洁、归位。

（3）维修手册和电路图归位。

（4）清洁实训车辆，耗材按使用情况整理归位或丢入垃圾筒。

（5）清洁工作台。

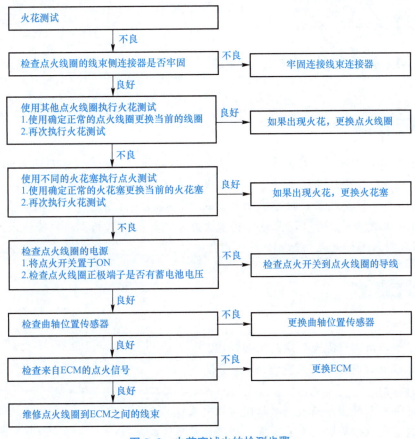

图 8-8　火花塞试火的检测步骤

任务评价

评价项目	评价指标	分值	自评（20%）	互评（20%）	师评（60%）	合计
知识目标	熟悉点火控制系统的工作原理	5				
	分析点火控制系统的工作电路	10				
	掌握点火控制系统的检测思路	10				
能力目标	能够检测点火控制系统的外观是否正常	5				
	能够按照标准拆卸点火控制系统	10				
	能够按照工单对点火控制系统进行检测	20				
	能够规范安装点火控制系统	10				
素质目标	具备严谨、细致的工作态度	10				
	具备5S素质要求	10				
	具备责任意识和风险意识	10				

任务 2

双缸同时点火系统的检修

一辆 2008 款雪佛兰科帕奇汽车，搭载 2.4 L 发动机，累计行驶里程约为 14 万千米。据用户反映，行驶中发动机偶发熄火，熄火后无法立即启动着机，需停放一段时间后才能启动着机。该车已经更换过燃油泵、点火控制模块、高压线、火花塞等，并清洗过节气门，但故障依然存在，经诊断为点火系统有故障。作为车辆维修技术人员，遇到这种情况应该怎样处理？

知识目标

1. 了解双缸同时点火系统的工作原理。
2. 掌握双缸同时点火系统的分析方法。

能力目标

1. 能够在车辆上准确找到双缸同时点火系统的点火线圈。
2. 能够对双缸同时点火系统进行检修及故障诊断。

素质目标

1. 具备严谨、细致、认真工作的态度和高度的责任心。
2. 具备良好的 5S 意识。

双缸同时点火系统两个气缸共用一个点火线圈，该点火线圈的高压电同时送往两缸的火花塞，同时跳火，在设计上将活塞同时到达上止点的两个气缸（一个为压缩行程的上止点，另一个为排气行程的上止点）分为一组，共用一个点火线圈。系统中点火线圈的总数量等于气缸数量的 1/2，几个点火线圈通常封装在一个壳体里。同一组中两个气缸的火花塞与共用的点火线圈次级绕组串联，点火线圈的高压线直接与火花塞相连。图 8-9 所示为 Santana 时代超人发动机点火线圈的控制电路和实物，其点火器和点火线圈合为一体。当点火线圈初级电路断电时，一个气缸接近压缩行程的上止点，火花塞跳火可点燃该气缸内的混合气，称为有效点火；而另一气缸接近排气行程的上止点，火花塞跳火不起作用，称为无效点火。由于处于排气行程气缸内的压力很低，加之废气中导电离子较多，其火花塞很容易被高压电击穿，消耗的能量就非常少，所以不会对压缩行程气缸点火产生影响。

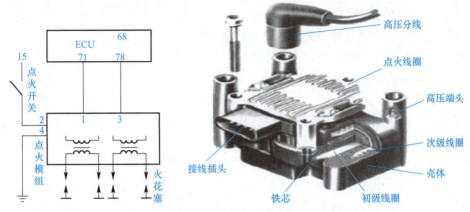

图 8-9　Santana 时代超人发动机点火线圈的控制电路和实物

 任务实施

双缸同时点火系统的检修

1．准备工作

（1）设备：实训车辆、工作台。

（2）工具与量具：万用表、扭力扳手、套筒、成套工具等。

（3）发动机维修手册、车辆电路图。

（4）耗材、工单及其他：清洁用棉布、手套、车辆三件套等。

2．双缸同时点火系统检修的工作过程

（1）电路分析。北京现代悦动轿车的 G4GB 发动机采用了双缸同时点火系统，其点火控制器集成于发动机电子控制单元中，电路控制图如图 8-10 所示。

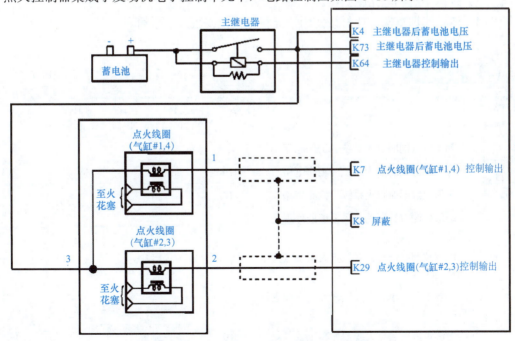

图 8-10　北京现代 G4GB 发动机点火系统

（2）火花塞高压缸线和点火线圈检查。

①外观检查高压缸线和点火线圈的下列情况：

点火线圈、高压缸线是否有明显损伤。 □是 □否

点火线圈和火花塞连接是否正确。 □是 □否

插头连接是否良好。 □是 □否

拔出连接器，观察其端子是否锈蚀、松动。 □是 □否

②测量高压缸线的电阻。测量结果：_____Ω。参考标准值为 5.6 kΩ/m±20%。

③测量缺火气缸相关初级点火线圈和次级点火线圈的电阻。

初级点火线圈电阻，测量结果：_____Ω。参考标准值为 0.5 ～ 0.6 Ω。

次级点火线圈电阻，测量结果：_____Ω。参考标准值为 7.5 ～ 10.2 kΩ。

④测量点火线圈的供电电压。测量结果：_____V。参考标准值为 12 V。

⑤测量两条点火控制线的电阻。测量结果：_____Ω。参考标准值≤ 1 Ω。

（3）火花塞的检查。

①外观检查火花塞的下列情况：

绝缘体损坏、电极磨损、机油或燃油污染、端子松动和裂缝。

检查电极间隙：1.0 ～ 1.1 mm。

检查缸火花塞的颜色。

②火花塞跳火试验。

3. 5S 工作

（1）工具与量具清洁、收纳、归位。

（2）零件清洁、归位。

（3）维修手册和电路图归位。

（4）清洁实训车辆，耗材按使用情况整理归位或丢入垃圾筒。

（5）清洁工作台。

 任务评价

评价项目	评价指标	分值	自评（20%）	互评（20%）	师评（60%）	合计
知识目标	熟悉双缸同时点火系统的工作原理	5				
	分析双缸同时点火系统的工作电路	10				
	掌握双缸同时点火系统的检测思路	10				
能力目标	能够检测双缸同时点火系统的外观是否正常	5				
	能够按照标准拆卸双缸点火系统点火线圈和高压线	10				
	能够按照工单对点火线圈和高压线进行检测	20				
	能够规范安装点火线圈和高压线	10				

评价 项目	评价指标	分值	自评 （20%）	互评 （20%）	师评 （60%）	合计
素质 目标	具备严谨、细致的工作态度	10				
	具备 5S 素质要求	10				
	具备责任意识和风险意识	10				

续表

任务3

独立点火系统的检修

任务引入

一辆上海桑塔纳普通型轿车，装用 JV 型发动机，随着天气变冷，冷启动越来越困难，但启动运转升温后，发动机工作正常。拔下高压分缸线距气缸体 5 ～ 7 min 试火，火花较弱，呈红黄色。经诊断为点火控制系统有故障。作为车辆维修技术人员，遇到这种情况应该怎样处理？

学习目标

知识目标

1. 了解独立点火系统的工作原理。
2. 掌握独立点火系统的分析方法。

能力目标

1. 能够在车辆上准确找到独立点火系统的点火线圈。
2. 能够正确检修独立点火系统并排除故障。

素质目标

1. 具备严谨、细致、认真工作的态度和高度的责任心。
2. 具备良好的 5S 意识。

知识链接

独立点火也称顺序点火，点火系统为每个缸配备一个点火线圈，直接安装在火花塞上方，省去了高压线，点火能量损失少。而且，高压部分安装在发动机气缸盖上的金属罩内，减少了对无线电设备的干扰。图 8-11 所示为宝骏 630 轿车点火线圈控制电路图，其点火控制器置于发动机电子控制单元中。

项目

8

点火控制系统的检修

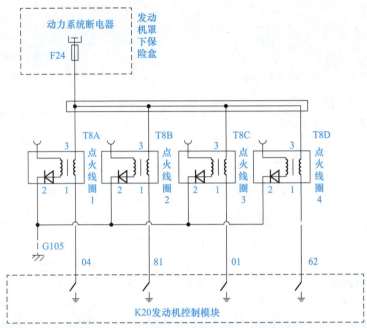

图 8-11　宝骏 630 轿车点火线圈控制电路图

独立点火系统的检修

1．准备工作

（1）设备：实训车辆、工作台。

（2）工具与量具：万用表、扭力扳手、套筒、成套工具等。

（3）发动机维修手册、车辆电路图。

（4）耗材、工单及其他：清洁用棉布、手套、车辆三件套等。

2．独立点火系统检修的工作过程

（1）电路分析。丰田卡罗拉轿车 2ZR 发动机采用了单缸顺序点火系统，其点火控制器集成于点火线圈中，电路控制图如图 8-12 所示。

（2）检测过程及结果记录。

①目测检查。

点火线圈是否有明显损伤。　　　　　　　　　　　　　　□是　　□否

插头连接是否良好。　　　　　　　　　　　　　　　　　□是　　□否

拔出连接器，观察其端子是否锈蚀、松动。　　　　　　　□是　　□否

②检测火花塞。

拆下火花塞，观察其状态是否正常。　　　　　　　　　　□是　　□否

断开喷油器，火花塞试火是否正常。　　　　　　　　　　□是　　□否

③检查点火器。

检查点火器电源电压，测量结果：＿＿＿＿＿＿V。参考标准值为 12 V。

检查点火器搭铁线和车身搭铁之间的电阻，测量结果：_____Ω。参考标准值≤ 1 Ω。

④检查点火信号和点火反馈信号。

用试灯检查点火器的点火控制信号是否正常。　　　　　　　□是　　　□否

用试灯检查点火器的点火反馈信号是否正常。　　　　　　　□是　　　□否

用示波器测取并画出点火控制信号与点火反馈信号的波形。

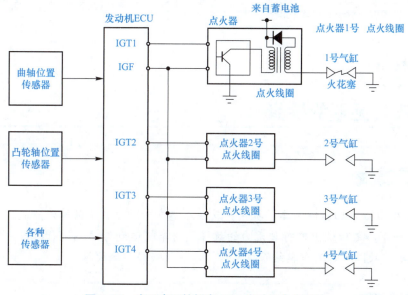

图 8-12　丰田卡罗拉轿车 2ZR 发动机点火系统

3. 5S 工作

（1）工具与量具清洁、收纳、归位。

（2）零件清洁、归位。

（3）维修手册和电路图归位。

（4）清洁实训车辆，耗材按使用情况整理归位或丢入垃圾筒。

（5）清洁工作台。

 任务评价

评价项目	评价指标	分值	自评（20%）	互评（20%）	师评（60%）	合计
知识目标	熟悉独立点火系统的工作原理	5				
	分析独立点火系统的工作电路	10				
	掌握独立点火系统的检测思路	10				
能力目标	能够检测独立点火系统的外观是否正常	5				
	能够按照标准拆卸点火线圈和高压线	10				
	能够按照工单对点火线圈和高压线进行检测	20				
	能够规范安装点火线圈和高压线	10				

项目 8

点火控制系统的检修

233

续表

评价项目	评价指标	分值	自评（20%）	互评（20%）	师评（60%）	合计
素质目标	具备严谨、细致的工作态度	10				
	具备 5S 素质要求	10				
	具备责任意识和风险意识	10				

任务 4

爆震传感器的检修

任务引入

　　一辆 2009 款本田雅阁汽车，据用户反映车辆在行驶过程中故障灯点亮，然后感到车辆顿挫一下，之后就出现行驶无力的故障，将车辆送到维修站进行维修，经诊断为爆震传感器有故障。作为车辆维修技术人员，应该怎样排除故障？

学习目标

知识目标
1. 了解爆震传感器的工作原理。
2. 掌握爆震传感器的电路分析方法。

能力目标
1. 能够在车辆上准确找到爆震传感器。
2. 能够正确检修爆震传感器并排除故障。

素质目标
1. 具备严谨、细致、认真工作的态度和高度的责任心。
2. 具备良好的 5S 意识。

知识链接

　　爆震传感器安装在发动机机体上，用来检测发动机缸体的振动情况。常见的爆震传感器有两种：一种是磁致伸缩式爆震传感器；另一种是压电式爆震传感器。

1. 磁致伸缩式爆震传感器

　　磁致伸缩式爆震传感器由壳体、永久磁铁、铁芯及绕在铁芯外围的线圈等组成，如图 8-13 所示。当爆燃发生时，铁芯受振偏移致使线圈内磁力线发生变化，通过线圈的磁通变化时，线圈将产生感应电动势，此电动势即爆震传感器的输出电压信号。输出电压信号的大小与发动机振动的频率有关。当传感器固有振荡频率（7 kHz 左右）与设定爆震强度时发动机的振动频率产生谐振时，传感器将输出最大电压信号。

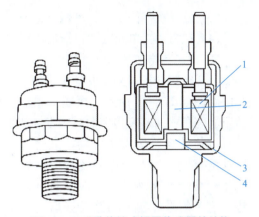

图 8-13　磁致伸缩式爆震传感器的结构
1—线圈；2—铁芯；3—壳体；4—永久磁铁

2. 压电式爆震传感器

压电式爆震传感器的结构如图 8-14 所示。其内部装有压电元件、惯性配重及接线等。发生爆燃时，发动机气缸体出现异常振动，此振动很快就传递到传感器的外壳上，该外壳与惯性配重之间便会产生相对运动，而夹在这两者之间的压电元件受到的挤压力发生变化，这样就按照压电元件上所加压力的变化而产生电压信号。

另外，还有火花塞座金属垫型爆燃传感器。该类型传感器是在火花塞的垫圈部位安装上压电元件，根据燃烧压力直接检测爆燃信息，并将振动转换成电压信号输出给ECU，如图 8-15 所示。该类型传感器一般每缸火花塞都安装一个。

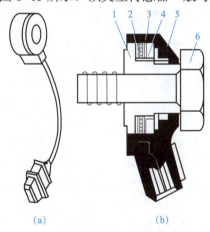

图 8-14　压电式爆震传感器的结构
（a）传感器外形（b）内部结构
1—套筒底座；2—压电元件；3—绝缘垫圈；
4—惯性配重；5—塑料壳体；6—固定螺钉

图 8-15　火花塞座金属垫型爆燃传感器
1—火花塞；2—垫圈；3—爆震传感器；4—气缸盖

 任务实施

爆震传感器的检修

1. 准备工作

（1）设备：实训车辆、工作台。

（2）工具与量具：万用表、扭力扳手、套筒、成套工具等。

（3）发动机维修手册、车辆电路图。

（4）耗材、工单及其他：清洁用棉布、手套、车辆三件套等。

2. 爆震传感器检修的工作过程

（1）电路分析。AJR 发动机采用了两只爆震传感器，使爆震控制能力进一步加强，其电路图如图 8-16 所示。爆震传感器安装在发动机缸体上，是按固体传声原理工作的压电陶瓷式加速度传感器。当发动机发生爆震时，产生的 1 ~ 10 kHz 的压力冲击波通过缸体传递给爆震传感器，又通过惯性配重使作用在压电陶瓷片的压力发生变化，产生约为 20 mV/g 的电动势。这一信号经输入回路转换后传送至 CPU，由 CPU 进行计算，以判断爆震的程度并相应调整点火提前角，将爆震控制在最佳状态。

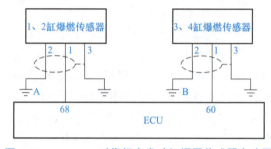

图 8-16　Santana 时代超人发动机爆震传感器电路图

（2）检测过程及结果记录。

①目测。

传感器、导线是否有明显损伤。　　　　　　　　　　　　　　　　□是　　□否

插头连接是否良好。　　　　　　　　　　　　　　　　　　　　　□是　　□否

拔出连接器，观察其端子是否锈蚀、松动。　　　　　　　　　　　□是　　□否

②检查爆震传感器电阻。

将点火开关扭至 OFF 位置。　　　　　　　　　　　　　　　　　□任务完成

确认爆震传感器信号线颜色：_____。

断开爆震传感器端连接器。　　　　　　　　　　　　　　　　　　□任务完成

测量传感器插头 1 与 2 脚之间的电阻，测量结果：_____Ω。参考标准值 > 1 MΩ。

测量传感器插头 1 与 3 脚之间的电阻，测量结果：_____Ω。参考标准值无穷大。

测量传感器插头 2、3 脚和搭铁之间的电阻，测量结果：_____Ω。参考标准值 ≤ 1 Ω。

③检查爆震传感器信号电压。

插好爆震传感器端连接器。　　　　　　　　　　　　　　　　　　□任务完成

起动发动机，测量传感器插头 1 与 2 脚之间的电压，测量结果：_____V。参考标准值为 0.15 ~ 0.28 V。

测量发动机急加速时传感器插头 1 与 2 脚之间的电压，测量结果：_____V。

④检查线束和连接器断路、短路（ECU ~ 传感器）。

脱开计算机端和传感器端连接器。　　　　　　　　　　　　　　　□任务完成

测量两根信号线的电阻：_____Ω。参考标准值 ≤ 1 Ω。

测量 1 和 2 导线同侧端子电阻：_____Ω。参考标准值不小于 1 MΩ。

3. 5S 工作

（1）工具与量具清洁、收纳、归位。

（2）零件清洁、归位。

（3）维修手册和电路图归位。

（4）清洁实训车辆，耗材按使用情况整理归位或丢入垃圾筒。

（5）清洁工作台。

 任务评价

评价项目	评价指标	分值	自评（20%）	互评（20%）	师评（60%）	合计
知识目标	熟悉爆震传感器的工作原理	5				
	分析爆震传感器的工作电路	10				
	掌握爆震传感器的检测思路	10				
能力目标	能够检测爆震传感器的外观是否正常	5				
	能够按照标准拆卸爆震传感器	10				
	能够按照工单对爆震传感器进行检测	20				
	能够规范安装爆震传感器	10				
素质目标	具备严谨、细致的工作态度	10				
	具备 5S 素质要求	10				
	具备责任意识和风险意识	10				

任务 5

点火控制系统的控制策略

 任务引入

一辆 2006 款丰田花冠轿车，装备 1ZZ-FE 发动机。据用户反映发动机故障灯点亮，发动机怠速时抖动，经诊断为发动机缺火。作为车辆维修技术人员，遇到这种情况应该怎样处理？

 学习目标

知识目标

1. 了解点火控制系统的工作原理。

2. 掌握点火控制系统的分析方法。

能力目标

1. 能够在车辆上准确找到点火控制系统。

2. 能够正确分析、诊断点火控制系统的故障。

素质目标

1. 具备严谨、细致、认真工作的态度和高度的责任心。

2. 具备良好的 5S 意识。

现代汽车发动机的点火系统的控制内容主要包括点火提前角控制、通电时间控制和爆燃控制三个方面。

1. 点火提前角控制

在发动机实际运行中，ECU 通常根据各传感器输入的信息，从存储器中找出点火提前角的最佳值，对点火系统进行适时控制。实际点火提前角由初始点火提前角、基本点火提前角、修正点火提前角构成。

初始点火提前角与发动机工况无关，由发动机的结构特性决定。在发动机启动时，由 ECU 根据所控制的发动机工作特性预置一个固定的点火提前角，称为初始点火提前角。因为发动机刚启动时，其转速较低（通常在 500 r/min 以下），且进气流量信号或进气歧管压力信号不稳定。

基本点火提前角是由发动机电子控制单元（ECU）根据发动机的转速和负荷所确定的点火提前角，是发动机运行过程中最为主要的点火提前角。基本点火提前角随发动机转速升高而增大，随进气流量（或进气歧管压力）增加而减小。

为使实际点火提前角适应发动机的运转状况，以便得到良好的动力性、经济性和排放性，必须根据相关因素（冷却液温度、进气温度、开关信号等）适当增大或减小点火提前角，即对点火提前角进行必要的修正。修正点火提前角包括暖机修正、过热修正、空燃比反馈修正、怠速稳定性修正等，如图 8-17 所示。

（1）暖机修正。发动机冷启动后，冷却液温度较低时，应增大点火提前角。在暖机修正过程中，随冷却液温度的升高，点火提前角修正值逐渐减小。修正值的变

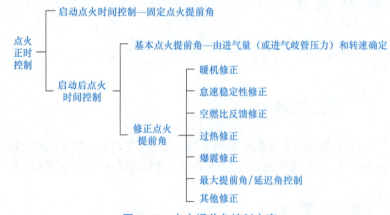

图 8-17　点火提前角控制内容

化规律及大小随发动机暖机修正的主要控制信号变化，暖机修正控制信号包括冷却液温度传感器信号、进气管绝对压力传感器信号或空气流量计信号、节气门位置传感器信号（IDL 信号）等。

（2）过热修正。发动机处于正常运行工况时（怠速触点断开），若冷却液温度过高，为了避免发动机长时间过热，应将点火提前角增大。过热修正的主要控制信号包括冷却液温度信号、节气门位置信号等。

（3）空燃比反馈修正。装有氧传感器的电子控制汽油喷射系统，其电子控制单元根据氧传感器的反馈信号空燃比进行修正。随着修正喷油的增加或减少，发动机转速在一定范围内波动。为了提高怠速的稳定性，在反馈修正油量减少时，点火提前角相

应地增加。空燃比反馈修正的控制信号主要有氧传感器信号、节气门位置信号、冷却液温度信号和车速信号等。

（4）怠速稳定性修正。发动机处于怠速工况时，电子控制单元不断地计算发动机的平均转速，当发动机的转速低于规定的怠速转速时，电子控制单元根据实际转速与目标转速差值的大小相应地增大点火提前角；当发动机转速高于目标转速时，则减小点火提前角。怠速稳定性修正的控制信号主要有发动机转速信号、节气门位置信号、车速信号和空调信号等。

2. 通电时间控制

通电时间控制又称闭合角控制（指点火线圈初级电路每次接通的时间所对应的曲轴转角），是指点火线圈初级电流的通电时间。通电时间长，次级线圈产生的高压就高，所以要保证点火线圈初级回路有一定的接通时间。但如果通电时间过长，点火线圈又会发热并增大电能消耗。要兼顾上述两个方面的要求，就必须对点火线圈初级电路的通电时间进行控制。另外，还需要根据蓄电池电压对通电时间进行修正。

当发动机转速高时，适当增大闭合角，以防止初级线圈通过电流值下降，造成次级高压下降，点火困难。蓄电池电压下降时，基于相同的理由，应适当增大闭合角。

现代点火线圈初级电路的通电时间由 ECU 控制，根据发动机的转速信号和电源电压信号确定最佳的闭合角（通电时间），并控制点火器输出指令信号（IGT 信号），以控制点火器中晶体管的导通时间。

3. 爆燃控制

汽油机燃烧室内的混合气是靠电火花点燃并以火焰传播的方式燃烧的。如果在火焰传播尚未达到的局部地区混合气自行着火燃烧，就会使缸内压力和温度迅速增加，造成瞬时爆燃，这种现象称为爆震。爆震产生的压力波将会使气体产生强烈振动，并发出噪声；也会使火花塞、燃烧室、活塞等机件过热，严重时会损坏发动机。

要消除爆震，通常可以采用抗爆性好的燃料、改进燃烧室结构、加强冷却、减小点火提前角等措施。试验得到发动机发出最大扭矩时的点火提前角正好处在开始产生爆震的点火提前角附近。因此，要避免产生爆震，所选定的点火提前角就必须小于开始产生爆震时的点火提前角，并保证在最恶劣的条件下也不至于产生爆震。

利用安装在气缸体上的爆震传感器将气缸振动转换成电信号输入发动机电子控制单元中，电子控制单元根据爆震传感器送来的信号，分析判断有无爆震及爆震的强弱，并根据判定结果对点火提前角进行反馈（闭环）控制。有爆燃时，就逐渐减小点火提前角（推迟点火），直到爆燃消失为止。无爆燃时，则逐渐增大点火提前角（提前点火），再次出现爆燃时，ECU 又开始逐渐减小点火提前角。爆燃控制过程就是对点火提前角进行反复修正的过程。

 任务实施

点火控制系统的检修

1. 准备工作

（1）设备：实训车辆

视频：汽油机电子控制点火系统的检测

（2）工具与量具：成套工具盒、扭力扳手、橡胶锤、一字改锥等。

（3）发动机维修手册

（4）耗材、工单及其他：记号笔、新的冷却液、清洁用棉布、工单、手套等。

2．分析点火控制系统的工作过程

（1）请列举点火控制系统的组成有_____、_____、_____、_____、_____。

（2）点火控制系统的传感器有_____、_____、_____、_____、_____。

（3）请详细说明点火控制的工作过程：_____

_____

_____

_____。

3．点火控制系统的检修方案制定

制定点火控制系统传感器检修方案。

序号	检查项目	检测设备
1		
2		
3		
4		
5		
6		
7		

4．5S 工作

（1）工具量具清洁、收纳、归位；

（2）零件清洁、归位；

（3）维修手册归位；

（4）清洁工作台，耗材按使用情况整理归位或丢入垃圾筒；

（5）清洁实训车辆；

（6）清扫实训场地并清空垃圾，关灯关门。

 任务评价

评价项目	评价指标	分值	自评（20%）	互评（20%）	师评（60%）	合计
知识目标	能熟悉点火控制系统的工作原理	5				
	能分析点火控制系统的工作电路	10				
	能掌握点火控制系统的检测思路	10				

评价项目	评价指标	分值	自评（20%）	互评（20%）	师评（60%）	合计
能力目标	能够列举点火控制系统及传感器	5				
	能够准确分析点火控制系统的工作过程	10				
	能够制定点火系统的检修方案	30				
素质目标	具备严谨、细致的工作态度	10				
	具备5S素质要求	10				
	具备责任意识和风险意识	10				

习　题

一、选择题

1. 火花塞属于点火系统中的（　　）。
　　A．执行器　　　　　　　　　　　　B．传感器
　　C．既是执行器又是传感器　　　　　D．控制单元

2. 点火系统工作时主要根据（　　）控制点火提前角的大小。
　　A．曲轴位置传感器　　　　　　　　B．凸轮轴位置传感器
　　C．爆燃传感器　　　　　　　　　　D．水温传感器

3. 气缸内最高压缩压力点的出现在上止点后（　　）曲轴转角内为最佳。
　　A．20°～25°　　　　　　　　　　　B．30°～35°
　　C．10°～15°　　　　　　　　　　　D．15°～30°

4. 汽油的辛烷值越高，抗爆性越好，点火提前角可适当（　　）。
　　A．增大　　　　　　　　　　　　　B．减少
　　C．不变　　　　　　　　　　　　　D．随意变化

5. 影响初级线圈通过电流的时间长短的主要因素有（　　）。
　　A．发动机转速和温度　　　　　　　B．发动机转速和蓄电池电压
　　C．发动机转速和负荷　　　　　　　D．以上均不正确

二、简答题

1. 电子控制点火系统的基本原理是什么？

2. 影响发动机点火提前角的因素有哪些？

3. 在电子控制点火系统中，最佳点火提前角是如何确定的？

4. 修正点火提前角考虑了哪些因素？这些因素对发动机的点火提前角有何影响？

5. 常用的爆震传感器有哪几种？它们各有什么特点？

6. ECU是如何对爆震进行反馈控制的？

项目 9
排放控制系统的检修

 **项目描述**

  当前对汽车排放性能的要求越来越严格，排放控制系统对发动机的排放性能影响巨大。在熟悉汽车排放控制系统的组成和作用的基础上，掌握三元催化转换器、曲轴箱强制通风系统、废气再循环控制系统、燃油蒸发排放控制系统的控制方式及工作原理，并同时掌握各排放控制系统的检测与维修，只有这样才能够根据各排放控制系统的故障现象分析原因所在，同时，也应该具备严谨细致、精益求精的工匠精神。

任务 1

三元催化转换器的检修

 **任务引入**

  一辆奥迪 Q7 搭载了 3.0T 发动机，据用户反映当车加速到 110 km/h 以上时，车辆仪表盘上所有灯都亮起。经诊断为三元催化转换器有故障。如果遇到这种故障，应该怎样排除故障？

 **学习目标**

知识目标

1. 了解三元催化转换器的工作原理。
2. 掌握三元催化转换器的结构特点及电路分析方法。

能力目标

1. 能够在车辆上准确找到三元催化转换器。

2．能够正确检修三元催化转换器并排除故障。

素质目标

1．具备严谨、细致、认真工作的态度和高度的责任心。

2．具备勤俭节约、艰苦奋斗的良好品质。

9.1.1　排放控制系统概述

1．汽车排放的污染物

汽车排放的污染物主要是指从排气管排出的CO、HC、NO$_x$等有害污染物。

（1）CO是一种无色无味的有毒气体，它能使血液的输氧能力降低，从而使心脏、大脑等重要器官严重缺氧，引起头晕、头痛、恶心等症状，轻则使中枢神经系统受损，重则会使心血管工作困难，直至死亡。CO主要是燃油混合气过浓，燃烧时氧气不足造成的。

（2）HC包括未燃烧和未完全燃烧的燃油、润滑油及其裂解产物和部分氧化物，其中有些成分会对眼睛和皮肤有强烈的刺激作用，且浓度高时会引起头晕、恶心、贫血甚至急性中毒。HC是由于混合气过稀、喷油器过脏、点火不良（点火正时不当或火花塞过脏）、排气门泄漏等，导致燃烧不完全而产生的。

（3）NO$_x$是燃烧过程中形成的多种氮氧化物，主要是NO，还有NO$_2$、N$_2$O$_3$、N$_2$O$_5$等。其中，NO是无色无味的气体，具有轻度刺激性，毒性不大；NO$_2$是一种棕红色强刺激性的有毒气体；NO$_x$是由于混合气在高温、富氧下燃烧时，含在混合气中的N$_2$和O$_2$发生化学反应而产生的。

2．排放控制系统的作用及类型

排放控制系统的作用是通过各种控制措施，减少发动机污染物的排放。

根据汽车排放污染物的来源，汽车排放控制系统一般可分为排放污染物控制系统和非排放污染物控制系统。排放污染物控制系统主要有三元催化系统、废气再循环控制系统、二次空气喷射系统和废气涡轮增压系统。非排放污染物是指由排气管以外的其他途径排放到大气中的有害污染物，主要是曲轴箱窜气和燃油蒸发两种方式所产生的HC排放。非排放污染物控制系统主要有曲轴箱强制通风系统和燃油蒸发控制系统。

9.1.2　三元催化转换器的结构

三元催化转换器（Three-way Catalytic Converter，TWC）一般为整体不可拆卸式，三元催化反应器类似消声器，安装在排气消声器的前面。它的外面采用双层不锈钢薄钢板制成筒形。在双层薄板夹层中装有绝热材料——石棉纤维毡。钢筒内是纵向有密集蜂窝状小孔的耐高温陶瓷载体（也有其他形状，如球体、多棱体、网状隔板等），其表面喷涂一层极薄的铂、铑、钯等活性催化层作为净化剂（也称为催化剂），如图9-1所示。当废气经过净化器时，铂催化剂就会促使HC与CO氧化生成水蒸气和二氧化碳；铑催化剂会促使NO$_x$还原为氮气和氧气。

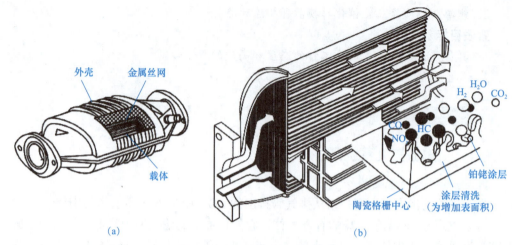

外壳　金属丝网

H_2O

H_2　CO_2

CO

NO　HC

载体

铂铑涂层

涂层清洗
（为增加表面积）

陶瓷格栅中心

(a)

(b)

图 9-1　三元催化转换器的结构

（a）外形；（b）内部结构示意

　　三元催化转换器能使汽车尾气中有害物质碳氢化合物（HC）、一氧化碳（CO）、氮氧化合物（NO_x），经化学反应转化为无害的二氧化碳（CO_2）、水（H_2O）及氮气（N_2）。三元催化转化器的转化效率是指试验车辆或发动机按照某种指定的工况运行时，催化转化器前后某种污染物排放量的变化率。影响其转化效率的因素很多，其中最重要的是空燃比和排气温度。只有当混合气的空燃比保持在理论空燃比附近时，三元催化转换器的转换效率才能得到精确控制。图 9-2 所示为三元催化转换器的转换效率与混合气浓度的关系。从图中可以看出，只有当发动机在标准的理论空燃比 14.7 ：1 下运转时，三元催化转换器的转换效率才最佳。为此必须对可燃混合气的空燃比进行精确的闭环控制，保证氧传感器工作状态良好，将空燃比尽量保持在理论空燃比 14.7 ：1 附近很窄的范围内。

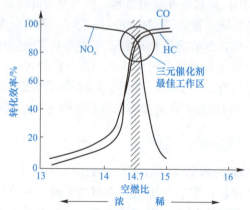

CO

NO_x

HC

三元催化剂
最佳工作区

转化效率/%

空燃比

浓　　　稀

图 9-2　TWC 的转换效率与混合气浓度的关系

　　在常温下，三元催化转化器不具备催化能力，其催化剂必须加热到一定温度才具有氧化或还原的能力，通常催化转化器起作用的温度在 350 ℃以上，正常工作温度一般在 400 ~ 800 ℃，超过 900 ℃也会使催化剂急剧老化，从而失去催化作用。由于发动机刚启动时，排气温度较低，要尽快将温度升高至最佳工作温度，因此三元催化转化器的安装位置一般尽量靠近排气管的入口。

一般在三元催化转换器前后各有一个氧传感器，分别称为前氧传感器和后氧传感。前氧传感器的作用就是在"闭环控制"时，向发动机计算机反馈排放废气中氧含量，发动机计算机根据此信号修正喷油量。后氧传感器安装在三元催化转换器的后方，后氧传感将三元催化转换器后方的氧含量反馈给发动机计算机，发动机计算机将两个氧传感器的信号进行对比，正常情况下前氧传感器的信号高于后氧传感器，如果两个氧传感器的信号相同，证明三元催化转换器失效，如图 9-3 所示。

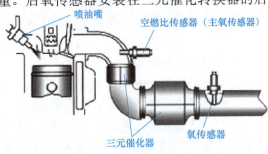

图 9-3　氧传感器的安装位置

9.1.3　三元催化转换器的劣化

所谓三元催化转换器的劣化，主要是指三元催化转换器受各种外部因素的影响，而导致三元催化转换器性能下降或失效，主要有以下几种因素。

1. 积垢

燃料燃烧时，会产生一些积碳。这些积碳会沉积在三元催化转换器的载体孔道的表面，从而使载体表面涂层上的催化剂部分失去催化作用。积碳太多时，会使三元催化转换器完全失效，甚至堵塞整个排气管，造成发动机排气背压升高，使发动机工作性能严重下降。

2. 热损伤

三元催化转换器的正常工作温度为 350 ～ 800 ℃，过热会引起贵金属表面积下降和催化剂的热失活。当三元催化转换器的工作温度超过 1 000 ℃时，会造成贵金属表面脱落，甚至损坏催化器的载体，导致热损伤。造成热损伤的原因，通常是发动机点火系统不良造成发动机持续失火，大量燃料在催化器中燃烧所致。

3. 中毒

三元催化转换器的中毒主要由燃料中的硫和铅及润滑油中的锌和磷造成的，这些物质会导致催化剂活性降低甚至失活。

三元催化转换器的检修

1. 准备工作

（1）设备：实训车辆、工作台。

（2）工具与量具：真空表、排气背压表、成套工具等。

（3）发动机维修手册。

（4）耗材、工单及其他：清洁用棉布、手套、车辆三件套等。

2. 三元催化转换器堵塞检修的工作过程

（1）进气歧管真空法：

①将真空表连接到进气歧管的真空管上。

②将发动机转速快速提高到 2 000 r/min 后突然关闭节气门时，真空表读数上升到 80 kPa 左右迅速下降到 7 kPa 以下，然后回升到发动机怠速运转时的 10 kPa。

③如果有以上情况，则表明三元催化转换器堵塞。

（2）排气背压法：

①拆卸前氧传感器连接排气背压表。

②在发动机 2 500 r/min 时观察压力表的读数，此时压力值应小于 17.24 kPa。

③此时若排气管背压大于或等于 20.70 kPa，则说明排气系统堵塞。

（3）清洗三元催化转换器，有以下三种方法：

①添加剂清洗。将专用的三元催化清洗剂添加到车辆的油箱中，待车辆运行时，清洗剂会一同进入发动机燃烧室，最后通过排气管和有机废气一起排出。在路过三元催化转换器时，就会对其进行清洗。这种清洗方式方便快捷，性价比高，但是效果不是非常理想。

②挂吊瓶清洗。挂吊瓶清洗也就是免拆清洗，将一根塑料软管与车辆发动机的真空电磁阀连接在一起，管中的空气压力会将吊瓶中的清洗液吸入发动机内，并随着排气管排出，清理三元催化转换器。这也是大部分 4S 店和检修店采用的清洗办法。

③拆解清洗。需要将车辆上的三元催化转换器拆解下来，利用清洗剂，如草酸等溶液进行浸泡，再用清水冲洗，就能将三元催化剂清理干净。这种方式清洗得比较干净，但是费时费力。

3. 5S 工作

（1）零件清洁，工具和量具清洁、归位。

（2）维修手册和电路图归位。

（3）清洁工作台，耗材按使用情况整理归位或丢入垃圾筒。

（4）清洁实训车辆与场地。

 任务评价

评价项目	评价指标	分值	自评（20%）	互评（20%）	师评（60%）	合计
知识目标	熟悉三元催化转换器的工作原理	5				
	分析三元催化转换器的工作电路	10				
	掌握三元催化转换器的检测思路	10				
能力目标	能够检测三元催化转换器的外观是否正常	5				
	能够按照标准拆卸三元催化转换器	10				
	能够按照工单对三元催化转换器进行检测	20				
	能够规范安装三元催化转换器	10				

评价项目	评价指标	分值	自评（20%）	互评（20%）	师评（60%）	合计
素质目标	具备严谨、细致的工作态度	10				
	具备 5S 素质要求	10				
	具备责任意识和风险意识	10				

 **任务 2**

曲轴箱强制通风系统的检修

 **任务引入**

一辆迈腾 1.8T 自动舒适型轿车，据用户反映该车辆在怠速时发动机抖动厉害，并且伴有异响。经诊断为发动机曲轴箱强制通风系统有故障。如果遇到这种故障，应该怎样排除？

学习目标

知识目标

1. 了解曲轴箱强制通风系统的工作原理。
2. 掌握曲轴箱强制通风系统的结构特点及电路分析方法。

能力目标

1. 能够在车辆上准确找到曲轴箱强制通风阀。
2. 能够正确检修曲轴箱强制通风系统并排除故障。

素质目标

1. 具备严谨、细致、认真工作的态度和高度的责任心。
2. 具备勤俭节约、艰苦奋斗的良好品质。

知识链接

1. 曲轴箱强制通风系统的作用

在发动机工作时，总有一部分可燃混合气和废气经活塞环窜到曲轴箱内（曲轴箱窜气），窜到曲轴箱内的汽油蒸气凝结后将使机油变稀，性能变坏。废气内含有水蒸气和二氧化硫，水蒸气凝结在机油中形成泡沫，破坏机油供给，这种现象在冬季尤为严重；二氧化硫遇水生成亚硫酸，亚硫酸遇到空气中的氧生成硫酸，这些酸性物质的出

现不仅使机油变质，还会使零件受到腐蚀。

另外，可燃混合气和废气窜到曲轴箱内，曲轴箱内的压力将增大，机油会从曲轴油封、曲轴箱衬垫等处渗出而流失。流失到大气中的机油蒸气会加大发动机对大气的污染，因此必须将这些污染物从曲轴箱内排出。由于环保的原因，不能将这些混合气直接排入大气，为解决此问题，现代汽车一般都采用曲轴箱强制通风（Positive Crankcase Ventilation，PCV）系统，将这些漏入曲轴箱的气体导入进气歧管，使其重新燃烧。

因此，发动机曲轴箱强制通风系统的作用如下：

（1）回收窜气中的可燃混合气。

（2）防止机油变质。

（3）防止曲轴油封、曲轴箱衬垫渗漏，防止各种油蒸气污染大气。

（4）用油气分离器分离并回收窜气中夹带的机油油雾。

2．曲轴箱强制通风系统的类型

曲轴箱强制通风包括自然通风和强制通风。

（1）自然通风不需要专门的机件，各种油蒸气不能被回收，曲轴箱直接与大气相通，污染物会排放到大气中，在轿车上很少使用。

（2）强制通风是利用发动机进气系统的抽吸作用抽吸曲轴箱内的气体，这种通风方式结构有些复杂，但可以将窜入曲轴箱内的可燃混合气和废气回收使用，不仅有利于提高发动机的经济性，还减轻发动机的排放污染，因此，在现代汽车发动机上广泛使用。

3．曲轴箱强制通风系统的结构

曲轴箱强制通风系统一般由管路、PCV阀和油气分离器组成，如图9-4所示。系统利用发动机工作时节气门前后的压力差来实现对曲轴箱内废气的抽吸，当发动机工作时，新鲜空气通过空气滤清器过滤后，经过PCV软管进入气门室盖，通过机油通道进入曲轴箱内（这部分新鲜空气的压力为1个大气压），并在曲轴箱中与从燃烧室泄漏的废气混合。进气管节气门后方的真空度作用在PCV阀上，使PCV阀打开。曲轴箱内的气体在真空吸力的作用下，向上经油气分离器、PCV阀进入进气歧管，再经进气门进入燃烧室燃烧。

（1）PCV阀。PCV阀是曲轴箱强制通风系统中最重要的元件，PCV阀内有一个锥形阀，如图9-5所示。由它控制曲轴箱蒸气流入进气管，同时防止气体或火焰反向流动。

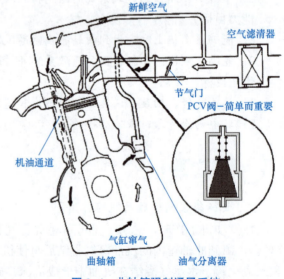

图9-4　曲轴箱强制通风系统

①发动机不工作时，弹簧将锥形阀压在阀座上，处于关闭状态。此时阀的上下方没有压力差，如图9-5（a）所示。

②急速或减速时，进气歧管真空度大，此时阀的上下方压力差很大，克服弹簧压力，将锥形阀向上顶起。这时在锥形阀与PCV阀壳体之间，存在小缝隙，如图9-5（b）所示。在急速或减速工作时，发动机泄漏气体很少，这些气体可以从PCV阀的小缝隙流出曲轴箱。

③在部分节气门开度下（常速行驶）工作时，进气管真空度比急速时小。这时，弹簧向下推压锥形阀，使锥形阀与PCV阀壳体间的缝隙增大，如图9-5（c）所示。因为在部分节气门开度下，发动机泄漏的气体比较多，锥形阀与PCV阀壳体间的较大缝隙可以使所有泄漏气体被吸入出气管。

④发动机在大负荷或加速下工作时，节气门全开，进气管真空度减小，弹簧将锥形阀进一步向下推压，从而使锥形阀与PCV阀壳体间的缝隙更大，如图9-5（d）所示。因为大负荷工作时，产生更多泄漏气体，所以需要更大的缝隙才能使泄漏气体流入进气管。

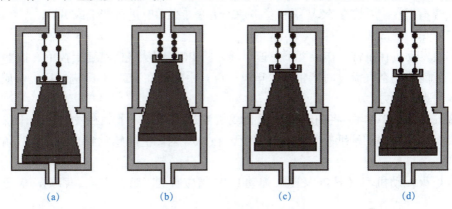

（a）　　　　　　（b）　　　　　　（c）　　　　　　（d）

图 9-5　PCV 阀的工作情况

（a）发动机不工作时；（b）发动机急速时；（c）发动机部分负荷时；（d）发动机全负荷时

（2）油气分离器。油气分离器的作用是将曲轴箱抽吸出来的废气分离为机油（流回油底壳）、其他气体（流至进气管进入气缸燃烧），如果它被损坏则主要导致发动机冷启动后发抖，发动机烧机油。图9-6所示为迷宫式油气分离器的结构示意，从曲轴箱抽吸出来的废气中的机油蒸气，撞在迷宫的挡板上，逐渐汇集成比较重的机油油滴，在重力的作用下油滴沉积到管壁上，慢慢流回油底壳。

挡板

图 9-6　迷宫式油气分离器结构示意

任务实施

曲轴箱强制通风系统的检修

1. 准备工作

（1）设备：实训车辆、工作台。

视频：曲轴箱
通风

（2）工具与量具：诊断仪、鲤鱼钳、扭力扳手、成套工具等。

（3）发动机维修手册。

（4）耗材、工单及其他：清洁用棉布、手套、车辆三件套等。

2. 曲轴箱强制通风系统检修的工作过程

如果 PCV 系统工作不正常，则有可能使有害的窜气留在曲轴箱中引起腐蚀、加快磨损，因而缩短发动机的寿命。此外，还会引起发动机不易启动、怠速不稳、加速无力或机油损耗过大等故障。所以，出现这些故障时，应该考虑是否由 PCV 系统工作不良引起的。一般用转速下降测试法或真空测试法测试 PCV 系统工作正常与否。

（1）转速下降测试法。

①启动使发动机达到正常工作温度。

②在怠速情况下，夹住 PCV 阀与真空源之间的管路，发动机转速应下降 50 r/min 或更多。

③若不正常，要检查 PCV 阀和管路是否堵塞，必要时进行清洗或更换。

（2）真空测试法。

①使发动机在正常工作温度下怠速运转，将 PCV 阀从气门室盖上拔下。拔下 PCV 阀后，应能听到空气流过时产生的"咝咝"声。手指放在 PCV 阀的进气口上，应能感到很强的真空吸力。

②安装好 PCV 阀，将曲轴箱通风孔或机油加油口盖取下。在发动机处于怠速运转时，将一张轻薄的硬纸轻轻放在开口上，在 60 s 内，应能感觉到真空将纸吸附在开口上。

③熄灭发动机，取下 PCV 阀，摇动 PCV 阀应听到"喀喀"声。否则，应更换该 PCV 阀。

④如果上述测试结果正确，则说明 PCV 系统工作正常。如果任一项测试结果不正确，则需要更换相应元件并重新做测试。

3. 5S 工作

（1）零件清洁，工具和量具清洁、归位。

（2）维修手册和电路图归位。

（3）清洁工作台，耗材按使用情况整理归位或丢入垃圾筒。

（4）清洁实训车辆与场地。

 任务评价

评价项目	评价指标	分值	自评（20%）	互评（20%）	师评（60%）	合计
知识目标	熟悉曲轴箱通风系统的工作原理	5				
	分析曲轴箱通风系统的工作电路	10				
	掌握曲轴箱通风系统的检测思路	10				

评价项目	评价指标	分值	自评（20%）	互评（20%）	师评（60%）	合计
能力目标	能够检测曲轴箱通风系统的外观是否正常	5				
	能够按照标准拆卸曲轴箱通风管路	10				
	能够按照工单对曲轴箱通风阀门进行检修	20				
	能够规范安装曲轴箱通风系统的管路	10				
素质目标	具备严谨、细致的工作态度	10				
	具备 5S 素质要求	10				
	具备责任意识和风险意识	10				

任务 3

废气再循环控制系统的检修

任务引入

一辆日产阳光轿车，据用户反映，出现启动困难，冷车有时需要启动 2～3 次，有时还要踩下加速踏板才能着车，并且启动后有明显的抖动，故障警示灯不亮。在检修时，查看里程表行驶了 1.9 万千米，将车辆送到维修站进行维修，经诊断为废气再循环控制系统有故障。作为车辆维修技术人员，应该怎样排除故障？

学习目标

知识目标

1. 了解废气再循环控制系统的工作原理。
2. 掌握废气再循环控制系统的电路分析方法。

能力目标

1. 能够在车辆上准确找到废气再循环控制系统。
2. 能够正确检修废气再循环控制系统并排除故障。

素质目标

1. 具备严谨、细致、认真工作的态度和高度的责任心。
2. 具备良好的环保意识。

知识链接

1. 废气再循环控制系统的作用及 NO_x 生成机理

废气再循环（Exhaust Gas Recirculation，EGR）控制系统的作用是把一部分排气引入进气系统中，使其与新鲜混合气一起进入气缸中参与燃烧，其主要目的是减少氮氧化合物（NO_x）的排放。氮氧化合物（NO_x）是混合气在高温和富氧条件下燃烧时，混合气中的 N_2 和 O_2 发生化学反应产生的。燃烧温度越高，N_2 和 O_2 越容易反应，排放出的 NO_x 越多。所以，减少 NO_x 的最好方法就是降低燃烧室的温度。EGR 系统工作时，将一部分废气引入进气系统，与新鲜的燃油混合气混合，使混合气变稀，从而降低了燃烧速度，燃烧温度随之下降，有效地减少了 NO_x 的生成。由于废气再循环（EGR）会使混合气的着火性能和发动机输出功率下降，因此，应选择 NO_x 排放量比较多的发动机运转工况范围，进行适量的废气再循环。EGR 的控制量用 EGR 率表示，其定义为再循环废气的量占整个进气量的百分比。采用 EGR 系统可降低 NO_x 的排放，但是随着 EGR 率的增加，将导致油耗增加、HC 的排量增加及由于废气再循环（EGR）造成了缺火率增加，使燃烧变得不稳定，发动机性能下降，所以必须对 EGR 率进行控制。根据发动机工况不同，进入进气歧管的废气量一般在 5% ～ 20% 变化。

由于采用 EGR 控制系统会对发动机的性能造成一定的影响，所以在 EGR 控制系统工作时，点火系统（点火提前角）和燃油系统也要相应地调整。图 9-7 所示为点火提前角改变时，EGR 率对发动机性能的影响。

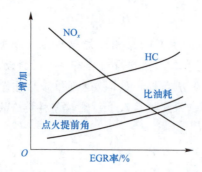

图 9-7　点火提前角改变时，EGR 率对发动机性能的影响

2. 废气再循环控制系统的分类及工作原理

（1）开环控制 EGR 系统。开环控制 EGR 系统的工作原理：将 EGR 率与发动机转速、进气量的对应关系经试验确定后，以数据形式存入发动机 ECU 的 ROM 中。发动机工作时，发动机 ECU 根据各种传感器送来的信号，并经过与其内部数据对照和计算修正，输出适当的指令，控制 EGR 阀的开度，以调节废气再循环的 EGR 率。可变 EGR 率废气再循环控制系统如图 9-8 所示，当发动机工作时，发动机 ECU 根据曲轴位置传感器、节气门位置传感器、冷却液温度传感器、点火开关、电源电压等信号，给 EGR 控制电磁阀提供不同占空比的脉冲电压，使其通电与断电的平均时间不同，从而得到控制 EGR 阀不同开度所需的各种真空度，获得适合发动机工况的不同的 EGR 率。

脉冲电压信号的占空比越大，EGR 控制电磁阀通电时间越长，EGR 率越大；反之，脉冲电压信号的占空比越小，EGR 率越小，当小至某一值时，EGR 控制电磁阀断电，废气再循环系统停止工作。

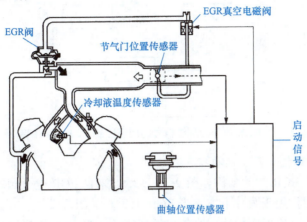

图 9-8　开环控制 EGR 率废气再循环控制系统

（2）闭环控制 EGR 系统。闭环控制 EGR 系统能检测实际的 EGR 率或 EGR 阀开度，并以此作为反馈控制信号来控制 EGR 系统，这种控制精度更高。

图 9-9 所示为带 EGR 位置传感器的废气再循环控制系统。该系统由 EGR 真空控制阀、EGR 控制电磁阀、EGR 阀及各种传感器组成。在 EGR 阀上部装有一个可以检测 EGR 阀升程的 EGR 阀位置传感器。该传感器利用由一个柱塞推动的电位计向发动机 ECU 传送信号，作为控制废气再循环的参考信号，实现 EGR 系统的闭环控制。发动机 ECU 中存储有多种工况下 EGR 阀的最佳提升高度信号。如果实际提升高度值与发动机 ECU 存储的最佳值不同，ECU 便改变 EGR 控制电磁阀上的电压，从而使 EGR 控制电磁阀通过 EGR 真空控制阀提高或降低 EGR 阀上的真空压力，控制进入燃烧室的废气量。

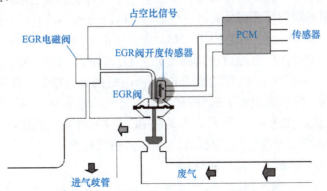

图 9-9　带 EGR 位置传感器的废气再循环控制系统

图 9-10 所示为用 EGR 率作为反馈信号的闭环控制 EGR 系统控制原理图，ECU 根据 EGR 率传感器的信号对 EGR 阀进行反馈控制。EGR 率传感器安装在稳压箱上，通过检测稳压箱中氧气的浓度判断 EGR 率。

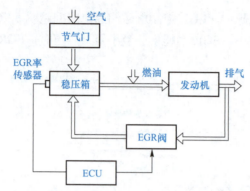

图 9-10　用 EGR 率作为反馈信号的闭环控制 EGR 系统控制原理图

3. 废气再循环控制系统的执行元件

（1）EGR 阀。EGR 阀的结构如图 9-11 所示，来自 EGR 电磁阀的真空度作用在膜片上方，大气压力作用于膜片下方。当 EGR 电磁阀关闭，膜片上方无真空时，膜片在弹簧的作用下下移，锥形阀关闭，废气再循环停止；当 EGR 电磁阀打开，膜片上方有真空时，膜片上移，带动锥形阀打开，废气再循环开始。

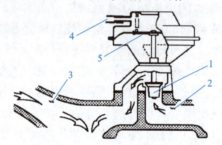

图 9-11　EGR 阀的结构

1—阀芯；2—废气；3—新鲜空气；4—来自 EGR 电磁阀的真空；5—膜片

（2）EGR 电磁阀。EGR 电磁阀是一个占空比信号控制的电磁阀，如图 9-12 所示。ECU 控制 EGR 电磁阀的脉冲信号的占空比不同，EGR 电磁阀的开度不同，EGR 阀膜片上方的真空度不同，EGR 的开度不同。ECU 控制 EGR 电磁阀的 PWM 脉冲信号，占空比增大，真空通道截面面积增大 EGR 阀膜片上方真空度增大，EGR 阀开度大，EGR 率高。

（3）电磁式 EGR 阀。一些发动机的 EGR 由电磁阀直接控制，省略了 EGR 阀，称为电磁式 EGR 阀。它由发动机 ECU 控制，由电磁线圈、电枢、锥形阀、EGR 阀开度位置传感器等组成，如图 9-13 所示。发动机 ECU 控制电磁线圈通电，使电枢向上运动，当其带动锥形阀离开阀座后，废气就可以进入进气歧管。

4. 废气再循环控制系统的控制机理

在发动机工作时，为了保证发动机能够稳定高效的工作，并非所有工况都进行废气再循环，不进行废气再循环的工况如下：

（1）启动工况（启动开关信号）。

（2）怠速工况（节气门位置传感器怠速触点闭合信号）。

（3）暖机工况（冷却液温度信号）。

（4）高速、大负荷时，为了保证发动机有较好的动力性，此时混合气较浓，NO_x 排放生成物较少，EGR 系统不工作。

当 EGR 率小于 10% 时，燃油消耗量基本上不增加，当 EGR 率大于 20% 时，发动机工作不稳定，HC 排放物增加 10%。因此，通常将 EGR 率控制在 5%～20% 较合适。只有热态、部分负荷下 EGR 系统才工作。

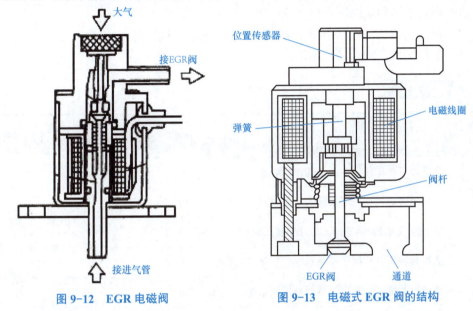

图 9-12　EGR 电磁阀　　　　图 9-13　电磁式 EGR 阀的结构

任务实施

废气再循环控制系统的检修

1. 准备工作

（1）设备：实训车辆、工作台。

（2）工具与量具：诊断仪、扭力扳手、套筒、成套工具等。

（3）发动机维修手册、车辆电路图。

（4）耗材、工单及其他：清洁用棉布、手套、车辆三件套等。

2. EGR 控制系统检修的工作过程

（1）在冷机启动后，拆下 EGR 阀上的真空软管，发动机转速应无变化，用手触试真空软管口应无真空吸力；当发动机工作温度正常后，将转速提高到 2 500 r/min 左右，从 EGR 阀上拆下软管，发动机转速应有明显提高。若不符合上述要求，说明 EGR 系统工作不正常。

（2）将发动机熄火，拔下 EGR 电磁阀插头，冷态下测量电磁阀电阻，一般应为 32～40 Ω。

（3）电磁阀不通电时，从通进气管侧接头吹入空气应畅通，从通大气的滤网处吹入空气应不通。当给电磁阀通电时，从通进气管侧接头吹入空气应不通，从通大气的滤网处吹入空气应畅通，否则应更换电磁阀。

（4）拆下 EGR 阀，用手动真空泵给 EGR 阀膜片上方施加约为 15 kPa 的真空度时，EGR 阀应能开启；不施加真空度时，EGR 阀应能完全关闭，否则应更换 EGR 阀。

3. 5S 工作

（1）零件清洁，工具和量具清洁、归位。

（2）维修手册和电路图归位。

（3）清洁工作台，耗材按使用情况整理归位或丢入垃圾筒。

（4）清洁实训车辆，清洁场地。

任务评价

评价项目	评价指标	分值	自评（20%）	互评（20%）	师评（60%）	合计
知识目标	熟悉废气再循环控制系统的工作原理	5				
	分析废气再循环控制系统的工作电路	10				
	掌握废气再循环控制系统的检测思路	10				
能力目标	能够检测废气再循环控制系统外观是否正常	5				
	能够按照标准拆卸废气再循环控制系统	10				
	能够按照工单对废气再循环控制系统进行检测	20				
	能够规范安装废气再循环控制系统	10				
素质目标	具备严谨、细致的工作态度	10				
	具备 5S 素质要求	10				
	具备责任意识和风险意识	10				

任务 4

燃油蒸发排放控制系统的检修

任务引入

一辆行驶了 6.8 万千米、排量为 2.4 L 的奥迪 A6 汽车，据用户反映热车行驶过程中容易熄火，熄火后不易启动，将车辆送到维修站进行检测维修，经诊断为燃油蒸发

排放控制系统有故障。作为车辆维修技术人员，应该怎么排除故障？

 学习目标

知识目标

1. 了解燃油蒸发排放控制系统的工作原理。
2. 掌握燃油蒸发排放控制系统的电路分析方法。

能力目标

1. 能够在车辆上准确找到燃油蒸发排放控制系统。
2. 能够正确检修燃油蒸发排放控制系统并排除故障。

素质目标

1. 具备严谨、细致、认真工作的态度和高度的责任心。
2. 具备良好的 5S 意识。

 知识链接

1. 燃油蒸发排放控制系统的功能

燃油蒸发排放控制系统（EVAP）的功能是阻止燃油箱内蒸发的汽油蒸气泄漏到大气中，以免污染环境；将燃油箱的汽油蒸气进行收集后，适时地送入进气管与空气混合，然后进入发动机燃烧，使汽油得到充分利用，提高了燃油的经济性；同时，还根据发动机工况，控制导入气缸参加燃烧的汽油蒸气量。

2. 燃油蒸发排放控制系统的组成

燃油蒸发排放控制系统的组成如图 9-14 所示。其主要由油箱、蒸汽分离阀、双向阀、蒸汽回收罐（俗称活性炭罐，简称炭罐）、炭罐电磁阀及相应的蒸汽管道和真空软管等组成。

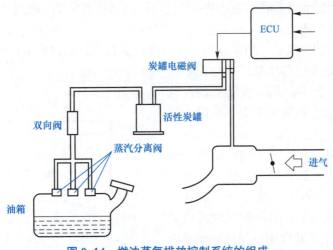

图 9-14　燃油蒸气排放控制系统的组成

项目
9
排放控制系统的检修

257

（1）蒸汽分离阀。蒸汽分离阀安装在油箱的顶部，油箱内的汽油蒸气从该阀出口经管道进入蒸汽回收罐。该阀的作用是防止汽车翻倾时油箱内的燃油从蒸汽管道中漏出。

（2）活性炭罐。蒸汽回收罐内充满了活性炭颗粒，故称为活性炭罐，其是燃油蒸发排放控制系统中储存蒸汽的元件，如图9-15所示。炭罐中充满活性炭颗粒，它具有极强的吸附燃油分子的作用。油箱内的燃油蒸气（HC），经燃油蒸气通气管路进入活性炭罐后，燃油蒸气中的燃油分子被吸附在活性炭颗粒表面。活性炭罐有一个出口，经软管与发动机进气歧管相通。软管的中部设一个炭罐电磁阀（常闭），以控制管路的通断。当发动机运转时，如果发动机ECU控制炭罐控制电磁阀开启，则在进气

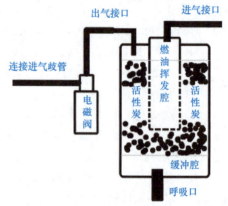

图 9-15　活性炭罐

管真空吸力的作用下，空气从活性炭罐底部进入，经过活性炭至上方出口，再经软管进入发动机进气管，吸附在活性炭表面的燃油分子又重新脱附，随新鲜空气一起被吸入发动机汽缸燃烧。这一过程一方面使燃油得到充分利用；另一方面也使活性炭罐内的活性炭保持良好的吸附燃油分子的能力，而不会因使用太久而失效。

（3）炭罐电磁阀。当发动机运转时，如果炭罐电磁阀开启，则在进气歧管真空吸力的作用下，新鲜空气将从蒸气回收罐下方进入，经过活性炭后再从蒸汽回收罐的出口进入发动机进气歧管，把吸附在活性炭上的汽油分子送入发动机燃烧，使之得到充分利用。

进入进气歧管的回收燃油蒸气量必须加以控制，以防破坏正常的混合气成分。这一控制过程由微机根据发动机的水温、转速、节气门开度等运行参数，通过操纵控制炭罐电磁阀的开、闭来实现；较先进的燃油蒸发控制系统，一般都能根据发动机负荷等情况，适时控制炭罐电磁阀的通电占空比，以达到控制炭罐电磁阀开启程度的目的。在发动机停机或怠速运转时，ECU使炭罐电磁阀关闭，从油箱中逸出的燃油蒸气被蒸汽回收罐中的活性炭吸收。当发动机以中、高速运转时，微机使电磁阀开启，储存在蒸汽回收罐内的汽油蒸气经过真空软管后被吸入发动机。此时，因为发动机的进气量较大，少量的燃油蒸气不会影响混合气的成分。

（4）双向阀。一些轿车的燃油箱是塑料油箱，油箱盖不具备换气功能，燃油箱内部的压力主要靠燃油蒸发排放控制系统中的双向阀进行调节。双向阀的内部原理图如图9-16所示。其作用是保持燃油箱内的压力平衡，保护燃油箱。

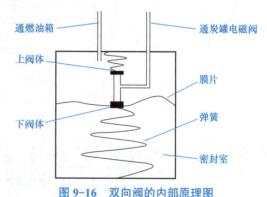

图 9-16　双向阀的内部原理图

3. 燃油蒸发排放控制系统的控制

为防止破坏发动机正常工作时的混合气成分，影响发动机正常工作，必须对燃油蒸气进入发动机进气歧管的时机和进入量进行控制。目前，尽管各汽车生产厂家都采用发动机 ECU 控制炭罐电磁阀的通断来控制其开启和关闭，线圈通电时，电磁阀开启，线圈断电时，电磁阀关闭，但它们在控制电磁阀开闭的时机和方法上并不完全一样。发动机 ECU 使炭罐电磁阀通电通常考虑以下条件：

①发动机启动已超过规定的时间。

②冷却液温度已高于规定值。

③怠速触点开关处于断开状态。

④发动机转速高于规定值。当满足以上条件时，发动机 ECU 使电磁阀线圈电路接地通电，电磁阀的阀门开启，储存在活性炭罐内的燃油蒸气经软管被吸入发动机燃烧。此时由于发动机的进气量较大，少量的燃油蒸气进入发动机不会影响混合气的浓度。如果不完全满足上述条件，ECU 不会激活炭罐控制电磁阀，燃油蒸气被储存在活性炭罐中。

燃油蒸发排放控制系统的检修

1. 准备工作

（1）设备：实训车辆、工作台。

（2）工具与量具：诊断仪、万用表、真空泵、鲤鱼钳、成套工具等。

（3）发动机维修手册、车辆电路图。

（4）耗材、工单及其他：清洁用棉布、手套、车辆三件套等。

2. 燃油蒸发排放控制系统检修的工作过程

（1）检查各连接管路有无破损或漏气，必要时更换连接软管；检查活性炭罐壳体有无裂纹、底部进气滤芯是否脏污，必要时更换炭罐或滤芯。

（2）将发动机热车至正常工作温度，并使之怠速运转。

（3）拔下活性炭罐上的真空软管，检查软管内有无真空吸力。若装置工作正常，在发动机怠速运转中电磁阀应不通，软管内应无真空吸力。如果此时软管内有吸力，应检查电磁阀线束插头内电源电压正常与否。

（4）踩下加速踏板，使发动机转速大于 2 000 r/min，同时检查上述软管内有无真空吸力。若有吸力，说明正常；若无吸力，应检查电磁阀线束插头内电源电压。若电压正常，说明电磁阀有故障；若电压异常或无电压，说明 ECU 或控制线路有故障。

（5）发动机不工作时，拆开电磁阀进气管一侧的软管，用真空泵由软管接头给控制电磁阀施加一定真空度，电磁阀不通电时应能保持真空度，若给电磁阀接通蓄电池电压，真空度应施放；拆开电磁阀线束插接器，测量电磁阀两端子间电阻，应为 36 ~ 44 Ω。若不符合上述要求，应更换控制电磁阀。

3. 5S 工作

（1）零件清洁，工具和量具清洁、归位。
（2）维修手册和电路图归位。
（3）清洁工作台，耗材按使用情况整理归位或丢入垃圾筒。
（4）清洁实训车辆，清洁场地。

任务评价

评价 项目	评价指标	分值	自评 （20%）	互评 （20%）	师评 （60%）	合计
知识 目标	熟悉燃油蒸发排放控制系统的工作原理	5				
	分析燃油蒸发排放控制系统的工作电路	10				
	掌握燃油蒸发排放控制系统的检测思路	10				
能力 目标	能够检测燃油蒸发排放控制系统的外观是否正常	5				
	能够按照标准拆卸燃油蒸发排放控制系统	10				
	能够按照工单对燃油蒸发排放控制系统进行检测	20				
	能够规范安装燃油蒸发排放控制系统	10				
素质 目标	具备严谨、细致的工作态度	10				
	具备 5S 素质要求	10				
	具备责任意识和风险意识	10				

习　题

一、填空题

1．汽油发动机的排放污染物主要是_____、_____和_____。

2．燃油蒸发排放控制系统里用来降低_____污染物的排放量。

3．_____是混合气不完全燃烧的产物。_____是氮气和氧气在高温、高压下生成的产物。

4．电子控制的 EVAP 系统主要由_____、_____及_____等元件组成。

5．废气再循环系统用来减少_____的生成量，再循环废气量的多少，通常以_____来衡量。

6．对三元催化效率影响较大的主要因素有_____和_____等。

7．空燃比反馈控制系统是根据_____的反馈信号调整喷油量的多少来达到最佳空燃比控制的。

8．催化转换器是安装在_____和_____之间。

二、选择题

1. 废气再循环的作用是抑制（　　）的产生。

　A. HC　　　　　　B. CO　　　　　　C. NOₓ　　　　　D. 有害气体

2. EGR 系统控制进入进气歧管的废气量一般控制在（　　）。

　A. 1%～2%　　　B. 2%～5%　　　C. 5%～15%　　D. 10%～25%

3. 在（　　）时废气再循环控制系统不工作。

　A. 行驶　　　　　B. 怠速　　　　　C. 高转速　　　　D. 热车

4. 在讨论 EGR 阀时，工人甲说发动机怠速工况下是常开的；工人乙说汽车中速行驶时是常开的。下列选项正确的是（　　）。

　A. 甲正确　　　　　　　　　　　　B. 乙正确

　C. 两人均正确　　　　　　　　　　D. 两人均不正确

5. 在讨论曲轴箱强制通风系统的诊断时，工人甲说曲轴箱强制通风阀堵塞时，会导致空气滤清器内的元件受机油污染；工人说乙曲轴箱强制通风阀堵塞时，会引起废气中 NOₓ 的含量高。下列选项正确的是（　　）。

　A. 甲正确　　　　　　　　　　　　B. 乙正确

　C. 两人均正确　　　　　　　　　　D. 两人均不正确

6. 当 EGR 阀被卡在打开位置时，甲说发动机将熄火或怠速不稳；乙说发动机热车后全负荷时动力性会下降。下列正确的是（　　）。

　A. 甲正确　　　　　　　　　　　　B. 乙正确

　C. 两人均正确　　　　　　　　　　D. 两人均不正确

三、判断题

1. 气缸内的温度越高，排出的 NOₓ 量越多。　　　　　　　　　　　　（　　）

2. 在冷启动后，立即拆下 EGR 阀上的真空软管，发动机转速应无变化。

（　　）

3. 三元催化转换器一般为整体不可拆卸式。　　　　　　　　　　　　（　　）

4. 只有当发动机在标准的理论空燃比下运转时，三元催化转换器的转换效率才最佳。　　　　　　　　　　　　　　　　　　　　　　　　　　　　（　　）

5. 三元催化转换器必须定期进行维护，延长其使用寿命。　　　　　　（　　）

6. 催化转换器发生破裂、失效时也会造成发动机动力性下降。　　　　（　　）

7. EGR 系统故障会对发动机的性能造成一定的影响。　　　　　　　　（　　）

8. 燃油蒸气的主要有害成分是 HC。　　　　　　　　　　　　　　　（　　）

四、简答题

1. 曲轴箱强制通风系统的作用是什么？

2. EVAP 控制系统的组成与工作原理是什么？

3. 发动机 ECU 使炭罐控制电磁阀通电通常考虑哪些条件？

参 考 文 献

[1] 宗明建，赵雪永，赵海宾. 汽车发动机机械系统检修 [M]. 北京：北京理工大学出版社，2018.

[2] 郝金魁，赵雪永. 汽车发动机电控系统检修 [M]. 北京：北京理工大学出版社，2019.

[3] 冯益增. 汽车发动机检修 [M]. 北京：北京理工大学出版社，2015.

[4] 王福忠. 汽车发动机构造与检修 [M]. 北京：电子工业出版社，2009.